.NET Web 高级开发

罗江华　朱永光　编著

U0131731

電子工業出版社

Publishing House of Electronics Industry

北京·BEIJING

内 容 简 介

本书主要介绍了.NET Web 开发过程当中所运用的各种技术，从介绍 ASP.NET 出发，对于 Web 开发中的站点构建技术，数据访问技术，构建安全的 Web 应用程序，使用 Ajax 技术开发 Web 应用程序，OO 技术和 UML 在 Web 开发中的应用，Web 应用程序界面设计模式，Web 应用程序开发框架，以及 Web 应用程序构架设计模式分别用一章的篇幅详细地解析，最后用一个综合实例：博客系统，讲述了如何将所有技术运用到实际工作当中，使得读者可以将本书所学知识很轻松地应用到实际工作中。作者在最后一章所奉献的开发经验是作者多年实际工作的积累，可以说是本书最为宝贵的一章。

本书主要的读者对象分为三个群体：阅读过一些关于.NET 入门方面的书籍，对.NET 产生兴趣并希望对其有更进一步了解的初级开发者，本书可作为他们提升晋级之用；.NET 的中高级开发者，他们迫切地希望了解更多关于.NET 这套复杂的框架的信息，而又苦于网络上很少能够找到系统权威的资料，本书可作为他们工作参考之用；其他对 Web 开发和设计感兴趣的开发者，本书可适合用来使他们更全面、更系统地了解.NET Web 开发的全过程和细节知识。

图书在版编目（CIP）数据

.NET Web 高级开发 / 罗江华，朱永光编著. —北京：电子工业出版社，2008.3
（博客园开发者征途）
ISBN 978-7-121-05768-7

Ⅰ. N… Ⅱ. ①罗… ②朱… Ⅲ. 计算机网络—程序设计 Ⅳ. TP393

中国版本图书馆 CIP 数据核字（2008）第 003913 号

责任编辑：孙学瑛
印　　刷：北京市天竺颖华印刷厂
装　　订：三河市金马印装有限公司
出版发行：电子工业出版社
　　　　　北京市海淀区万寿路 173 信箱　邮编 100036
开　本：787×980　　1/16　印张：26.5　　字数：532 千字
印　次：2008 年 3 月第 1 次印刷
印　数：5000 册　　定价：59.80 元（含光盘 1 张）

凡所购买电子工业出版社图书有缺损问题，请向购买书店调换。若书店售缺，请与本社发行部联系，联系及邮购电话：（010）88254888。

质量投诉请发邮件至 zlts@phei.com.cn，盗版侵权举报请发邮件至 dbqq@phei.com.cn。

服务热线：（010）88258888。

专家推荐

　　周围写书的朋友蛮多，但算起来，这是我第一次给别人写序，作者罗江华是我的同事兼好友，而朱永光则是在一次技术聚会中认识，两位有着共同的特点，那就是对技术的痴迷，我很高兴能够看到他们把自己的知识沉淀下来分享给更多的技术爱好者。

　　我读过很多软件领域的书籍，包括语言相关的、架构设计的、项目管理的，很多书籍过于偏重理论讲解，在实际中真正用到书中知识点的时候，读者往往还是摸不着头脑，而这本书正是一本专注于应用实践的书籍，作者对 ASP.Net 各项新特性讲解的颇为仔细，并提供了很多实例，通过对这些实例的学习，相信各位读者都能对使用 ASP.Net 构建 Web 应用程序有一个更为深刻的理解。

　　如果你刚刚接触到 ASP.Net 开发，本书有助你理解和掌握 Web 开发全过程；如果你已经对 ASP.Net 有所了解，相信这会是一本有价值的参考书；如果你已经使用 ASP.Net 进行开发，本书将助您写出更加灵活、安全、快速的 Web 应用。

　　坦率的说，ASP.Net 入门很容易，但要深入掌握却并非易事，我曾经带领过多个团队使用 ASP.Net 开发大型企业应用，而曾经困扰我们的很多问题都在本书中被解答，感谢作者写作此书，相信任何想写出优秀 Web 应用的读者都不会错过此书。

MVP，Newegg (Cheng Du) Department Manager——刘巍

2008 年 1 月 4 日于成都

如果您对于 ASP.NET 开发已经入门，但又不知道如何进一步提高，那么本书将会给您答案，它与实际开发紧密结合，充分体现了"人无我有，人有我精"的特点，是一本值得推荐的好书。

MVP，项目经理，IT168 作者——李会军(Terry Lee)

本书循序渐进讨论了使用 .NET 开发 Web 应用的各种技术，包含了高版本 .NET 的众多新特性，创作质量和可读性都相当高，推荐有一定经验的 Web 应用开发人员阅读。

微软开发技术经理——张大磊

本书详尽介绍了与 ASP.NET Web 开发的几乎所有相关技术，是初中级 web 开发人员了解新技术的重要参考，对于我们在开发中可能遇到的问题给出了可行的解决方案并通过一个实例为开发人员提供了有益的实战机会。

Software Architect, SSW Chief Representative Officer，MVP——徐磊

随着 Web 2.0 的光顾，越来越多的应用摒弃了 Winform 而拥抱 Browser。如何快速的利用微软开发平台现在的技术和框架来构建您的 Web 应用？本书从开发人员关注的技术和设计人员关注的设计思想角度给与了回答。您可以顺着技术/模式两条路线来理解 Web 背后的故事。

Newegg (US) Architects，MVP——Montague Hou

从写博客到写书，博客园又见证了一位技术精英的成长过程。他们因为对技术的痴迷而相聚在博客园，他们把研究与分享技术当作一种乐趣，他们把战胜技术上的挑战当作快乐，作者就是其中一员，相信这本书和作者的博客一样会给很多人带来收获。

博客园创始人，MVP——杜勇(dudu)

有别于一般陈腔滥调的 ASP.NET 书籍，本书不单讲解了一些 ASP.NET 新的控件，而且介绍了其他一些新的功能、Ajax、数据库和安全性等知识。除了开发和基本的知识，本书更花了很多篇幅去覆盖其他高层次的资料和架构上的设计。本书是一本开发者，分析员和架构师必备的参考书。

INETA 亚太区副主席，香港 .NET 俱乐部创始人，技术架构师，MVP——Colt Kwong

前　言

从浏览器/服务器（B/S）这样的系统构架出现后，Web 应用程序的开发就愈来愈流行。从 ASP 到 JSP，再到 PHP，都不断发展着动态网页技术。ASP.NET 是微软在.NET 平台上推出的一种全新的动态网页技术,它相对 ASP 是一个革命。本书通过对 ASP.NET 的一些重点基础知识和 Web 开发相关的设计知识进行介绍，以期让读者对使用.NET 进行 Web 开发有一个全面而系统的认识。

为什么写作本书

ASP.NET 已经成为.NET 中最热门的技术，针对 ASP.NET 的书籍也琳琅满目。有一些是对 ASP.NET 整个基础知识的介绍，而有一些是讲述 ASP.NET 的具体应用技巧的，也有部分谈到了 Web 应用程序的设计话题。但是却没有一本书对这 3 个方面都囊括其中。所以本书写作的目的就在于：通过介绍 ASP.NET 的一些重点基础知识，尤其是 ASP.NET 2.0 中的新特性，同时结合当前广泛关注的设计模式、构架设计和开发框架等话题，讲述了 Web 应用程序的设计方法；最后通过一个案例来实践本书前面介绍的这些知识和技巧。

本书结构

本书试图使读者对在.NET 平台下进行 Web 开发有个整体的把握，从最基本的新特性介绍到 Web 下的设计模式，开发框架等讲解，希望对刚入门或者具有 ASP.NET 开发经验的初级、中级开发人员有所帮助。全书分为 10 章，本书前 6 章为罗江华编写，后 4 章为朱永光编写。前半部分主要集中在应用层次上，后半部分主要集中在系统框架设计上，如果读者对 ASP.NET 2.0、ASP.NET 3.5 的新特性应用不够熟悉的话，在此笔者建议最好从第一章开始阅读。

关于本书作者

罗江华，微软最有价值专家（MVP），具有海外软件研发经验，擅长微软.NET 相关技术和产品，主要喜好关注和研究微软最新产品。现担任成都程序员俱乐部主席，业余兼任 IT168 .NET 专题作者,目前就职于某全球十大 IT 类电子商务公司承担系统开发和维护任务。个人技术博客为 http://jigee.cnblogs.com。

朱永光，IT 自由人和环境保护者，微软最有价值专家（MVP）和 MCSD。14 年的编程实践经历，5 年软件构架和开发管理经验，擅长微软相关技术和产品，主要关注软件构架和开发框架。曾任某外资软件企业.NET 构架师，现担任成都程序员俱乐部副主席和核心讲师，并在 InfoQ 中文站上担任.NET 社区首席编辑。个人技术博客为 http://redmoon.cnblogs.com。现在作为共同创始人经营着一家环境保护技术公司。

本书主要内容

本书共包括 10 章，每章的主要内容如下：

第 1 章"ASP.NET 介绍"主要以 ASP.NET 2.0 新增特性为主要介绍目的，其中也附带对 ASP.NET 3.5 中的部分新特性做了介绍。

第 2 章"Web 站点构建技术"包含了 ASP.NET 2.0 中众多知识点的讲解，也附带对 ASP.NET 3.5 的部分特性做了介绍。从站点导航、母版页、主题和皮肤到 Web Parts。

第 3 章"Web 开发中的数据访问技术" 介绍数据访问的一些概念和原理、ADO.NET 的各方面和数据绑定技术，以及 O/R M 技术、对象数据库、事务机制和数据访问等相关的知识。

第 4 章"构建安全的 Web 应用程序"介绍了 ASP.NET 中身份验证和授权，实现 Web 服务的安全性等相关问题，还介绍了在开发过程中如何编写高效的，安全的 T-SQL 语句等内容。

第 5 章 "Ajax 技术应用"介绍了 Ajax 的概念、基础及相关知识，然后详细讲解了 Ajax.NET，并使用 Ajax.NET 实现了一个简单的留言板程序，让读者真正感受到 Ajax 带来的超强用户体验。

第 6 章 "OO 和 UML 在 Web 中的应用"介绍了面向对象的基本概念和原理，从概念、设计工具以及体系结构等多方面来对面向对象进行一个全面的认识。UML 主要从在开发中比较常用的对象如类图、用例等入手，也概述了 UML 在 Web 开发中的运用模式和实现思路。

第 7 章 "Web 应用程序界面的设计模式"介绍了设计模式的基本概念和常见的设计模式，并重点讲述了在 Web 应用程序的界面开发中的重要设计模式——MVC。

第 8 章 "Web 应用程序架构模式"介绍构架设计的一些基础知识，重点讲述分层结构的概念和实现。对 IoC、AOP 和 SOA 这样的新兴技术在本章也有所提及。

第 9 章 "Web 应用程序开发框架"介绍了开发框架的概念，并重点介绍两个重要的 Web 开发框架：Windows SharePoint Service 和 DotNetNuke。

第 10 章 "实现一个博客系统"以一个实际的案例为背景，详细阐述了 ASP.NET 新特性如何应用在实际项目中的步骤。理论和实践相结合，让大家理解得更透彻清楚。

致谢

感谢所有在写作本书过程中帮助过我们的朋友，感谢你们为我们提供宝贵的意见和支持，在此特别感谢成都程序员俱乐部会员王明涛、陈曦兄弟在案例一章提供的帮助和支持。

感谢电子工业出版社对笔者的信任和支持，感谢本书责任编辑孙学瑛为本书所做的工作。

请与我们联系

由于作者水平有限，书中不足及错误之处在所难免，敬请专家和读者给予批评指正。E-mail：jsj@phei.com.cn。

目　录

第1章　ASP.NET 介绍　　　　　1

1.1　新增的服务 ················2
　　1.1.1　成员身份服务 ··········3
　　1.1.2　个性化服务 ···········10
1.2　新增的控件 ···············11
　　1.2.1　数据源控件 ··········13
　　1.2.2　MultiView 控件 ·······18
　　1.2.3　GridView 和 DetailsView
　　　　　控件 ···············25
　　1.2.4　登录控件 ············39
　　1.2.5　ListView 控件和 DataPager
　　　　　控件 ···············42
1.3　新增的功能 ···············44
　　1.3.1　新增的管理功能········44
　　1.3.2　角色管理器 ··········45
　　1.3.3　客户端回调管理器·······45
　　1.3.4　SQL 缓存依赖性 ·······46
　　1.3.5　预编译并且在不带源代码
　　　　　的情况下进行部署·······47
　　1.3.6　新的代码分隔模型 ······48
　　1.3.7　验证组 ·············50

1.3.8　跨页面发送 ·········51
1.4　小结 ··················53

第2章　Web 站点构建技术　　　55

2.1　实现站点导航 ·············56
　　2.1.1　站点导航概述 ········56
　　2.1.2　ASP.NET 1.x 时代的站点
　　　　　导航 ···············59
　　2.1.3　ASP.NET 2.0 中的站点
　　　　　导航 ···············59
　　2.1.4　定义站点地图 ········60
　　2.1.5　站点导航控件 ········62
2.2　实现母版页 ···············75
　　2.2.1　母版页概述 ··········75
　　2.2.2　母版页和内容页 ·······75
　　2.2.3　母版页中的 URL 重置 ···79
　　2.2.4　从代码访问母版页 ·····79
　　2.2.5　嵌套母版页 ··········82
　　2.2.6　扩展现有母版页 ·······84
2.3　实现主题和皮肤 ···········85
　　2.3.1　主题和皮肤概述 ·······85

2.3.2 使用主题和皮肤··········86

2.3.3 工作原理解析··········92

2.3.4 Theme 和 StylesheetTheme

的区别··········93

2.4 使用 Web Parts 技术灵活布局网页···93

2.4.1 Web Parts 概述··········94

2.4.2 划分页面··········96

2.4.3 控件层次··········96

2.4.4 部署 Web Parts··········98

2.4.5 Web Parts 应用··········98

2.5 小结··········110

第 3 章 Web 开发中的数据访问技术 111

3.1 数据访问概述··········111

3.1.1 数据访问技术的发展··········111

3.1.2 主流数据访问技术的介绍

和比较··········113

3.1.3 数据访问模式··········116

3.2 ADO.NET··········119

3.2.1 ADO.NET 介绍··········119

3.2.2 ADO.NET 2.0 的新特性·······121

3.2.3 Visual Studio 2005 for

ADO.NET 2.0··········122

3.3 对象关系映射技术··········123

3.3.1 什么是 Object Relational

Mapping··········123

3.3.2 .NET 下的 O/R Mapping 框架

的介绍和简单方法·······124

3.3.3 DLINQ 和 ADO.NET 实体

框架··········132

3.4 对象数据库的应用··········134

3.4.1 对象数据库的概念··········134

3.4.2 DB4O 的使用··········134

3.5 Web 页面数据绑定技术··········136

3.5.1 绑定到数据库··········137

3.5.2 绑定到 XML 数据··········139

3.5.3 绑定到自定义实体对象·······141

3.6 通过事务保证数据完整性·······146

3.6.1 .NET 事务基础··········146

3.6.2 事务技术··········147

3.6.3 使用 System.Transaction

命名空间··········150

3.7 小结··········152

第 4 章 构建安全的 Web 应用程序 153

4.1 .NET 2.0 中新增安全功能概述·····153

4.2 身份验证和授权··········158

4.2.1 使用窗体身份验证··········159

4.2.2 使用 Windows 验证··········162

4.2.3 使用 Passport 验证··········164

4.3 Web Service 安全性··········166

4.3.1 基本原理··········167

4.3.2 基于 Windows 的身份验证···170

4.3.3 基于 SOAP 标头的自定义

解决方案··········173

4.3.4 自定义基于 Windows 的

身份验证··········181

4.3.5 代码级别的安全访问·······183

4.4 数据操作安全性··········184

4.4.1 阻止 SQL 注入··········185

4.4.2 编写安全 SQL 代码··········187

4.5 小结··········190

第 5 章　Ajax 技术应用　191

5.1　什么是 Ajax·················191
　5.1.1　Ajxa 的工作方式········192
　5.1.2　Ajax 的优势···········194
　5.1.3　Ajax 的缺陷···········196
　5.1.4　Ajax.NET 简介········197
5.2　Ajax 基础··················198
　5.2.1　XMLHttpRequest 对象·····198
　5.2.2　JavaScript 基础·········202
　5.2.3　DOM 模型基础·········214
　5.2.4　XML 与 JSON··········220
　5.2.5　xHTML 和 CSS·········221
5.3　使用 Ajax.NET 进行开发·····224
　5.3.1　配置及安装···········224
　5.3.2　编写服务端代码········227
　5.3.3　编写客户端调用········228
　5.3.4　处理类型·············229
5.4　基于 Ajax 的 MVC 方案实现·····230
　5.4.1　背景描述·············230
　5.4.2　分析解决·············230
　5.4.3　代码实现·············231
　5.4.4　分析总结·············244
5.5　小结·····················244

第 6 章　OO 和 UML 在 Web 中的应用　245

6.1　面向对象·················245
　6.1.1　OO 技术概述··········246
　6.1.2　面向对象的基本原则·····253
　6.1.3　设计模式·············254
6.2　UML 介绍·················255
　6.2.1　简介················256

6.2.2　类图················258
6.2.3　用例图·············261
6.3　UML 如何辅助 Web 应用程序的设计················264
　6.3.1　建模···············264
　6.3.2　Web 应用程序架构·····265
　6.3.3　表单··············267
6.4　小结·····················268

第 7 章　Web 应用程序界面的设计模式　269

7.1　设计模式概述·············269
　7.1.1　设计模式介绍·········269
　7.1.2　为什么要使用设计模式·····270
　7.1.3　经典的 GoF 模式······270
　7.1.4　微软提出的设计模式·····272
7.2　在 ASP.NET 中实现 MVC·····276
　7.2.1　MVC··············276
　7.2.2　Page Controller······286
　7.2.3　Front Controller······290
　7.2.4　MS MVC 框架········296
7.3　小结·····················297

第 8 章　Web 应用程序架构模式　298

8.1　软件架构概述·············298
　8.1.1　什么是软件架构和架构模式···············298
　8.1.2　为何要进行架构设计·····300
8.2　分层架构模式·············301
　8.2.1　分层模式概述·········301
　8.2.2　三层应用程序·········303
　8.2.3　实现分层系统·········306

8.3 架构新模式 ·············· 312
    8.3.1 控制反转 IOC 和依赖
        注入 DI ············ 312
    8.3.2 使用 Castle 实现 IOC 和 DI
        开发 ·············· 316
    8.3.3 面向方面编程 AOP ········· 318
    8.3.4 使用 Castle 实现 AOP 开发····· 321
8.4 面向服务架构 ············· 323
    8.4.1 SOA 概念 ············ 323
    8.4.2 WCF 介绍和实现 SOA ····· 325
    8.4.3 ESB 和 BizTalk ·········· 332
8.5 小结 ················ 334

第 9 章   Web 应用程序开发框架   335

9.1 开发框架概述 ············· 335
    9.1.1 什么是开发框架 ········· 335
    9.1.2 开发框架包含的基本内容····· 337
    9.1.3 开发框架和设计模式的
        关系 ·············· 338
    9.1.4 为什么要使用开发框架········ 338
9.2 Windows SharePoint Service3.0 ········ 339
    9.2.1 Windows SharePoint Service
        介绍 ·············· 339
    9.2.2 WSS 3.0 概述 ·········· 340

9.2.3 开发 Web Part ·········· 345
    9.2.4 使用 WSS 中的工作流 ········ 347
9.3 DotNetNuke ············· 349
    9.3.1 DotNetNuke 是什么 ······· 349
    9.3.2 使用 DotNetNuke 建立
        站点 ·············· 352
    9.3.3 开发 DotNetNuke 的
        Module ············ 356
9.4 小结 ················ 361

第 10 章   实现一个博客系统   362

10.1 系统设计 ·············· 362
    10.1.1 总体设计 ············ 362
    10.1.2 系统架构设计 ·········· 365
    10.1.3 数据库设计 ··········· 367
10.2 系统模块设计与实现 ········· 371
10.3 实现数据访问层 ··········· 394
    10.3.1 添加 DataSet 及
        DataTable ·········· 395
    10.3.2 添加 Query ··········· 401
    10.3.3 扩展 TableAdapter ······· 405
    10.3.4 优化事务处理 ·········· 407
小结 ················· 409

01

ASP.NET 介绍

众所周知，ASP.NET 是 Microsoft .NET 的一部分，作为战略产品，它不仅是 Active Server Page（ASP）的下一个版本，还提供了一个统一的 Web 开发模型，其中包括了开发人员生成企业级 Web 应用程序所需的各种服务。ASP.NET 的语法在很大程度上与 ASP 兼容，同时它还提供一种新的编程模型和结构（Code behind），可生成伸缩性和稳定性更好的应用程序，并提供更好的安全保护。ASP.NET 提供了稳定的性能、优秀的升级性、更快速的开发、更简便的管理、全新的语言以及网络服务。贯穿整个 ASP.NET 的主题就是系统帮用户做了大部分不重要的琐碎的工作。

ASP.NET 是一个已编译的、基于.NET 的开发环境，可以用任何与.NET 兼容的语言来构建应用程序。另外，任何 ASP.NET 应用程序都可以使用整个.NET Framework。开发人员可以非常方便地应用这些特性，其中包括托管的公共语言运行库环境、类型安全，以及灵活使用各种软件开发技术：面向对象、对象组件、面向服务等。快速发展的分布式应用也需要更快速、更模块化、更易操作、更多平台支持和重复利用性更强的开发，需要一种新的技术来适应不同的系统，网络应用和网站需要提供一种更加强大的可升级的服务。这些都是 ASP.NET 力所能及的。

在.NET 平台上，ASP.NET 的出现给原有的软件开发模式带来了一场全新的技术革命，顿时间新的 B/S（Browser/Server）架构开发模式铺天盖地，也解脱了无数奋战在前线的 ASP 程序员的重担。真可谓是一个跨时代的产品，解决了很多以前 ASP 中没能解决的问题。而随着时间的推移，也就在短短的这几年时间里，强大的微软帝国又陆续推出了更多的.NET 版本：.NET2.0、.NET3.0、.NET3.5。同时也相继出现了 Visual Studio 2005、Visual Studio 2008 版本，毋庸置疑，它们为开发人员提供了更多的新特性以便能更快速便捷地构建应用程序。

追溯到 2005 年底，Microsoft .NET Framework 2.0 问世，从而使 ASP.NET 2.0 摆脱了很多以前不够完善的状况并已经发展成为一种完全成熟的产品。ASP.NET 2.0 将常用的 Web 任务封装到应用程序服务和控件中，这些服务和控件可方便地在网站之间重用。利用这些基本生成块，较之以前的版本，现在实现许多方案所需的自定义代码要少得多。实践证明它能将 Web 编程代码数量减少到 70%或者更多。这简直是一件激动人心的事情！

回到即将到来的非常值得怀念的 2008 年（北京奥运会），微软将正式发布 Visual Studio 2008（作者在书稿完成时当前使用的是 Beta 2）。新的版本在 ASP.NET 2.0 的基础上有了更多的变化，比如你在新建项目时可以方便地指定要使用的.NET 框架版本，还可以使用 DLINQ/LINQ 以.NET 的对象模型方式访问 SQL 数据库或 Array、List<>等集合对象。那么到底在 ASP.NET 2.0、ASP.NET 3.5 中包含了哪些多种多样的新服务、控件和功能，以至于它的功能如此强大呢？在本章中读者将对此进行简要介绍。

1.1　新增的服务

ASP.NET 是建立在公共语言运行库（CLR）上的编程框架，可用于在服务器上生成功能强大的 Web 应用程序。与以前的 Web 开发模型相比，ASP.NET 的第一个版本进步了很多。在此基础上，微软通过在开发人员工作效率、管理、扩展性和性能领域增加对一些激动人心的新功能的支持，由此 ASP.NET 2.0 应运而生。

ASP.NET 2.0 是一个组成良好的开放系统，你可以通过自定义实现方便地替换任何组件。你会发现无论是服务器控件、页面处理程序、编译还是核心的应用程序服务，都能根据你的需要方便地进行自定义和替换。你可以在页生命周期的任何地方插入自定义代码，以进一步根据需要对 ASP.NET 2.0 进行自定义。

ASP.NET 2.0 中提供了对即时使用的成员资格（用户名/密码凭据存储）和角色管理服务的内置支持。使用新的个性化设置服务可以对用户设置和首选项进行快速存储/检索，便于用最少的代码实现丰富的自定义操作。同时开发人员可以使用新的站点导航系统在整个站点中一致地快速生成链接结构。所有这些服务都是提供程序驱动的，因此可以方便地用你自己的自定义实现替换。通过此扩展性选项，你可以对驱动这些丰富的应用程序服务的数据存储区和架构进行完全控制。

1.1.1　成员身份服务

ASP.NET 2.0 中新增的最佳功能之一就是成员身份服务，属于 ASP.NET 提供程序模型的基础结构之一。所以有必要了解一下 ASP.NET 提供程序模型，它是 ASP.NET 2.0 推出的最有吸引力的特征之一，基于通用的面向对象方式（继承，多态），并可以实现无限扩展。其本身也应用了几个典型的设计模式（策略模式、适配器模式、工厂模式）。虽然 ASP.NET 和 Microsoft　Windows Forms 都依赖于提供程序，但是它们不属于相同的领域，前者在成员资格和个性化等关键服务中采用了提供程序模型，后者则仅用该模型存储用户和应用程序设置，本节后面会加以更多的阐述。对于成员身份服务，它提供了用于创建和管理用户账户的易于使用的 API。除了用户的凭据验证和管理，还提供了有关密码的高级服务，可以自由定制密码的最小长度，必须满足大小写标点的格式，同时还提供启用或禁用密码的检索服务，将其绑定到问答模式上来。读者应该知道在 ASP.NET 1.x 中大规模引入了窗体身份验证，但仍然要求你编写相当数量的代码来执行实际操作中的窗体身份验证。成员身份服务填补了 ASP.NET 1.x 窗体身份验证服务的不足，并且使实现窗体身份验证变得比以前简单得多。

成员身份 API 通过两个新的类来实现：Membership 和 MembershipUser，它们是一对配合得很好的搭档。前者包含了用于创建用户、验证用户以及完成其他工作（找回一个 membershipUser 实例，更新一个 membershipUser 实例，通过不同条件寻找一个用户，获得当前在线用户数量，删除一个已经不再需要的账户）的静态方法。MembershipUser 代表单个用户，它包含了用于检索和更改密码、获取上次登录日期以及完成类似工作的方法和属性。

下面以一个具体的例子来阐述 Membership 的使用方法：本例以 Membership 的 CreateUser 方法创建一个用户。

首先要配置数据库以方便我们把数据存储在里面，以 Windows XP SP2 操作系统和 SQL Server 2000 数据库为例。

01 注册数据库

打开:C:\WINDOWS\Microsoft.NET\Framework\v2.0.50727\aspnet_regsql.exe 请根据您自己的系统选择相应路径，如图 1-1 所示。

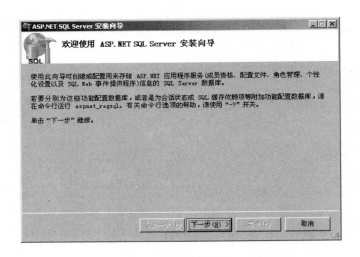

图 1-1

02 单击"下一步"按钮，选择要执行的数据库任务，如图 1-2 所示。

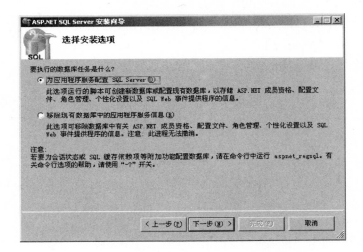

图 1-2

03 单击"下一步"按钮，选择服务器和数据库，如图 1-3 所示。

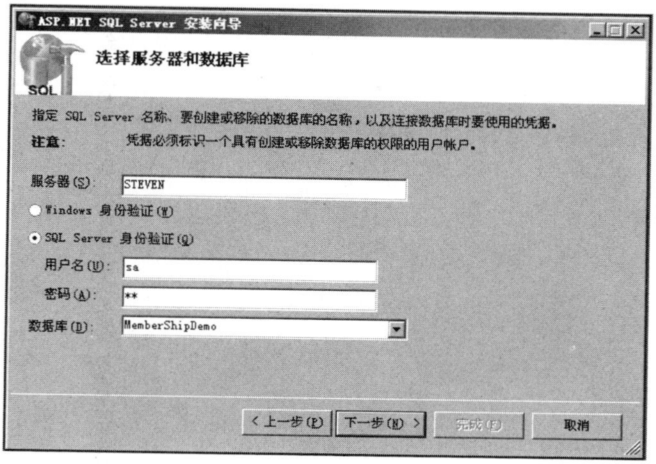

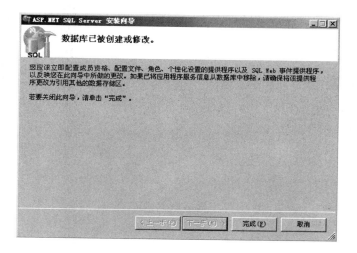

图 1-3

04 单击"下一步"按钮，确认注册信息正确，如图 1-4 所示。

图 1-4

05 这一步骤完成后，ASP.NET 将会在你设置的数据库中生成相应的表和一些存储过程，如图 1-5 所示。

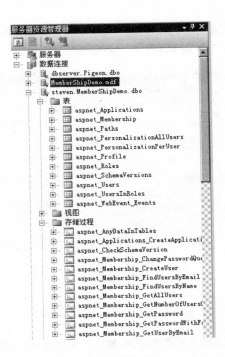

图 1-5

06 到这一步数据库的注册已经完成，接下来要做的就是更改 IIS 中的配置选项，打开默认网站的属性控制面板，查看 ASP.NET 选项卡，如图 1-6 所示。

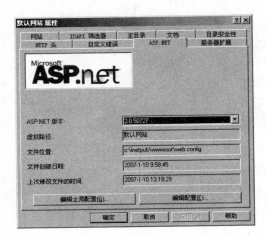

图 1-6

07 编辑配置并编辑数据库连接字符串，连接到上面设置的数据库上，如图 1-7 所示。

图 1-7

08 在新建的项目文件页面中定义如图 1-8 所示的表格。

图 1-8

09 创建用户事件，代码如下：

```
protected void btnCreate_Click(object sender, EventArgs e)
{
        string userName = txtUserId.Text.Trim();
        string pwd = txtPassword.Text.Trim();
        string email = txtEmail.Text.Trim();
        string question = ddlQuestion.SelectedValue.ToString();
        string answer = txtAnswer.Text.Trim();
        MembershipCreateStatus status;
```

```
        Membership.CreateUser(userName, pwd, email, question, answer, true, out
status);
        switch (status)
        {
            case MembershipCreateStatus.Success:
                Response.Write("操作成功");
                break;
            default:
                Response.Write("操作失败");
                break;
        }
    }
```

至此一个 Membership 的简单例子演示完毕。有开发经验的读者可能已经发现问题的所在了，由于框架本身提供的功能有限。如 Membership 的 CreateUser 方法只提供了三个重载方法，在创建一个用户时可能需要获取用户的更多信息，如姓名、性别、地址、职称等。还有上面的数据库是 SQL Server2000 而不是默认的 SQL Server 2005 Express 数据库，怎么办？这时我们可以采用前面讨论的特性来解决：提供程序模型。与上面问题有关的是 MembershipProvider。提供程序模型中还包括很多其他提供程序：PersonalizationProvider、ProfileProvider、RoleProvider、SiteMapProvider、WebEventProvider 等。

提供程序模型的概念建立在继承 ProviderBase 类的基础之上，ProviderBase 类是 System.Configuration 程序集的 System.Configuration.Provider 命名空间中的新类，它是一个抽象类，对于 ASP.NET 2.0 支持的任何服务，所有提供程序都会派生自这样一个公共基类，为提供程序的实现者继承。这个类非常简单，只提供了几个在大多数提供程序中都有用的方法和属性，如表 1-1 所示。

表 1-1　提供程序类

属　性	说　　明
Name	返回提供程序的名称，从提供程序的配置项中提取 <add name="MyProviderName"/>
Description	提供程序的完整文本描述。如果给出了一组提供程序，以供选择，这个属性就很有用
方　法	说　　明
Initialize	用于初始化提供程序，需要给该方法传送提供程序的名称和 NameValueCollection，以允许访问配置上指定的、与提供程序相关的特性

提供程序类的层次结构图如图 1-9 所示。

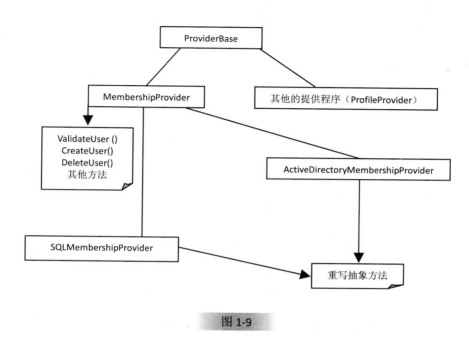

图 1-9

了解了上面的知识，我们就可以从扩展内置的提供程序入手来实现那些不能很好满足我们需求的功能了。最简单的一种方法是继承一个内置的实现方式，例如 SqlMembership Provider。这么做有几个原因，但这里要说明的是如何验证当前登录的特定用户。为此，我们将继承一个内置提供程序，重写 ValidateUser 方法，来实现时间限制功能。

首先需要创建一个类，使它继承已有的 SqlMembershipProvider，所在的命名空间为 System.Web.Security.SqlMembershipProvider；然后在配置文件中配置新的提供程序，把 defaultProvider 的值改为以继承为 SqlMembershipProvider 类的名称；其次是检查提供程序的配置，以确保程序的正确性。打开 Web Site Administration Tool（选择 Visual Studio 2005 WebSite 菜单，再选择 ASP.NET Configuration 选项），进入 Provider 选项卡，就会发现，新建的提供程序现在已经是一个可选的成员提供程序。最后就是对我们的方法进行重写了。

```
public override bool ValidateUser(string username, string password)
    {
        if((username!="kim")&&(password!="P@ssw0rd123 "))
```

```
        return false;
    return base.ValidateUser(username, password);
}
```

当然我们还可以直接建立自己的成员提供程序，来实现一个定制类，以履行提供程序的契约。这么做的一个主要原因是，例如，成员提供程序默认为 ASP.NET 成员服务的一个接口，它把数据存储在数据库的专用 ASP.NET 表中，许多已有的应用程序都有成员表的概念，而替换它们来利用某些使用成员提供程序的内置控件，其工作量很大。但是，当我们创建一个执行 MembershipProvider 类的重要方法的类时，就可以让定制类对已有的数据库执行成员操作。这类定制并不限于对数据库执行操作，还可以从定制类中调用第三方供应商的 API。实现方式很简单，直接继承 MembershipProvider 类即可，具体实现思路和上面的例子一样。

虽然这是一些相当简单的例子，但却说明了如何利用内置提供程序来满足应用程序需要的附加业务要求，同时不需要重新实现已提供的全部功能。

1.1.2　个性化服务

另一个要介绍的服务是个性化，它提供了一种现成的解决方案，用于解决存储站点用户的个性化设置问题。目前，通常的解决方法是存储在 Cookie、后端数据库或这两者中。无论这些设置存储在何处，ASP.NET 1.x 都不能提供什么帮助。这需要由你来设置和管理后端数据存储，以及使用经过身份验证的用户名、Cookie 或其他某种机制来关联个性化数据。

使用 ASP.NET 2.0 中新的个性化设置服务，可以方便地在 Web 应用程序中创建自定义体验。使用 Profile 对象可以方便地为用户账户生成固定的强类型数据存储区，还可以生成高度自定义的、基于关系的体验。同时，利用 Web 部件和个性化设置服务，还可使网站访问者能够完全控制站点的布局和行为，这样站点对访问者来说是完全可自定义的。现在生成个性化设置方案比以前要方便得多，也容易得多，需要实现的代码和花费的精力都显著减少。

ASP.NET 2.0 提供了一个在 System.Web.Profile 命名空间中定义的预定义的提供程序：SqlProfileProvider。它从 SQL Server 2005 Express 中的 aspnetdb.mdf 数据库的一个表中读取配置文件数据，并把配置文件数据写入其中。请求开始时，配置文件提供程序会从一个数据存储中读取配置文件值，并在请求结束时，把修改的值返回到数据存储中。同时配置文件表中为每个用户包含了一个记录。事实上系统默认的配置往往不能满足我们的需求，比如我们需要把配置文件信息存储到另一个 SQL Server 数据库的表中,或者要存储到其他数据库系统(Oracle),这时我们需要做的仍然是编写一个自定义的提供程序。如在.Net PetShop 4.0 中通过重写 ProfileProvider 里的部分方法并结合工厂模式,实现在自己的数据库里记录自己想要的个性化用户信息。主要实现在 PetShop.Profile 命名空间中,其封装类为 PetShopProfileProvider,该类继承自.Net 框架 ProfileProvider 类,然后通过重写 Initialize、SettingsPropertyValue Collection、SetPropertyValues、DeleteProfiles、DeleteProfiles、DeleteInactiveProfiles 等一系列方法来实现。最后通过配置文件来完成整个自定义实现过程。有兴趣的读者可以去仔细研究,确实是一个不错的例子。

 小提示

(1)由于一个提供程序的契约的所有方法和属性都标记成了抽象,所以所有自定义的提供程序必须实现所有成员。但是一些提供程序的方法不需要实现,这时可以采用一个空的实现或者抛出一个异常:

```
throw new Exception("The method or operation is not implemented.")
```

(2)在保证内部表结构布局不变的情况下,可以采用修改程序的 Web.Config 文件中的连接字符串,来将数据存储方式改为 SQL Server 2000 或 SQL Server 2005。

(3).NET Framework 本身提供了一个 ProviderException 类,出现有关异常的详细信息,适当的时候可以直接使用或派生其子类来处理系统异常。

(4)提供程序是 ASP.NET 2.0 中最重要的特性之一,有关更多的信息和代码示例,请访问微软资源:http://msdn2.microsoft.com/zh-cn/asp.net/aa336558.aspx。

1.2 新增的控件

ASP.NET 2.0 引入了许多新的服务器控件,大约有 50 种新的控件类型,以便帮助你生成丰富的用户界面,同时使您无须应付 HTML、客户端脚本和浏览器文档对象模型(DOM)的各种变幻莫测的行为。为数据访问、登录安全、向导导航、菜单、树视图、门户等提供功能强大的声明性支持。在这些控件中,许多都利用了 ASP.NET 的核心应用程序服务,用于数据访问、成员资格与角色,以及个性化设置等方案。下面介绍 ASP.NET 2.0 和 ASP.NET 3.5 中一部分新控件。

1．数据控件

使用新的数据绑定控件和数据源控件，可以在 ASP.NET 2.0 中以声明方式（非代码）完全实现数据访问，提供了新的数据源控件（ASP.NET 3.5 中新增加了一个 LinqDataSource 的数据源控件）用于表示不同数据后端（如 SQL 数据库、业务对象和 XML）；还提供了新的数据绑定控件（如 GridView、DetailsView 、FormView 和 ASP.NET 3.5 中的 ListView）用于呈现数据的常用用户界面。

2．导航控件

导航控件（如 TreeView、Menu 和 SiteMapPath）为在站点中的页面之间导航提供常用用户界面。这些控件使用 ASP.NET 2.0 中的站点导航服务，检索为站点定义的自定义结构。

3．分页控件（DataPager）

此控件为 ASP.NET 3.5 中新增加的一个分页控件。实质上，DataPager 就是一个扩展 ListView 分页功能的控件。

4．登录控件

一系列 ASP.NET 登录控件为无须编程的 ASP.NET Web 应用程序提供可靠完整的登录解决方案。默认情况下，登录控件与 ASP.NET 成员资格集成，以帮助网站的用户身份验证过程自动化。默认情况下，ASP.NET 登录控件以纯文本形式工作于 HTTP 上，如果你对安全性要求很高，那么可以使用带 SSL 加密的 HTTPS 来实现。

5．Web Part 控件

Web 部件是激动人心的新控件系列，使用它可以向站点添加丰富的个性化内容和布局，还能够直接从应用程序页对内容和布局进行编辑。这些控件依赖于 ASP.NET 2.0 中的个性化设置服务，向应用程序中的每个用户提供独特的体验。

ASP.NET 2.0 中的所有数据控件都进行了增强，用于处理数据源控件。引用数据源控件，而不是指向数据集或数据读取器中的某个控件。数据控件和数据源控件共同协作，自动管理数据绑定，这样，大多数情况下，无须编写代码即可执行数据绑定。因此，在任何数据绑定控件中，都可以利用自动数据绑定。

此外，ASP.NET 2.0 引入了新的数据控件，可提供更多功能。如 GridView 控件，它是 DataGrid

控件的后继控件。GridView 控件可自动执行 DataGrid 控件的许多功能,因此不需要编写编辑、排序或分页的代码。如果要自定义控件的行为,可以继续使用熟知的 DataGrid 控件对象模型。DetailsView 控件一次显示一条记录,可进行编辑、删除和插入记录的操作。也可以按页查看多条记录。FormView 控件与 DetailsView 控件类似,但可以为每条记录定义任意形式的布局。对于单条记录,FormView 控件类似于 DataList 控件。可以继续使用 DataGrid 控件,尽管它已由 GridView 控件取代。使用 DataGrid 控件的现有页仍可正常工作。至于其他数据控件,DataGrid 控件已进行了增强,以与数据源控件交互。而 ListView 控件,它集成了 DataGrid、DataList、Repeater 和 GridView 控件的所有功能。同时也可以像 Repeater 控件那样,让我们在控件内写任何 HTML 代码,更多特性下面将进行详细介绍。

1.2.1　数据源控件

ASP.NET 中包含一些数据源控件,这些数据源控件允许你使用不同类型的数据源,如数据库、XML 文件或中间层业务对象。数据源控件连接到数据源,从中检索数据,并使得其他控件可以绑定到数据源而无须代码。数据源控件还支持修改数据。数据源控件模型是可扩展的,因此你还可以创建自己的数据源控件,实现与不同数据源的交互,或为现有的数据源提供附加功能。

在 ASP.NET 中,提供了几种不同类型的数据源控件,下面作一个简单的比较和说明,数据源控件比较详细情况如表 1-2 所示。

表 1-2　数据源控件

数据源控件	说　　明
ObjectDataSource	允许您使用业务对象或其他类,以及创建依赖中间层对象管理数据的 Web 应用程序支持对其他数据源控件不可用的高级排序和分页方案
SqlDataSource	允许您使用 Microsoft SQL Server、OLE DB、ODBC 或 Oracle 数据库。与 SQL Server 一起使用时支持高级缓存功能。当数据作为 DataSet 对象返回时,此控件还支持排序、筛选和分页
LinqDataSource	可以很容易地使用内建在 LinqDataSource 中的声明性过滤支持来实现大多数场景下查询 Linq to Sql 数据模型的需要
AccessDataSource	允许您使用 Microsoft Access 数据库。当数据作为 DataSet 对象返回时,支持排序、筛选和分页
XmlDataSource	允许使用 XML 文件,特别适用于分层的 ASP.NET 服务器控件,如 TreeView 或 Menu 控件。支持使用 XPath 表达式来实现筛选功能,并允许您对数据应用 XSLT 转换。XmlDataSource 允许您通过保存更改后的整个 XML 文档来更新数据
SiteMapDataSource	结合 ASP.NET 站点导航使用。在第 2 章会有详细介绍

1. ObjectDataSource 控件

ObjectDataSource 控件使用依赖中间层业务对象来管理数据的 Web 应用程序中的业务对象或其他类。此控件旨在通过与实现一种或多种方法的对象交互来检索或修改数据。当数据绑定控件与 ObjectDataSource 控件交互以检索或修改数据时，ObjectDataSource 控件将值作为方法调用中的参数，从绑定控件传递到源对象。源对象的数据检索方法必须返回 DataSet、DataTable 或 DataView 对象，或者返回实现 IEnumerable 接口的对象。如果数据作为 DataSet、DataTable 或 DataView 对象返回，ObjectDataSource 控件便可以缓存和筛选这些数据。如果源对象接受 ObjectDataSource 控件中的页面大小和记录索引信息，则可以实现高级分页的解决方案。

通常它作为数据绑定控件（如 GridView、FormView 或 DetailsView 控件）的数据接口，使这些控件在 ASP.NET 网页上显示和编辑中间层业务对象中的数据。对于大多数 ASP.NET 数据源控件，如 SqlDataSource，都在两层应用程序层次结构中使用。在该层次结构中，表示层（ASP.NET 网页）可以与数据层（数据库和 XML 文件等）直接进行通信。但是，常用的应用程序设计原则是，将表示层与业务逻辑相分离，而将业务逻辑封装在业务对象中。这些业务对象在表示层和数据层之间形成一层，从而生成一种三层应用程序结构。而 ObjectDataSource 控件通过提供一种将相关页上的数据控件绑定到中间层业务对象的方法，为三层结构提供支持。这样在不使用扩展代码的情况下，使用中间层业务对象以声明方式对数据执行选择、插入、更新、删除、分页、排序、缓存和筛选操作。其原理是通过使用反射调用业务对象的方法，来对数据执行选择、更新、插入和删除操作。

2. SqlDataSource 控件

SqlDataSource 控件使用 SQL 命令来检索和修改数据，可以用于 Microsoft SQL Server、OLE DB、ODBC 和 Oracle 数据库。并将结果以 DataReader 或 DataSet 对象返回。当结果以 DataSet 返回时，该控件支持排序、筛选和缓存。使用 Microsoft SQL Server 时，该控件还有一个优点，那就是当数据库发生更改时，SqlCacheDependency 对象可使缓存结果无效。

它的一个特别之处在于，可以在 ASP.NET 页中直接访问和操作数据，而无须直接使用 ADO.NET 类。只需提供用于连接到数据库的连接字符串，并定义使用数据的 SQL 语句或存储过程即可。在运行时，它会自动打开数据库连接，执行 SQL 语句或存储过程，返回选定数据（如果有），然后关闭连接。

3. LinqDataSource 控件

<asp:LinqDataSource>控件是一个实现了在 ASP.NET 2.0 中介绍的 DataSourceControl。它和

ObjectDataSource 和 SqlDataSource 控件很类似，可以显式地将页面上的其他控件绑定到一个数据源。不同的是，它不是直接绑定到数据库（像 SQL DataSource）或者到一个类（像 ObjectDataSource），它绑定到一个使用了 LINQ 的数据模型。使用<asp:LinqdataSource>的一个好处就是增加了基于 ORMs 支持的 LINQ 的灵活性。不需要自己去定义让数据源来调用的 Query/Insert/Update/Delete 方法，仅仅需要将该控件指向你的数据模型即可，并指明你想操作的是哪张表，然后就可以将任何的 ASP.NET UI 控件绑定到它，使其和<asp:LinqDataSource>一起运行。

4．AccessDataSource 控件

AccessDataSource 控件是 SqlDataSource 控件的专用版本，专为使用 Microsoft Access .mdb 文件而设计。与 SqlDataSource 控件一样，可以使用 SQL 语句来定义控件获取和检索数据的方式。它继承了 SqlDataSource 类并用 DataFile 属性替换了 ConnectionString 属性，这样更便于连接到 Microsoft Access 数据库，并使用 System.Data.OleDb 提供程序连接到使用 Microsoft.Jet.OLEDB.4.0 OLE DB 提供程序的 Access 数据库。在使用时，读者可以将 DataFile 属性设置为指向 Access 数据库文件的通用命名约定（UNC）路径。下面的示例演示如何使用根相对路径标识位于当前 Web 应用程序的 App_Data 文件夹中的 Access 数据库。

```
<asp:AccessDataSource
    id="AccessDataSource1"
    DataFile="~/App_Data/Northwind.mdb"
    runat="server"
    SelectCommand="SELECT EmployeeID, LastName, FirstName FROM Employees">
</asp:AccessDataSource>
```

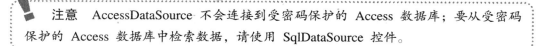

注意　AccessDataSource 不会连接到受密码保护的 Access 数据库；要从受密码保护的 Access 数据库中检索数据，请使用 SqlDataSource 控件。

5．XmlDataSource 控件

XmlDataSource 控件可以读取和写入 XML 数据，因此你可以通过某些控件（如 TreeView 和 Menu 控件）来使用该控件。XmlDataSource 控件可以读取 XML 文件或 XML 字符串。如果该控件处理 XML 文件，它可以将修改后的 XML 写回到源文件。如果存在描述数据的架构，XmlDataSource 控件可以使用该架构来公开那些使用类型化成员的数据。可以对 XML 数据应用 XSLT 转换，将来自 XML 文件的原始数据重新组织成更加适合要绑定到 XML 数据的控件的格式。还可以对 XML 数据应

用 XPath 表达式，该表达式允许筛选 XML 数据以便只返回 XML 树中的特定节点，或查找具有特定值的节点等。如果使用 XPath 表达式，将禁用插入新数据的功能。

XmlDataSource 从使用 DataFile 属性指定的 XML 文件加载 XML 数据。另外，还可以从使用 Data 属性的字符串加载 XML 数据。它将 XML 元素的属性公开为可绑定数据的字段。如果要绑定非属性的值，则可以使用可扩展样式表语言（XSL）样式表指定转换。在 FormView 或 GridView 等控件模板中，读者还可以使用 XPath 数据绑定功能将模板中的控件绑定到 XML 数据。

下面的代码示例演示一个 XmlDataSource 和绑定到它的一个 TreeView 控件：

```
<asp:XmlDataSource  id="WorkerDataSource  runat="server"
      DataFile="~/App_Data/XMLFile.xml" />
    <asp:TreeView  id="WorkerTreeView"  runat="server"
    DataSourceID="WorkerDataSource">
    <DataBindings>
      <asp:TreeNodeBinding DataMember="UserName"    TextField="#InnerText" />
      <asp:TreeNodeBinding DataMember="Title"       TextField="#InnerText" />
      <asp:TreeNodeBinding DataMember="Description" TextField="#InnerText" />
    </DataBindings>
  </asp:TreeView>
```

代码示例所使用的 XML 数据如下：

```
<?xml version="1.0" encoding="utf-8" ?>
<Worker>
  <User>
    <Name>
      <UserName>kimluo</UserName>
    </Name>
    <Job>
      <Title>.NET Developer</Title>
      <Description>C#,ASP.NET</Description>
    </Job>
  </User>
</Worker>
```

> **注意**　建议在启用了客户端模拟并且根据客户端标识检索 XmlDataSource 控件的源文件时，将 EnableCaching 属性设置为 false。如果启用了缓存，则单个用户的缓存 XML 数据会被所有用户看到，并且敏感信息可能会公开给有害源。如果 identity 配置元素的 impersonate 属性设置为 true 且对 Web 服务器上的应用程序禁用匿名标识，则说明启用了客户端模拟。

6．SiteMapDataSource 控件

SiteMapDataSource 控件使用 ASP.NET 站点地图，并提供站点导航数据。此控件通常与 Menu 控件一起使用。当通过并非专为导航而设计的 Web 服务器控件（如 TreeView 或 DropDownList 控件）来实现站点地图数据自定义站点导航时，此控件也很有用。

它从站点地图提供程序（例如 XmlSiteMapProvider，它是 ASP.NET 的默认站点地图提供程序）检索站点地图数据。读者可以将其配置为返回站点地图节点的全集或子集。如果需要在一页上显示多个导航结构并且每个导航结构显示单独的站点地图部分，这非常有用。如果需要将站点导航元素分布在站点中不同的母版页上并且每个母版页显示整个站点地图的不同部分，这也非常有用。若要使用这些站点导航控件，就必须在 Web.sitemap 文件中描述站点的结构，并创建在站点地图中列出的.aspx 文件。向网页添加站点导航的代码片段如下：

```
<h2>Using SiteMapPath</h2>
 <asp:SiteMapPath ID="SiteMapPath1" Runat="server">
 </asp:SiteMapPath>
 <asp:SiteMapDataSource ID="SiteMapDataSource1" Runat="server" />
 <h2>Using TreeView</h2>
 <asp:TreeView ID="TreeView1" Runat="Server" DataSourceID="SiteMapDataSource1">
 </asp:TreeView>
 <h2>Using Menu</h2>
 <asp:Menu ID="Menu2" Runat="server" DataSourceID="SiteMapDataSource1">
 </asp:Menu>
 <h2>Using a Horizontal Menu</h2>
 <asp:Menu ID="Menu1" Runat="server" DataSourceID="SiteMapDataSource1"
  Orientation="Horizontal" StaticDisplayLevels="2" >
 </asp:Menu>
```

> **小提示**　如果起始节点的嵌套深度比站点地图的根节点深，则可以将 StartingNodeOffset 属性设置为一个负数。当 StartFromCurrentNode 属性设置为 true 且想要从当前节点的父节点开始显示站点地图时，这往往很有用。

1.2.2　MultiView 控件

在 B/S 项目的开发中，有时可能要把一个 Web 页面分成不同的块，而每次只显示其中一块，同时又能方便地在块与块之间导航。这种技术常用于在一个静态页面中引导用户完成多个步骤的操作，如会员注册、在线调查功能的实现。尽管已经有一个专门为此目的设计的 Wizard 控件，但是仍然可能使用 MultiView 和 View 控件来创建类似于向导的应用程序。块是页面中某区域的内容，ASP.NET 提供了 View 控件对块进行管理。每个块对应一个 View 控件，所有 View 对象包含在 MultiView 对象中。MultiView 中每次只显示一个 View 对象。这个对象称为活动视图。

MultiView 控件有一个类型为 ViewCollection 的只读属性 View。使用该属性可获得包含在 MultiView 中的 View 对象集合。与所有的.NET 集合一样，该集合中的元素被编入索引。MultiView 控件包含 ActiveViewIndex 属性，该属性可获取或设置以"0"开始的当前活动视图的索引。如果没有视图是活动的，那么 ActiveViewIndex 为默认值"－1"。表 1-3 给出 MultiView 控件的 4 个 CommandName 字段，为按钮的 CommandName 属性赋值，能够实现视图导航。

表 1-3　MultiView 控件的 CommandName 字段

字　　段	默认命令名	说　　明
NextViewCommandName	NextView	导航到下一个具有更高 ActiveViewIndex 值的视图。如果当前位于最后的视图，则设置 Active-ViewIndex 为－1，不显示任何视图
PreviousViewCommandName	PrevView	导航到低于 ActiveVie-wIndex 值的视图。如果当前位于第一个视图，则设置 ActiveViewIndex 为－1，不显示任何视图
SwitchViewByIDCommandName	SwitchViewByID	导航到指定 ID 的视图，可以使用 CommandArg-ument 指定 ID 值
SwitchViewByIndexCommandName	SwitchViewByIndex	导航到指定索引的视图，使用 CommandArgument 属性指定索引

将某些控件如 ImageButton 的 CommandName 属性设置为 NextView，单击这些按钮后将自动导航到下一个视图，而不需要额外的代码。开发者不需要为按钮编写单击事件处理程序。通过调用 MultiView 控件的 SetActiveView 或 GetActiveView 方法也可以设置或获取活动视图。SetActiveView 使用 View 对象作为参数，而 GetActiveView 则返回一个 View 对象。每次视图发生变化时，页面都会被提交到服务器，同时 MultiView 控件和 View 控件将触发多个事件。活动视图发生变化时，MultiView 控件将触发 ActiveViewChanged 事件。与此同时，新的活动视图将触发 Activate 事件，原活动视图则触发 Deactivate 事件。所有的事件都包含一个 EventArgs 类型的参数。该参数只是一个占位符，它没有提供与事件相关的附加信息。然而，与所有的事件处理程序一样，对事件源的引用将传递给事件处理程序。View 控件包含一个 Boolean 类型的 Visible 属性，设置该属性可以控制特定 View 对象的可见性，或以编程方式确定哪一个 View 是可见的。MultiView 和 View 控件都没有样式属性。对于 MultiView 控件而言，这不足为奇。毕竟它只不过是 View 控件的容器而已。对于 View 控件而言，如果要使用样式属性，则必须将样式应用到每一个它包含的控件中。还有一种方法是在 View 控件中嵌入一个 Panel 控件，并设置 Panel 的样式属性。

下面的示例演示如何使用 MultiView 控件来创建基本调查。每个 View 控件都是一个单独的调查问题。用户单击任何页上的"上一页"按钮时，将减小 ActiveViewIndex 属性的值，以定位到上一个 View 控件。用户单击任何页上的"下一页"按钮时，将增大 ActiveViewIndex 属性的值，以定位到下一个 View 控件：

```
<h3>MultiView ActiveViewIndex Example</h3>
    <asp:Panel id="Page1ViewPanel"
        Width="330px"
        Height="150px"
        HorizontalAlign =Left
        Font-size="12"
        BackColor="#C0C0FF"
        BorderColor="#404040"
        BorderStyle="Double"
        runat="Server">
    <asp:MultiView id="DevPollMultiView" ActiveViewIndex=0 runat="Server">
     <asp:View id="Page1"  runat="Server">
            <asp:Label id="Page1Label"
                Font-bold="true"
                Text="What kind of applications do you develop?"
```

```
                runat="Server">
        </asp:Label><br><br>
        <asp:RadioButton id="Page1Radio1"
            Text="Web Applications"
            Checked="False"
            GroupName="RadioGroup1"
            runat="server" >
        </asp:RadioButton><br>
        <asp:RadioButton id="Page1Radio2"
            Text="Windows Forms Applications"
            Checked="False"
            GroupName="RadioGroup1"
            runat="server" >
         </asp:RadioButton><br>
        <asp:Button id="Page1Next"
            Text = "Next"
            OnClick="NextButton_Command"
            Height="25"
            Width="70"
            runat= "Server">
        </asp:Button>
</asp:View>
<asp:View id="Page2" runat="Server">
    <asp:Label id="Page2Label"
            Font-bold="true"
            Text="How long have you been a developer?"
            runat="Server">
        </asp:Label><br><br>
        <asp:RadioButton id="Page2Radio1"
            Text="Less than five years"
            Checked="False"
            GroupName="RadioGroup1"
            runat="Server">
         </asp:RadioButton><br>
        <asp:RadioButton id="Page2Radio2"
            Text="More than five years"
            Checked="False"
            GroupName="RadioGroup1"
```

```
                runat="Server">
            </asp:RadioButton><br>
        <asp:Button id="Page2Back"
            Text = "Previous"
            OnClick="BackButton_Command"
            Height="25"
            Width="70"
            runat= "Server">
        </asp:Button>
        <asp:Button id="Page2Next"
            Text = "Next"
            OnClick="NextButton_Command"
            Height="25"
            Width="70"
            runat="Server">
        </asp:Button>
</asp:View>
<asp:View id="Page3"
    runat="Server">
    <asp:Label id="Page3Label1"
        Font-bold="true"
        Text= "What is your primary programming language?"
        runat="Server">
    </asp:Label><br><br>
    <asp:RadioButton id="Page3Radio1"
        Text="Visual Basic .NET"
        Checked="False"
        GroupName="RadioGroup1"
        runat="Server">
    </asp:RadioButton><br>
    <asp:RadioButton id="Page3Radio2"
        Text="C#"
        Checked="False"
        GroupName="RadioGroup1"
        runat="Server">
    </asp:RadioButton><br>
    <asp:RadioButton id="Page3Radio3"
        Text="C++"
```

```
            Checked="False"
            GroupName="RadioGroup1"
            runat="Server">
     </asp:RadioButton><br>
     <asp:Button id="Page3Back"
        Text = "Previous"
        OnClick="BackButton_Command"
        Height="25"
        Width="70"
        runat="Server">
     </asp:Button>
     <asp:Button id="Page3Next"
        Text = "Next"
        OnClick="NextButton_Command"
        Height="25"
        Width="70"
        runat="Server">
     </asp:Button><br>
</asp:View>
<asp:View id="Page4" runat="Server">
     <asp:Label id="Label1"
        Font-bold="true"
        Text = "Thank you for taking the survey."
        runat="Server">
     </asp:Label>
     <br><br>
     <asp:Button id="Page4Save"
        Text = "Save Responses"
        OnClick="NextButton_Command"
        Height="25"
        Width="110"
        runat="Server">
     </asp:Button>
     <asp:Button id="Page4Restart"
        Text = "Retake Survey"
        OnClick="BackButton_Command"
        Height="25"
        Width="110"
```

```
                    runat= "Server">
               </asp:Button>
          </asp:View>
       </asp:MultiView>
    </asp:Panel>
```

后台代码如下：

```
protected void NextButton_Command(object sender, EventArgs e)
    {
        if (DevPollMultiView.ActiveViewIndex > -1 & DevPollMultiView.ActiveView
-Index < 3)
        {
            DevPollMultiView.ActiveViewIndex += 1;
        }
        else if (DevPollMultiView.ActiveViewIndex == 3)
        {
            Page4Save.Enabled = false;
            Page4Restart.Enabled = false;
        }
        else
        {
            throw new Exception("An error occurred.");
        }
    }


    protected void BackButton_Command(object sender, EventArgs e)
    {
        if (DevPollMultiView.ActiveViewIndex > 0 & DevPollMultiView.ActiveView
-Index <= 2)
        {
            DevPollMultiView.ActiveViewIndex -= 1;
        }
        else if (DevPollMultiView.ActiveViewIndex == 3)
        {
            DevPollMultiView.ActiveViewIndex = 0;
        }
        else
```

```
    {
        throw new Exception("An error occurred.");
    }
}
```

实现效果如图 1-10 和图 1-11 所示。

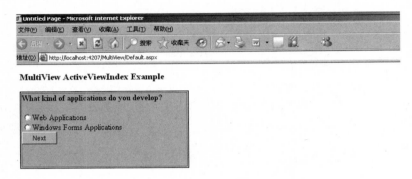

图 1-10

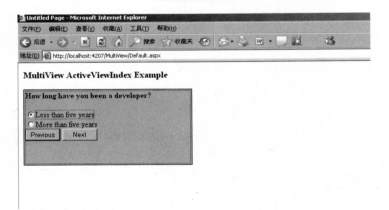

图 1-11

　　总地来说，MultiView 就像<Table></Table>和<TD></TD>一样，View 要放在 MultiView 中，它们两个才能起作用。可以把它们看成一个 Panel 集合，但是表现为"单选"状态，即当前只显示一个，用起来比 Panel 要省事得多。

1.2.3　GridView 和 DetailsView 控件

　　DataGrid 是 ASP.NET 中最受欢迎的控件之一，但在某些方面，它也成为自己成功的牺牲品：如此丰富的功能，以至于让 ASP.NET 开发人员不满足于此，而是希望它能提供更多功能。DataGrid 控件在 ASP.NET 2.0 中并没有发生太大变化，只是添加了两个分别名为 GridView 和 DetailsView 的新控件，它们提供了通常要求 DataGrid 控件所具有的功能，并且还加入了一些属于它们自己的新功能。

　　GridView 呈现出 HTML 表的方式与 DataGrid 一样，但与 DataGrid 不同的是，GridView 可以完全依靠自己来分页和排序。GridView 还支持比 DataGrid 种类更为丰富的列类型（在 GridView 用语中称为字段类型），并且它们具有更为智能的默认呈现行为，能够自动呈现 Boolean 值（例如，通过复选框）。GridView 也可以容易地与 DetailsView 搭配使用，以创建主-从视图。GridView 控件的主要缺陷是：像 DataGrid 一样，它通过将信息传回到服务器来完成它该做的大部分工作。

　　具体来说 GridView 可以完成以下一些操作：

- 通过数据源控件自动绑定和显示数据。

- 通过数据源控件对数据进行选择、排序、分页、编辑和删除。

- 通过自定义 GridView 控件来改变外观和行为：指定自定义列和样式。

- 利用模板创建自定义用户界面（UI）元素。

- 通过事件将自己的代码添加到控件的功能中去。

1.　通过数据源控件自动绑定和显示数据

　　GridView 控件提供了两种方式用于绑定到数据：要么使用 DataSourceID 属性进行数据绑定，此方法能够将 GridView 控件绑定到数据源控件，同时这种方式比较常见也建议使用，因为它允许 GridView 控件利用数据源控件的功能并提供了内置的排序、分页和更新功能；要么使用 DataSource 属性进行数据绑定，通过这种方式能够绑定到包括 ADO.NET 数据集和数据读取器在内的各种对象。此方法需要为所有附加功能（如排序、分页和更新）编写代码。当使用 DataSourceID 属性绑定到数据源时，GridView 控件支持双向数据绑定。除可以使该控件显示返回的数据之外，还可以使它自动支持对绑定数据的更新和删除操作。

2. 通过数据源控件对数据进行选择、排序、分页、编辑和删除

GridView 控件有一个内置分页功能，可支持基本的分页功能。读者可以使用默认分页功能或创建自定义的分页效果。GridView 控件支持对其数据源中的项进行分页。将 AllowPaging 属性设置为 true 就可以启用分页。GridView 控件可以通过多种方式支持分页：如果将 GridView 控件绑定到在界面级别支持分页功能的数据源控件，则 GridView 控件将直接利用这一功能。在界面级别分页意味着 GridView 控件仅从数据源请求呈现当前页所需的记录数。请求的记录数可能会根据其他因素变化，例如数据源是否支持获取总记录数，由 PageSize 属性指定的每页的记录数，以及在将 PageButtonCount 属性设置为 Numeric 时要显示的页导航按钮的数目。而实际上在 .NET Framework 所包含的数据源控件中，只有 ObjectDataSource 控件在界面级别支持分页；如果将 GridView 控件绑定到不直接支持分页功能的数据源控件，或者如果通过 DataSource 属性利用代码将 GridView 控件绑定到一个数据结构，则 GridView 控件将按照先从源获取所有数据记录来进行分页，且仅显示当前页的记录，然后丢弃剩余的记录。但是只有在 GridView 控件的数据源返回一个实现 ICollection 接口的集合（包括数据集）时，才支持这种分页方式。

需要注意的是，如果数据源不直接支持分页且未能实现 ICollection 接口，则 GridView 控件将无法进行分页。例如读者正在使用 SqlDataSource 控件，并将其 DataSourceMode 属性设置为 DataReader，则 GridView 控件就无法实现分页。

对于自定义分页设置和用户界面，读者可以通过多种方式自定义 GridView 控件的分页用户界面。可以通过使用 PageSize 属性来设置页的大小（即每次显示的项数）。还可以通过设置 PageIndex 属性来设置 GridView 控件的当前页。可以使用 PagerSettings 属性或通过提供页导航模板来指定更多的自定义行为。分页模式将 AllowPaging 属性设置为 true 时，PagerSettings 属性则允许自定义由 GridView 控件自动生成的分页用户界面的外观。GridView 控件可显示允许向前和向后导航的方向控件，以及允许用户移动到特定页的数字控件。

对于分页事件，当 GridView 控件移动到新的数据页时，该控件会引发两个事件：PageIndexChanging 事件在 GridView 控件执行分页操作之前发生；PageIndexChanged 事件在新的数据页返回到 GridView 控件之后发生。如果需要可以使用 PageIndexChanging 事件取消分页操作或在 GridView 控件请求新的数据页之前执行某项任务，也可以使用 PageIndexChanged 事件在用户移动到另一个数据页之后执行某项任务。在默认情况下，GridView 控件在只读模式下显示数据。但是该控件还支持一种编辑模式，在该模式下控件显示一个包含可编辑控件（如 TextBox 或 CheckBox 控件）的行。还可以对 GridView 控件进行配置以显示一个 Delete 按钮，用户可单

击该按钮来删除数据源中相应的记录。同时 GridView 控件支持在不需要任何编程的情况下通过单个列排序。通过使用排序事件以及提供排序表达式就可以进一步自定义 GridView 控件的排序功能。

3. 实现 GridView 批量删除、自定义分页、定位页码

下面以一个完整的自定义分页程序演示前面的部分理论，其代码如下：

```
    <table height="20" border="1" align="center" cellpadding="0" cellspacing="0"
style="width: 97%">
        <tr>
        <td align="center" style="width: 24%">
        <asp:CheckBox ID="cbAll" runat="server" AutoPostBack="True" OnChecked
Changed="cbAll_CheckedChanged" Text="Select All /UnSelect All" />
        </td>
        <td align="center" style="width: 16%">ProductName</td>
        <td width="39%" align="center">UnitPrice</td>
        <td width="21%" align="center">IsDiscontinued</td>
        </tr>
        </table>
        <asp:GridView ID="GridView1" runat="server" AutoGenerateColumns="False"
        BackColor="White" BorderColor="#E7E7FF" BorderWidth="1px" CellPadding="3"
        DataKeyNames="ProductID" HorizontalAlign="Center"
        Width="97%" BorderStyle="None" ShowHeader="False" AllowPaging="True"
OnDataBound="GridView1_DataBound" GridLines="Horizontal">
        <FooterStyle BackColor="#B5C7DE" ForeColor="#4A3C8C" />
        <Columns>
        <asp:TemplateField >
        <ItemStyle HorizontalAlign="Center" />
        <ItemTemplate>
        <asp:CheckBox ID="checkAll" runat=server />
        </ItemTemplate>
        </asp:TemplateField>
        <asp:BoundField DataField="ProductName" HeaderText="ProductName">
        <ItemStyle Width="16%" />
        </asp:BoundField>
        <asp:HyperLinkField DataNavigateUrlFields="ProductID" DataNavigateUrl
FormatString="Test.aspx?id={0}"
        DataTextField="UnitPrice" HeaderText="UnitPrice" >
```

```
        <ItemStyle Width="39%" />
    </asp:HyperLinkField>
    <asp:BoundField DataField="Discontinued" HeaderText="Discontinued">
    <ItemStyle Width="21%" />
    </asp:BoundField>
    </Columns>
    <PagerTemplate>
    </PagerTemplate>
    <SelectedRowStyle BackColor="#738A9C" ForeColor="#F7F7F7" Font-Bold= "True" />
    <PagerStyle  BackColor="#E7E7FF"  ForeColor="#4A3C8C"  HorizontalAlign=
"Right" />
    <HeaderStyle BackColor="#4A3C8C" Font-Bold="True" ForeColor="#F7F7F7" />
    <RowStyle BackColor="#E7E7FF" ForeColor="#4A3C8C" />
        <AlternatingRowStyle BackColor="#F7F7F7" />
    </asp:GridView>
    <table height="20" border="1" cellpadding="0" cellspacing="0" bordercolor
light="#FFFFFF" bordercolordark="#E6E6E6" bgcolor="#FFFFFF" style="width: 99%">
    <tr><td>
    <asp:Button ID="Button1" runat="server" Text="全选" OnClick="Button1_
Click" /> 
        <asp:Button ID="Button2" runat="server" Text="删除" OnClick="Button2_
Click" /></td>
        <td align=right>
        <asp:LinkButton ID="lnkbtnFrist" runat="server" OnClick="lnkbtnFrist_
Click">首页</asp:LinkButton>
        <asp:LinkButton  ID="lnkbtnPre"  runat="server"  OnClick="lnkbtnPre_
Click">上一页</asp:LinkButton>
        <asp:Label ID="lblCurrentPage" runat="server"></asp:Label>
        <asp:LinkButton  ID="lnkbtnNext"  runat="server"  OnClick="lnkbtnNext_
Click">下一页</asp:LinkButton>
        <asp:LinkButton  ID="lnkbtnLast"  runat="server"  OnClick="lnkbtnLast_
Click">尾页</asp:LinkButton>
        跳转到第<asp:DropDownList ID="ddlCurrentPage" runat="server" AutoPostBack
="True" OnSelectedIndexChanged="DropDownList1_SelectedIndexChanged">
        </asp:DropDownList>页</td>
        </tr></table>
```

最终的显示效果如图 1-12 所示。

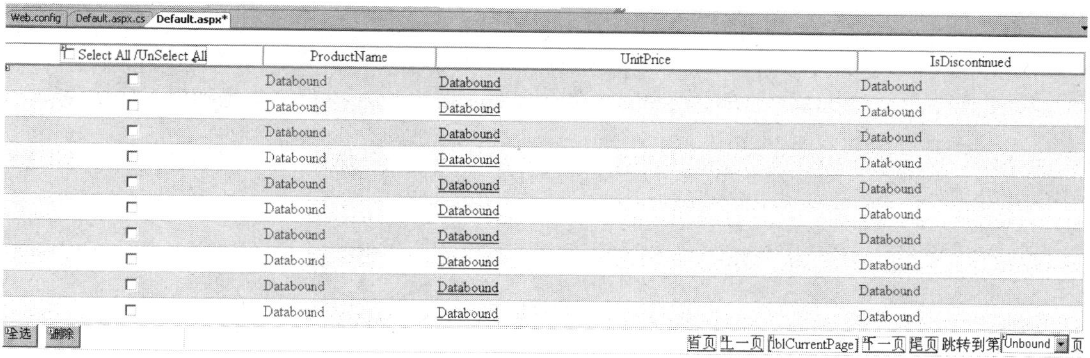

图 1-12

后台代码如下部分：

```
protected void Page_Load(object sender, EventArgs e)
    {
        if (!Page.IsPostBack)
        {
            DataBinds();
        }
    }
//数据绑定
    void DataBinds()
    {
        this.GridView1.DataSource = GetDataFromDataBase().Tables[0].DefaultView;
        this.GridView1.DataBind();
        this.ddlCurrentPage.Items.Clear();
        for (int i = 1; i <= this.GridView1.PageCount; i++)
        {
            this.ddlCurrentPage.Items.Add(i.ToString());
        }
        this.ddlCurrentPage.SelectedIndex = this.GridView1.PageIndex;
    }
    //全选操作
    protected void Button1_Click(object sender, EventArgs e)
    {
```

```
                foreach (GridViewRow row in GridView1.Rows)
                {
                    ((CheckBox)row.Cells[0].FindControl("checkAll")).Checked = true;
                }
            }
        //删除所选
        protected void Button2_Click(object sender, EventArgs e)
        {
            for (int rowindex = 0; rowindex < this.GridView1.Rows.Count; rowindex++)
            {
                if
(((CheckBox)this.GridView1.Rows[rowindex].Cells[0].FindControl("checkAll")).Checked == true)
                {
                    int  id  =  Convert.ToInt32(this.GridView1.DataKeys[rowindex].
Value);
                    //DeleteProduct(id);
                }
            }
            DataBinds();
        }
        //索引事件
        protected void GridView1_PageIndexChanging(object sender, GridView PageEvent
Args e)
        {
            this.GridView1.PageIndex = e.NewPageIndex;
            DataBinds();
        }
        //改变 CheckBox 的状态
        protected void cbAll_CheckedChanged(object sender, EventArgs e)
        {
            if (this.cbAll.Checked == true)
            {
                foreach (GridViewRow row in GridView1.Rows)
                {
                    ((CheckBox)row.Cells[0].FindControl("checkAll")).Checked = true;
                }
            }
```

```
            else
            {
                foreach (GridViewRow row in GridView1.Rows)
                {
                    ((CheckBox)row.Cells[0].FindControl("checkAll")).Checked = false;
                }
            }
        }
        //自定义导航到具体的页
        protected void DropDownList1_SelectedIndexChanged(object sender, EventArgs e)
        {
            this.GridView1.PageIndex = this.ddlCurrentPage.SelectedIndex;
            DataBinds();
        }
        //首页
        protected void lnkbtnFrist_Click(object sender, EventArgs e)
        {
            this.GridView1.PageIndex = 0;
            DataBinds();
        }
        //前一页
        protected void lnkbtnPre_Click(object sender, EventArgs e)
        {
            if (this.GridView1.PageIndex > 0)
            {
                this.GridView1.PageIndex = this.GridView1.PageIndex - 1;
                DataBinds();
            }
        }
        //下一页
        protected void lnkbtnNext_Click(object sender, EventArgs e)
        {
            if (this.GridView1.PageIndex < this.GridView1.PageCount)
            {
                this.GridView1.PageIndex = this.GridView1.PageIndex + 1;
                DataBinds();
            }
```

```
    }
//最后一页
    protected void lnkbtnLast_Click(object sender, EventArgs e)
    {
        this.GridView1.PageIndex = this.GridView1.PageCount;
        DataBinds();
    }
    protected void GridView1_DataBound(object sender, EventArgs e)
    {
        this.lblCurrentPage.Text = string.Format("当前第{0}页/总共{1}页",
        this. GridView1.PageIndex + 1, this.GridView1.PageCount);
    }
//数据源
    public DataSet GetDataFromDataBase()
    {
        string getConnetionString = string.Empty;
        getConnetionString Configuration.ConfigurationManager.AppSettings
        ["ConnectionString"].ToString();
        string sql = "select ProductID,ProductName,UnitPrice, Discontinued from
dbo.Products";
        SqlConnection conn = new SqlConnection();
        conn.ConnectionString = getConnetionString;
        SqlDataAdapter adp = new SqlDataAdapter(sql, conn);
        DataSet ds = new DataSet();
        adp.Fill(ds);
        return ds;
    }
```

数据库配置文件如下：

```
<appSettings>
    <add key="ConnectionString" value="Server=; user id=sa; pwd=123456;
database= Northwind"/>
    </appSettings>
```

最后整个程序显示效果如图 1-13 所示。

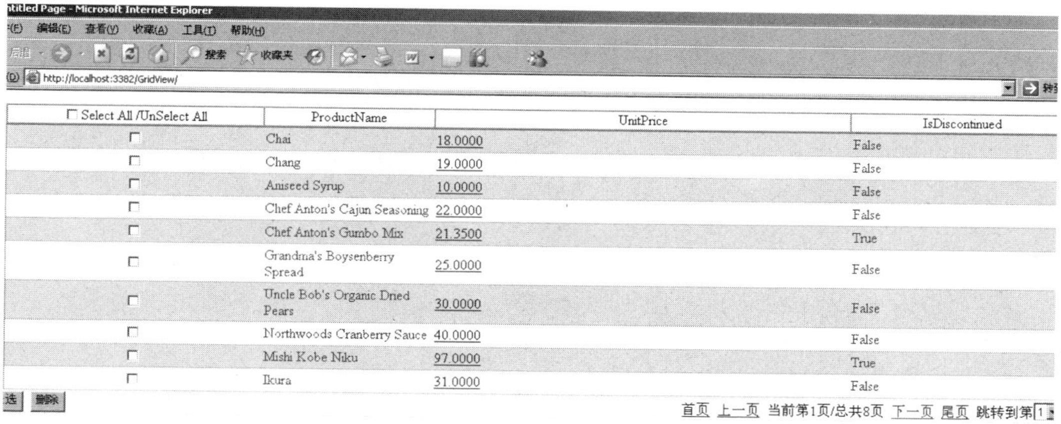

图 1-13

对于 DetailsView 控件，它的作用在于在表格中显示数据源的单个记录，此表格中每个数据行表示记录中的一个字段，可以从它的关联数据源中一次显示、编辑、插入或删除一条记录。默认情况下，会将记录的每个字段显示在它自己的一行内。DetailsView 控件通常用于更新和插入新记录，并且通常在主/详细方案中使用，在这些方案中，主控件（最常见的是与 GridView 控件一起使用）的选中记录决定要在 DetailsView 控件中显示的记录。即使 DetailsView 控件的数据源公开了多条记录，该控件一次也仅显示一条数据记录。此控件依赖于数据源控件的功能执行诸如更新、插入和删除记录等任务。但是此控件不支持排序。可以自动对其关联数据源中的数据进行分页，但前提是数据由支持 ICollection 接口的对象表示或基础数据源支持分页。DetailsView 控件提供用于在数据记录之间导航的用户界面。若要启用分页行为，则需要将 AllowPaging 属性设置为 true。从关联的数据源选择特定的记录时，可以通过分页到该记录进行选择。由该控件显示的记录是当前选择的记录。

和 GridView 控件一样，DetailsView 控件也有两种数据绑定方式：使用 DataSourceID 属性进行数据绑定；使用 DataSource 属性进行数据绑定。但要注意的是，当使用 DataSourceID 属性绑定到数据源时，DetailsView 控件支持双向数据绑定。除可以使该控件显示数据之外，还可以使它自动支持对绑定数据的插入、更新和删除操作。此时若要使 DetailsView 控件支持编辑操作，绑定数据源必须支持对数据的更新操作，需要同时满足才能达到此目的。

1. 如何在 DetailsView 控件中进行分页

如果 DetailsView 控件被绑定到某个数据源控件或任何实现了 ICollection 接口的数据结构（包

括数据集），则此控件将从数据源获取所有记录，显示当前页的记录，并丢弃其余的记录。当用户移到另一页时，控件会重复此过程，显示另一条记录。对于有些数据源（如 ObjectDataSource 控件）提供更高级的分页功能。DetailsView 控件在分页时可以利用这些数据源的更加高级的功能，从而获得更好的性能和更大的灵活性。同样如果数据源未实现 ICollection 接口，DetailsView 控件将无法分页。例如如果使用 SqlDataSource 控件，并将其 DataSourceMode 属性设置为 DataReader，则 DetailsView 控件是无法实现分页功能的。

下面演示一个配置为提供分页的 DetailsView 控件：

```
<h3>DetailsView Example Demo</h3>
    <table cellspacing="10">
     <tr>
      <td valign="top">
       <asp:DetailsView ID="EmployeesDetailsView"
        DataSourceID="EmployeesSqlDataSource"
        AutoGenerateRows="False"
        AllowPaging="True"
        DataKeyNames="EmployeeID"
        runat="server">
        <HeaderStyle forecolor="White" backcolor="Blue" />
        <Fields>
          <asp:BoundField Datafield="EmployeeID" HeaderText="Employee ID"
ReadOnly="True"/>
          <asp:BoundField Datafield="Title"  HeaderText="Title"/>
          <asp:BoundField Datafield="BirthDate"  HeaderText="BirthDay"/>
        </Fields>
        <PagerSettings Mode="NextPreviousFirstLast"
                    FirstPageText="&lt;&lt;"
                    LastPageText="&gt;&gt;"
                    PageButtonCount="1"
                    Position="Top"/>
      </asp:DetailsView>
     </td>
    </tr>
  </table>
  <asp:SqlDataSource ID="EmployeesSqlDataSource"
   SelectCommand="SELECT [EmployeeID], [Title], [BirthDate] FROM [Employees]"
```

```
connectionstring="<%$ ConnectionStrings:NorthwindConnectionString %>"
RunAt="server"/>
```

2. 使用 DetailsView 控件修改数据

通过将 AutoGenerateEditButton、AutoGenerateInsertButton 和 AutoGenerateDeleteButton 属性中的一个或多个设置为 true，就可以启用 DetailsView 控件的内置编辑功能。DetailsView 控件将自动添加此功能，使用户能够编辑或删除当前绑定的记录以及插入新记录，但前提是 DetailsView 控件的数据源支持编辑。DetailsView 控件需要提供一个用户界面，使用户能够修改绑定记录的内容。通常在一个可编辑视图中会显示一个附加行，其中包含"编辑"、"插入"和"删除"命令按钮。默认情况下，这一行会添加到 DetailsView 控件的底部。当用户单击某个命令按钮时，DetailsView 控件会重新显示该行，并在其中显示可让用户修改该行内容的控件。编辑按钮将被替换为可让用户保存更改或取消编辑行的按钮。

DetailsView 控件使用文本框显示 BoundField 中的数据，以及那些在将 AutoGenerateRows 属性设置为 true 时自动显示的数据。布尔型数据使用复选框显示。通过使用 TemplateField，当然也可以自定义在编辑模式中显示的输入控件。当 DetailsView 控件执行插入操作时，将使用 Values 字典集合传递要插入到数据源中的值。对于更新或删除操作，DetailsView 控件使用这三个字典集合将值传递到数据源：Keys 字典、NewValues 字典和 OldValues 字典。读者可以使用传递到插入、更新或删除事件的事件参数访问各个字典，这些事件由 DetailsView 控件引发。

Keys 字典中包含一些字段的名称和值，这些字段唯一地标识了包含要更新或删除的记录，此外该字典总是包含编辑记录之前键字段的原始值。若要指定哪些字段放置在 Keys 字典中，可将 DataKeyNames 属性设置为表示数据的主键的字段名称列表，各字段名称之间用逗号分隔。Keys 集合中会自动填充与在 DataKeyNames 属性中指定的字段关联的值。Values 和 NewValues 字典分别包含所插入或编辑的记录中的输入控件的当前值。OldValues 字典包含除键字段以外的任何字段的原始值，键字段包含在 Keys 字典中。键字段的新值包含在 NewValues 字典中。

下面演示一个使用 GridView 控件和 DetailsView 控件显示数据，并将 DetailsView 控件配置为允许修改数据：

```
<h3>Northwind Employees</h3>
    <table cellspacing="10">
      <tr>
        <td valign="top">
```

```
    <asp:DropDownList ID="EmployeesDropDownList"
      DataSourceID="EmployeesSqlDataSource"
      DataValueField="EmployeeID"
      DataTextField="FullName"
      AutoPostBack="True"
      Size="10"
      OnSelectedIndexChanged="EmployeesDropDownList_OnSelectedIndex
                              Changed"
      RunAt="Server" />
  </td>
  <td valign="top">
    <asp:DetailsView ID="EmployeeDetailsView"
      DataSourceID="EmployeeDetailsSqlDataSource"
      AutoGenerateRows="False"
      AutoGenerateInsertbutton="True"
      AutoGenerateEditbutton="True"
      AutoGenerateDeletebutton="True"
      DataKeyNames="EmployeeID"
      OnItemUpdated="EmployeeDetailsView_ItemUpdated"
      OnItemDeleted="EmployeeDetailsView_ItemDeleted"
      RunAt="server">
      <HeaderStyle backcolor="Navy"
        forecolor="White"/>
      <RowStyle backcolor="White"/>
      <AlternatingRowStyle backcolor="LightGray"/>
      <EditRowStyle backcolor="LightCyan"/>
      <Fields>
      <asp:BoundField DataField="EmployeeID" HeaderText="Employee ID"
              InsertVisible="False" ReadOnly="True"/>
        <asp:BoundField DataField="FirstName" HeaderText="First Name"/>
        <asp:BoundField DataField="LastName"  HeaderText="Last Name"/>
        <asp:BoundField DataField="Address"   HeaderText="Address"/>
        <asp:BoundField DataField="City"      HeaderText="City"/>
        <asp:BoundField DataField="Region"    HeaderText="Region"/>
        <asp:BoundField DataField="PostalCode" HeaderText="Postal Code"/>
      </Fields>
    </asp:DetailsView>
  </td>
```

```
            </tr>
          </table>
          <asp:SqlDataSource ID="EmployeesSqlDataSource"
            SelectCommand="SELECT EmployeeID, LastName + ', ' + FirstName AS FullName
                   FROM Employees"
            Connectionstring="<%$ ConnectionStrings:NorthwindConnectionString %>"
            RunAt="server">
          </asp:SqlDataSource>
          <asp:SqlDataSource ID="EmployeeDetailsSqlDataSource"
            SelectCommand="SELECT EmployeeID, LastName, FirstName, Address, City,
Region, PostalCode FROM Employees WHERE EmployeeID = @EmpID"
              InsertCommand="INSERT INTO Employees(LastName, FirstName, Address, City,
                   Region, PostalCode) VALUES (@LastName, @FirstName,
                   @Address, @City, @Region, @Postal Code);
          SELECT @EmpID = SCOPE_IDENTITY()"
              UpdateCommand="UPDATE Employees SET LastName=@LastName, FirstName=
@FirstName, Address=@Address,City=@City, Region=@Region, PostalCode=@PostalCode
          WHERE EmployeeID=@EmployeeID"
              DeleteCommand="DELETE Employees WHERE EmployeeID=@EmployeeID"
              ConnectionString="<%$ ConnectionStrings:NorthwindConnectionString %>"
              OnInserted="EmployeeDetailsSqlDataSource_OnInserted"
              RunAt="server">
              <SelectParameters>
                <asp:ControlParameter  ControlID="EmployeesDropDownList"  Property
Name="SelectedValue" Name="EmpID" Type="Int32" DefaultValue="0" />
              </SelectParameters>
              <InsertParameters>
                <asp:Parameter Name="LastName"   Type="String" />
                <asp:Parameter Name="FirstName"  Type="String" />
                <asp:Parameter Name="Address"    Type="String" />
                <asp:Parameter Name="City"       Type="String" />
                <asp:Parameter Name="Region"     Type="String" />
                <asp:Parameter Name="PostalCode" Type="String" />
                <asp:Parameter Name="EmpID" />
              </InsertParameters>
              <UpdateParameters>
                <asp:Parameter Name="LastName"   Type="String" />
                <asp:Parameter Name="FirstName"  Type="String" />
```

```
      <asp:Parameter Name="Address"    Type="String" />
      <asp:Parameter Name="City"       Type="String" />
      <asp:Parameter Name="Region"     Type="String" />
      <asp:Parameter Name="PostalCode" Type="String" />
      <asp:Parameter Name="EmployeeID" Type="Int32" DefaultValue="0" />
   </UpdateParameters>
   <DeleteParameters>
     <asp:Parameter Name="EmployeeID" Type="Int32" DefaultValue="0" />
   </DeleteParameters>
  </asp:SqlDataSource>
```

后台代码如下:

```
    public  void  EmployeesDropDownList_OnSelectedIndexChanged(Object   sender,
EventArgs e)
    {
        EmployeeDetailsView.DataBind();
    }
    public  void  EmployeeDetailsView_ItemUpdated(Object  sender,  DetailsView
UpdatedEventArgs e)
    {
        EmployeesDropDownList.DataBind();
        EmployeesDropDownList.SelectedValue = e.Keys["EmployeeID"].ToString();
        EmployeeDetailsView.DataBind();
    }
    public  void  EmployeeDetailsView_ItemDeleted(Object  sender,  DetailsView
DeletedEventArgs e)
    {
        EmployeesDropDownList.DataBind();
    }
    public void EmployeeDetailsSqlDataSource_OnInserted(Object sender, SqlData
SourceStatusEventArgs e)
    {
        System.Data.Common.DbCommand command = e.Command;
        EmployeesDropDownList.DataBind();
        EmployeesDropDownList.SelectedValue =
          command.Parameters["@EmpID"].Value.ToString();
        EmployeeDetailsView.DataBind();
    }
```

运行效果如图 1-14 所示。

图 1-14

要注意 GridView 和 DetailsView 控件中用于定义字段类型的元素。这些元素实际上等效于 DataGrid 控件中的元素。表 1-4 列出了受支持的字段类型。特别重要的是 ImageField 和 DropDownListField，它们都可以有效地削减目前开发人员为在 DataGrid 中包含图像和数据绑定下拉列表而编写的大部分代码。

表 1-4　GridView 和 DetailsView 字段类型

字段类型	描　　述
AutoGeneratedField	默认字段类型
BoundField	绑定到数据源指定列
ButtonField	显示一个按钮、图片按钮或者链接按钮
CheckBoxField	显示一个复选框
CommandField	显示一个用于选择或者编辑的按钮
DropDownListField	显示一个下拉表
HyperLinkField	显示一个超级链接
ImageField	显示一个图片
TemplateField	内容由 HTML 模板来定义

1.2.4　登录控件

成员身份服务本身就显著减少了验证登录和管理用户所需的代码量，此外，还有一系列登录控件使窗体身份验证变得更加容易。它们是一个新的登录控件提供生成块，向站点添加身份验证和基于授权的用户界面，如登录窗体、创建用户的窗体、密码检索，以及已登录的用户或角色的自定义用户界面。这些控件使用 ASP.NET 2.0 中内置的成员资格服务和角色服务，与站点中定义的用户和角色信息交互。

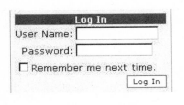

图 1-15　Login 控件

登录控件可以与成员身份服务配合使用（在默认情况下，登录控件与 ASP.NET 成员资格集成，以帮助使网站的用户身份验证过程自动化），也可以不与其配合使用，但它们与该服务之间的集成性非常好，以至于当登录控件与成员身份服务一起使用时，一些基本任务（例如，验证用户名和密码以及用电子邮件发送遗忘的密码，如图 1-15 所示）通常不必编写任何代码就可以完成。

图 1-15 中所示的 Login 控件是登录控件系列的核心控件。除了提供具有高度可自定义性的外观显示以外，它还能够调用 Membership.ValidateUser 来验证用户名和密码。Login 控件还可以调用 FormsAuthentication.RedirectFromLoginPage，将用户重定向到他们在被重定向到登录页时尝试到达的页面。然后，FormsAuthentication.RedirectFromLoginPage 将发出身份验证 Cookie。

在 ASP.NET 2.0 中有三种常见方式使用此控件，下面分别进行阐述。

1. 使用默认的向导控件功能

默认的注册向导的使用向导非常简单，只要一行代码就可以完成：

```
<asp: CreateUserWizard ID="CreateUserWizardControl" runat="server"/>
```

无需额外的代码就能够完成用户的注册，会将注册的信息写入到 ASPNETDB.MDF 数据库中。

2. 使用默认 ID

但是有时使用默认向导实现的功能过于简单，太死板，没有灵活性。例如用户名，如果要验证用户名必须是字母或者数字，此时利用上面的代码就不能够完成，因此不得不使用模板，或类似如下的代码：

```
<asp:CreateUserWizard ID="CreateUserWizardControl" runat="server">
    <WizardSteps>
     <asp:CreateUserWizardStep ID="CreateUserWizardStep1" runat="server" Title
="UserInfo">
      <ContentTemplate>
```

```
        User Name:
        <asp:TextBox runat="server" ID="UserName" ></asp:TextBox>
        <asp:RequiredFieldValidator runat="server" ControlToValidate="UserName"
ValidationGroup="CreateUserWizardControl"
          ErrorMessage="UserName is required." ToolTip="UserName is required."
ID="UserNameRequired"
          Display="Dynamic">
        </asp:RequiredFieldValidator>
        Password: <asp:TextBox runat="server" TextMode="Password" ID="Password">
</asp:TextBox>
        Confirm    Password:<asp:TextBox    runat="server"    TextMode="Password"
ID="ConfirmPassword"></asp:TextBox>
        </ContentTemplate>
        </asp:CreateUserWizardStep>
        </WizardSteps>
    </asp:CreateUserWizard>
```

在使用上面代码时,请注意系统默认定义的 ID,例如用户名使用 TextBox 的 ID 只能是 UserName, 密码使用的 TextBox 的 ID 只能够是 Password。你查看 MSDN 以了解 CreateUserWizard 更多的预定义 ID。

3. 用户自定义 ID

如果觉得使用微软预定义的 ID 不方便,这时我们就可以自己来定义它。如想让用户的 ID 为 txtName,密码 ID 为 txtPassword,如果你使用自定义的 ID,系统将不能够识别,这时你就需要自己获取 txtName 和 txtPassword 的 Text 值了。具体处理较为烦琐。因为您需要做如下步骤:

01 获取用户名;

02 获取密码;

03 连接数据库;

04 将输入写入数据库;

05 关闭数据库。

可以看到,不使用系统预定义的功能,你的工作量将大幅度增加。

1.2.5　ListView 控件和 DataPager 控件

　　ListView 可以看成是 DataGrid 和 Repeater 的结合体，它既有 Repeater 控件的开放式模板，又具有 DataGrid 控件的编辑特性，基于这点，也一定能引起您的兴趣吧。它提供了比 DataGird 丰富得多的布局手段，同时还具有 DataGrid 的所有特性。但是 ListView 控件本身并不提供分页功能，需要通过另外一个分页控件来协助完成整体功能：DataPager 控件，ASP.NET 3.5 中专门的分页控件。之所以会把这个分页功能单独提出来，其用意就是方便其他可能需要分页功能的控件使用。也可以理解为 DataPager 就是一个扩展 ListView 分页功能的控件。和其他数据源控件一样，ListView 也是用来显示数据的，它的使用类似于 Repeater 控件。在 ListView 控件中包含很多模板以方便使用，比如：InsertItemTemplate 是用于添加记录的（在 DataGird 中没有这个模板），LayoutTemplate 是 ListView 的一个布局模板，它用来决定包裹着详细内容的容器的标记。可以根据需要在布局模板内放置任何控件，但前提是它必须是服务端控件。在使用 ListView 控件的时候，还需要指定 ListView 控件的 ItemContainerID 属性，它用来告知 ListView 在哪个容器下显示详细内容。

　　参考如下示例：

```
<asp:ListView  ID="ListView1"  runat="server"  DataSourceID="SqlDataSource1"
ItemContainerID="layoutTableTemplate">
    <LayoutTemplate>
        <div>
            <table cellpadding="5">
                <thead>
                    <tr>
                        <th>
                            Title</th>
                        <th>
                            BirthDate</th>
                    </tr>
                </thead>
                <tbody id="layoutTableTemplate" runat="server">
                </tbody>
            </table>
        </div>
    </LayoutTemplate>
```

```
        <ItemTemplate>
           <tr>
              <td valign="top">
                 <%# Eval("Title") %></td>
              <td valign="top">
                 <%# Eval("BirthDate") %></td>
           </tr>
        </ItemTemplate>
     </asp:ListView>
     <asp:SqlDataSource ID="SqlDataSource1" runat="server" ConnectionString="<%$
ConnectionStrings:NorthwindConnectionString2 %>"
        SelectCommand="SELECT [Title], [BirthDate] FROM [Employees] ORDER BY
[BirthDate]">
     </asp:SqlDataSource>
```

该例使用<table/>来做 ListView 显示的详细内容的容器，并且它还有一个固定表头的功能。请注意上面的布局模板，特别是其中的<TBODY/>部分。ItemTemplate 会将其内生成的详细内容插入到<TBODY/>之中。

当然如果你想为 ListView 增加分页功能的话，那么就需要使用 DataPager 控件了。前面讲过，这个分页控件是一个独立的控件，可以把它放到页面的任何位置，然后使其关联到你的 ListView 控件就可以完成分页的工作。该分页控件所呈现出来的 HTML 标记为内联（Inline）元素，所以如果需要精确地设置其位置的话，可以参考下面的代码，为其包裹一个<div/>标记。

```
  <div >
        <asp:DataPager ID="PagerDemo" runat="server" PagedControlID=" ListView1"
PageSize="5">
           <Fields>
              <asp:NumericPagerField ButtonCount="10" NextPageText="" Previous
PageText="" />
              <asp:NextPreviousPagerField FirstPageText="First" LastPageText=
"Last" NextPageText="Next" PreviousPageText="Previous" />
           </Fields>
        </asp:DataPager>
     </div>
```

通过这段代码会发现，可以通过设置 DataPager 控件的 Fields，从而达到手动设置分页布局的目的。另外还有一个关键点，就是 DataPager 控件的 PagedControlID 属性，需要把它设置为 ListView 的 ID。当然也可以把 DataPager 控件放到布局模板内。把分页功能作为一个单独的控件分离出来是一个非常好的习惯，它会让我们有更多的布局和显示上的自由度。但是，目前的分页控件还是有其局限性的。其缺点是它只能结合 ListView 控件一起工作，目前还不支持在 Repeater 或 GridView 上的分页功能。另外它也是依赖于 ViewState 的，没有分页事件，也没有 SelectedPageIndex 属性。还有一点需要注意的是，ListView 没有内置排序功能。

1.3　新增的功能

ASP.NET 是建立在公共语言运行库上的编程框架，可用于在服务器上生成功能强大的 Web 应用程序。与以前的 Web 开发模型相比，ASP.NET 的第一个版本具有几个重要优点。在此基础上，通过在开发人员工作效率、管理、扩展性和性能领域增加对一些激动人心的新功能的支持，使得 ASP.NET 2.0 令人激动万分，为提高开发人员的工作效率，ASP.NET 2.0 在设计时充分考虑了管理功能。由于考虑到简化开发体验很重要，产品环境中的部署和维护也是应用程序生存期的重要问题。ASP.NET 2.0 中引入了几个新功能，进一步增强了对 ASP.NET 服务器的部署、管理及操作。ASP.NET 2.0 是一个组织良好的开放系统，使用自定义实现可以方便地替换任何组件。可能读者会发现无论是服务器控件、页处理程序、编译还是核心应用程序服务，都能根据您的需要方便地进行自定义和替换。开发人员可以在页生命周期的任何地方插入自定义代码，以进一步根据需要对 ASP.NET 2.0 进行自定义。建立 ASP.NET 是为了执行 Internet 信息服务（使用处理页请求的编译执行模型，运行在世界上最快的 Web 服务器上）。总之，与以前版本相比，ASP.NET 2.0 具有许许多多的重要优点。

1.3.1　新增的管理功能

ASP.NET 1.x 的另一个明显的缺陷(已经在 ASP.net 2.0 中得到修复)是根本没有用于管理 Web 站点的接口（无论是声明性接口还是编程接口）。在过去，更改配置设置意味着启动记事本并编辑 Machine.config 或 Web.config，但现在不再需要这么做了。ASP.NET 2.0 具有一个完善的管理 API，它简化了读取和写入配置设置的任务。它还包括一个管理 GUI，可以在解决方案旁边单击 ASP.NET Configuration 图标查看。

当然你可以配置 ASP.NET 2.0 中包含的各种服务（如成员身份和角色管理服务）、查看 Web 站点统计信息以及应用安全设置等。在 ASP.NET 2.0 中还包括很多其他管理控制功能，如 ASP.NET

MMC 管理工具，这是一个新的综合管理工具，该工具可插入到现有的 IIS Administration MMC 中，使管理员能够在 XML 配置文件中以图形方式读取或更改常用设置；对于运行状况的监视和跟踪，ASP.NET 2.0 同时提供了新的运行状况监视支持，可在服务器上的应用程序开始遇到问题时自动通知管理员。新的跟踪功能使管理员能够从成品服务器捕获运行时数据和请求数据，从而更好地诊断问题。

ASP.NET 2.0 提供了这样一些新的功能，使得开发人员和管理人员能够简化对 Web 应用程序进行的日常管理和维护。

1.3.2　角色管理器

如果不支持基于角色的安全性，那么成员身份服务和登录控件将是不完善的。在 ASP.NET 1.x 中，要将窗体身份验证与角色结合起来，需要编写代码以将角色信息映射到各个传入的请求。ASP.NET 2.0 中新的角色管理器（它可以与成员身份服务配合使用，也可以不与其配合使用）取消了对此类代码的需求，并且简化了基于角色授予用户访问各种资源权限的任务。

角色管理是基于提供程序的，它通过 Web.config 启用。角色管理器通过新的 Roles 类来公开 API，该类公开了名为 CreateRole、DeleteRole 和 AddUserToRole 等方法。值得注意的是您或许永远不需要调用这些方法，因为 Web 管理工具完全能够创建角色，将用户分配给角色，以及完成其他任务。一旦启用基于角色的安全性就能够使用所提供的角色信息以及 Web.config 文件中的 URL 身份验证指令来工作，这与 ASP.NET 1.x 中读者已经熟悉的 URL 身份验证相同。

1.3.3　客户端回调管理器

开发人员使用 JavaScript 的一个主要原因就是可以避免回发过程中带来的页面刷新。例如我们可以根据用户的需要使用 Treeview 控件来展开和折叠相应的数据节点。当你展开一个节点时，该 Treeview 控件将会利用 JavaScript 读取服务器上的子节点信息，然后平滑无刷新地插入这些新节点。如果没有使用 JavaScript 的话，Treeview 控件将会因为页面的回发而重新构建。不但用户会发现因页面刷新而带来的延迟，而且页面极有可能恢复到原来的状态，即丢失前面所展开的那些子节点信息。对于服务器端来说，因为每次回发的过程中都要处理大量的视图状态（View State）信息，这也会严重影响程序的整体执行性能。

以前使用的 JavaScript 几乎都是自包含的，即它们通常是为了完成一些特殊的显示效果（例如弹出一个新的页面窗口），而没有和服务器端代码进行信息的交互。如果读者也想构建一个类似的无刷新页面的话，首先必须调用服务器端的一个特定的方法，等待服务器响应后就会将请求的信息传递到客户端，从而避免了回发这个过程。为了实现这个方案，首先需要对如何将客户端脚本和服务器端代码进行通信有个大致的了解。尽管有许多种方法可以实现这两者间的交互（例如调用 Web 服务），但是由于受到特定的浏览器和平台的限制，它们的实现还是有一定难度的。而在 ASP.NET 2.0 中，引入了一个称为"客户端回调"的功能，利用这个内建的解决方案，我们可以轻松实现客户端脚本和服务器端代码间的交互，从而避免了页面因回发带来的频繁刷新。

客户端回调本质上就是指通过前端的客户端脚本向服务器端传递相应的数据参数，服务器端再以接收到的参数进行查询和处理，最后将结果回传到客户端进行显示。虽然这样的过程不是一种创举，但是对于许多开发者来说这在某种思维上还是无法理解的，因为 JavaScript 的内存管理和.NET CLR 的内存管理是不同的进程，而且管理的空间上也截然不同，所以彼此间无法直接参照也没有直接进行交互的方式，而客户端回调却是实现客户端和服务器端进行沟通的方法之一，又因为它是在客户端触发的，所以这就应该是"客户端回调"命名的由来，在后续的章节中会进行相关的介绍。

1.3.4　SQL 缓存依赖性

由数据库驱动的 Web 应用程序，如果需要改善其性能，最好的方法是使用缓存功能。用户从数据库中检索数据，可能是 Web 应用程序中执行得最慢的操作之一。因为其中涉及多个环节，例如 Web 服务器、数据库服务器等。尤其是在用户比较多，检索的数据量比较大的情况下，会给包括用户在内的各个方面造成不小的困难。如果能够将数据库中的数据缓存到内存，则无须在请求每个页面时都访问数据库。由于从内存中返回数据的速度始终比新提供的数据速度快，因而可以大大提高应用程序的性能。

缓存有一个不太容易克服的缺点，那就是数据过期的问题。最典型的情况是，如果将数据库表中的数据内容缓存到服务器内存中，当数据库表中的记录发生更改时，Web 应用程序则很可能显示过期的、不准确的数据。对于某些类型的数据，即使显示的信息过期，影响也不会很大。然而对于实时性要求比较严格的数据，例如股票价格、拍卖出价之类信息，显示的数据稍有过期都是不可接受的。

为了解决以上问题，ASP.net 1.x 中曾经提供了一些比较好的缓存功能，例如页面输出缓存、部分缓存、页面数据缓存等。虽然这些缓存功能可以解决数据缓存方面的问题，但还是存在较大的缺点，开发人员必须在性能和数据过期之间作出权衡，数据过期的问题始终困扰着开发人员。例如如果数据库表中的数据发生了变化，则缓存也许不能在指定的时间内更新，而必须等到缓存过期，那么就有可能为用户带来一定的麻烦。理想的情况是，数据库表中的任何更新，都能够立刻体现在缓存数据中，ASP.NET 2.0 克服了以上不足，解决了这个问题。ASP.NET 2.0 的缓存功能是在 ASP.NET 1.x 基础之上扩展而来的。ASP.NET 2.0 支持如页面输出缓存、页面部分缓存、应用程序数据缓存、缓存依赖。对于缓存依赖，ASP.NET 1.x 已经提供了一些基于时间、文件、目录等缓存依赖功能。这些功能虽然能够处理一些常见问题，但是无法解决数据过期的难题。为此 ASP.NET 2.0 新增了 SQL 数据缓存依赖功能。该功能的核心是 SqlCacheDependency 类，比如在 Petshop 4.0 中就使用了 SqlCacheDependency 来实现数据库层次的缓存更新（cache invalidation）功能。

不同版本的 SQL Server，其对于 SQL 数据缓存依赖具有不同程度的支持，因此使用方法差异较大。另外 ASP.NET 2.0 还支持以 CacheDependency 类为核心的自定义缓存依赖，以及以 AggregateCacheDependency 类为核心的聚合缓存依赖等。ASP.NET 2.0 包括了一些有助于进行缓存配置的新功能。例如允许使用 Web.config 文件来创建缓存设置。在 Web.config 文件中进行适当设置，并在单个页中引用这些设置后，就能够将缓存设置同时应用于多个页面。同时缓存设置还添加了更多用于自定义缓存性能的选项。

以上简单介绍了 ASP.NET 2.0 提供的缓存功能，它们能够提高请求响应的吞吐量，以便提高应用程序性能。

1.3.5　预编译并且在不带源代码的情况下进行部署

ASP.NET 1.x 的开发人员常常听到用户抱怨首次调用应用程序的时候会碰到初始化延迟。毕竟，初次请求会引发一个系列过程，包括运行库初始化、分析，把 ASPX 页面编译成中间语言，把方法即时编译成本地代码等。

自从 ASP.NET 面市以来，开发人员一直都在要求微软能出台一个解决办法，而 ASP.NET 2.0 利用预编译提供了一个有效的解决方案。预编译选项在首次启动应用程序的时候，ASP.NET 会动态地分析和编译所有的 ASP.NET 页面文件。运行环境要对编译的结果进行缓冲，以便更好地服务未来所有的请求。在服务器重启或者 Web 服务器重启之后，第一次启动应用程序也意味着这一过程要重新开始。而且对应用程序任何文件的改变都会被系统检测到，而在文件发生改变之后首次运行应用程序也会让这一过程再次发生。

很多 Web 开发人员都很讨厌这种初始化延迟。而预编译通过预先编译应用程序避免了这种延迟。命令行通过安装在.NET 框架 2.0 里的 aspnet_compiler.exe 程序就能够启动预编译。应用程序预编译的另外一个好处是能够捕捉在应用程序启动阶段发生的任何错误。错误会显示在工具里，但是不会终止编译过程。预编译的另外一个副产品是能够隐藏任何或者所有的应用程序源代码。这意味着其他的开发人员需要利用反编译程序才能够查看到你的代码。

App_Code 文件夹里的所有类都被编译成一个或者多个二进制文件，放到 bin 目录下；目标目录下不会有源代码文件（.cs、.vb、.js 等）。此外所有主页面文件也会被编译到 bin 目录下作为隐藏文件。ASPX、ASCX 和 ASHX 文件的所有代码和标记，以及相关的代码隐藏文件都被放在 bin 目录下的一个或者多个程序集里。

隐藏源代码是毁誉参半的。其他的开发人员无法以任何形式查看或者更改应用程序——即使是 Web 页面标记也不行。而另外一方面，对应用程序的任何改变都要求改变原始的源代码、重新编译和重新部署。这可能是一个十分耗时的过程，所以并不一定适用于所有的应用程序。可更新命令参数（u）让你能够取代这个默认的行为。使用这个参数意味着所有的标记文件（ASPX、ASCX 等）都要包括在预编译过程的输出里。一旦应用程序被部署，这些文件仍然能够用于编辑和更新。在应用程序被应用之后，小的布局问题可以通过源文件来处理，所以这是一个非常理想的参数。

在使用 Visual Studio 2005 开发基于 ASP.NET 的应用程序时，预编译是可选的。"发布 Web 站点（Publish Web Site）"菜单选项让你能够把网站作为一个预编译应用程序推到另一个位置。此外上面还有一个复选框让你设置可更新选项。

ASP.NET 2.0 的预编译选项让你能够预编译 Web 应用程序，以避免（像一般编译一样）首次调用应用程序的延迟。此外它还提供了一定的安全性，因为程序的源代码在结果中是不可见的，所有的内容文件都可以被隐藏。

1.3.6　新的代码分隔模型

ASP.NET 1.x 支持两种编程模型：内联模型，HTML 和代码共存于同一个 ASPX 文件中；代码隐藏模型，它将 HTML 分隔到 ASPX 文件中，并将代码分隔到源代码文件中。ASP.NET 2.0 引入了第三个模型：一种新的代码隐藏形式，它依赖于 Visual C#和 Visual Basic .NET 编译器中的不完全类支持。新的代码隐藏解决了原来的代码隐藏中存在的一个恼人的问题：传统的代码隐藏类必须包含受保护的字段，这些字段的类型和名称需要映射到 ASPX 文件中声明的相应控件。具体体现在以下几个方面。

1. 简化代码隐藏模型

ASP.NET 2.0 为代码隐藏页引入了一个改进的运行库，该库可简化页和代码之间的连接。在这一新的代码隐藏模型中，页被声明为分部类，这使得页和代码文件可在运行时编译为一个类。通过在 Inherits 属性中指定类名，页代码使用 <%@ Page %> 指令的 CodeFile 属性来引用代码隐藏文件。请注意代码隐藏类的成员必须是公共或受保护的成员（不能为私有成员）。

与以前版本相比，这种简化的代码隐藏模型的好处在于无须维护代码隐藏类中服务器控件变量的各个不同的声明。使用分部类（2.0 中的新增功能）可在代码隐藏文件中直接访问 ASPX 页的服务器控件 ID，这极大地简化了代码隐藏页的维护工作。

2. 在页之间共享代码

尽管可以将代码放在站点的每个页上，但有时读者可能希望在站点中的多个页之间共享代码。将这些代码复制到需要它们的每个页上，这种做法既低效又使代码难以维护。幸运的是，ASP.NET 提供了几种简单的方法，使应用程序中的所有页都可以访问代码。代码目录 与页可在运行时动态编译一样，任意代码文件（例如，.cs 或 .vb 文件）也可以在运行时动态编译。ASP.NET 2.0 引入了 App_Code 目录，该目录可以包含一些独立文件，这些文件包含要在应用程序中的多个页之间共享的代码。与 ASP.NET 1.x 不同（1.x 需要将这些文件预编译到 Bin 目录），App_Code 目录中的所有代码文件都将在运行时动态编译，然后提供给应用程序。可以在 App_Code 目录下放置多种语言的文件，前提是将这些文件划分到各子目录中（在 Web.config 中用特定语言注册这些子目录）。

在默认情况下，App_Code 目录只能包含同一种语言的文件。但可以将 App_Code 目录划分为若干子目录（每个子目录包含同一语言的文件）以便可以在 App_Code 目录下包含多种语言。为此，需要在应用程序的 Web.config 文件中注册每个子目录：

```
<system.web>
    <compilation>
      <codeSubDirectories>
      <add directoryName="Subdirectory"/>
```

```
        </codeSubDirectories>
      </compilation>
  </system.web>
```

对于 Bin 目录，在 ASP.NET 1.X 版本中支持 Bin 目录，该目录类似于 Code 目录，不同的是，它可以包含预编译的程序集。如果需要使用可能由其他人编写的代码，则此目录十分有用，读者则无须访问源代码（VB 或 C# 文件）就可以得到编译后的 DLL。只需将程序集放在 Bin 目录中，就可以在你的站点中使用它。默认情况下，Bin 目录中的所有程序集都自动加载到应用程序中，然后可供各页访问。读者可能需要使用页最上方的@Import 指令从 Bin 目录的程序集中导入特定的命名空间。

对于全局程序集缓存，.NET Framework 2.0 提供了表示 Framework 的各个部件的大量程序集。这些程序集存储在全局程序集缓存中，该缓存是程序集的版本化存储库，可供计算机上的所有应用程序使用（而不像 Bin 和 App_Code 那样仅限于特定的应用程序）。Framework 中的多个程序集都可自动提供给 ASP.NET 应用程序。通过在应用程序的 Web.config 文件中注册，可以注册更多的程序集。其示例如下所示。

```
<compilation>
   <assemblies>
     <add assembly="System.Data, Version=1.0.2411.0,
     Culture=neutral, PublicKeyToken=b77a5c561934e089"/>
   </assemblies>
  </compilation>
```

请注意，你仍需使用@Import 指令使这些程序集中的命名空间可供各页使用。

1.3.7 验证组

通过使用验证控件，可以向 ASP.NET 网页中添加输入验证。验证控件为所有常用的标准验证类型（例如，测试某范围内的有效日期或值）提供了一种易于使用的机制，以及自定义编写验证的方法。此外，验证控件还允许自定义向用户显示错误信息的方法。在默认情况下，ASP.NET 网页会自动检查有无潜在的恶意输入。通过像添加其他服务器控件那样向页面添加验证控件，即可启用对用户输入的验证。有各种类型的验证控件，如范围检查或模式匹配验证控件。每个验证控件都引用页面上其他地方的输入控件（服务器控件）。处理用户输入时（例如，当提交页面时），验证控件会对用户输入进行测试，并设置属性以指示该输入是否通过测试。调用了所有验证控件后，会在页面上设置一个属性以指示是否出现验证检查失败。可将验证控件关联到验证组中，使得属于同一组的验证控件可以一起进行验证。可以使用验证组有选择地启用或禁用页面上相关控件的验证。其他验证操作（如显示 Validation Summary 控件或调用 GetValidators 方法）可以引用验证组。

读者可以使用自己的代码来测试页和单个控件的状态。例如，将会在使用用户输入信息更新数据记录之前来测试验证控件的状态。如果检测到状态无效，你将会略过更新。通常，如果任何验证检查失败，你都将跳过所有处理过程并将页面返回给用户。检测到错误的验证控件随后将生成显示在页上的错误信息，可以使用 ValidationSummary 控件在一个位置显示所有验证错误。

1.3.8　跨页面发送

在使用 ASP.NET 1.x 的时候，很多朋友可能需要进行跨页提交的处理，也就是从页面 A 能够提交到页面 B，甚至不同的 Control 其目标处理页面也各不相同。尤其是从 ASP/JSP/PHP 转过来的开发人员，可能更有这种需求。但很不幸在使用 ASP.NET 1.x 的时候，处理这种跨页请求是十分繁杂的，需要非常多的“技巧化”处理。在 ASP.NET 2.0 中，对于跨页提交已经有了非常合理的解决方案，通过在源页面直接设置控件的 PostBackUrl 属性到指定的目标页面和在目标页面设置 VirtualPath 指令（指向源页面）即可轻松完成。

但是读者可能会发现，在使用 ASP.NET 2.0 的跨页面提交功能的时候，目标页面都是在源页面的窗口中打开的。但有时候我们需要在新的窗口中打开目标页面，可以通过修改源页面中 <form> 的属性来实现这一点，如下面的代码所示：

```
<form id="form1" runat="server" target ="_blank" >
```

但是在跨页面提交之后，通常我们需要从源页面中读取控件的信息（即由浏览器发送的信息），以及源页面的公共属性。前面提到的 ASP.NET 2.0 的 Page 类新增了一个 PreviousPage 属性。顾名思义，目标页面中的这个属性包含对源页面的引用。这样就可以在目标页面中通过 PreviousPage 属性访问源页面的信息，我们一般使用 FindControl 方法来查找源页面上的控件并读取这些控件的值。下面的代码说明了该方法的使用：

```
protected void Button2_Click(object sender, EventArgs e)
    {
        if (Page.PreviousPage != null)
        {
            TextBox txtName =
                (TextBox)Page.PreviousPage.FindControl("txtName");
            if (txtName != null)
            {
                Label1.Text = txtName.Text;
            }
        }
    }
```

　　更复杂一点，当我们想查找源页面中控件属于另一个控件或者是在模板之中，就不能直接使用 FindControl 方法来读取它，而是应该先获取对该容器的引用，然后才能在该容器中查找要获取的控件。下面的例子中源页面中包含一个 Panel 控件，其 ID 为 MainPanel，它还包含 ID 为 UserName 的 TextBox 控件。具体代码如下：

```
protected void Button1_Click(object sender, EventArgs e)
    {
        Panel MainPanel = (Panel)PreviousPage.FindControl("MainPanel");
        if (MainPanel != null)
        {
            TextBox UserName = (TextBox)MainPanel.FindControl("UserName");
            if (UserName != null)
            {
                Label1.Text = UserName.Text;
            }
        }
        else
        {
            Label1.Text = "没有找到!";
        }
    }
```

　　读取源页面中 Form 信息的方案，如果源页面和目标页面属于同一个 ASP.NET 应用程序，则目标页中的 PreviousPage 属性包含对源页面的引用。在没有使用@PreviousPageType 指令的情况下，目标页面中 PreviousPage 属性类型化为 Page。注意如果该页不是跨页发送的目标页面或者目标页面位于不同的应用程序中，则不会初始化 PreviousPage 属性。如果源页面和目标页面属于不同的应用程序，甚至是不同的网站，那就无法直接获取源页面上控件的值，但可以从 Request.Form 中读取发送的数据。还有一个需要注意的问题，因为源页面的视图状态经过 Hash 处理，所以不能从源页面中读取视图状态。如果要在源页面中存储值并让这些值可供其他应用程序中的目标页使用，可以将这些值作为字符串存储在源页面的隐藏字段中，并在目标页面中通过 Request.Form 来访问它们。

跨页面提交的时候，源页面控件的内容被提交到目标页面，然后浏览器执行 POST 操作。在 ASP.NET 1.x 中由于页面都是自己提交给自己，可以通过 Page 的 IsPostBack 属性来判断是否为页面提交。但是在跨页面提交的时候，目标页面的 IsPostBack 属性为 false。如果要判断是否为跨页面提交，可以对目标页面的 PreviousPage 属性返回的引用页面的 IsCrossPagePostBack 属性进行判断：

```
if(PreviousPage.IsCrossPagePostBack == true)
```

在上面的例子中，我们都提到设置 Button 的 PostBackUrl 属性来实现跨页面提交。其实只要实现 IButtonControl 接口的控件就可以实现这一点。Button, ImageButton 和 LinkButton 都实现了 IButtonControl 接口。通过实现 IButtonControl，自定义控件也可以有表单中的按钮所具有的跨页面提交的功能。IButtonControl 接口聚合了 ASP.NET 1.x 支持的多数按钮控件（包括一些 html 按钮控件）的一些属性。

由于 ASP.NET 中的每个页面类所包含的子控件对应的是 protected 成员，所以读者不能直接通过 PreviousPage 引用来访问源页面中的控件，而需要先将源页面中需要被访问的属性公开出来。同时，建议读者只将需要的信息作为公共属性公开，以减少可能被潜在的恶意用户使用的信息。

1.4　小结

本章主要以 ASP.NET 2.0 新增特性为主要介绍目的，其中也附带对 ASP.NET 3.5 中的部分新特性做了介绍。ASP.NET 2.0 中新增的最佳功能之一就是成员身份服务，属于 ASP.NET 提供程序模型的基础结构之一。所以有必要对它进行仔细研究，在本节中通过具体的实例进行了讲解。另一个介绍的服务是个性化，它提供了一种现成的解决方案，用于解决存储站点用户的个性化设置问题。在本节中对其进行了简单的介绍，读者可以通过 Pet Shop 4.0 中的实现功能来细细品味。介绍了一些新的服务器控件包括 ASP.NET 3.5 中的新控件，通过剖析使用方法和场景进行了概述，对某些控件进行了适度扩展并举例说明。最后对 ASP.NET 2.0 中新增的几大功能进行了介绍，进一步增强了读者对 ASP.NET 服务器的部署、管理及操作的了解。

02
Web 站点构建技术

根据前一章节的介绍，读者应该知道，Web 站点的开发方式在.NET 2.0 和 ASP.NET 3.5 中可以说是发生了翻天覆地的变化，运用其丰富的控件库和强大的服务类型，使我们能更加快速准确地开发出高效的 Web 应用程序。在本章中我们将会讲述如何运用站点导航、母版页、主题和皮肤、Web 部件等全新的功能点，来为我们学习和了解 ASP.NET 2.0 和 ASP.NET 3.5 带来新的起点。为快速构建自己的 Web 应用程序打下坚实的基础。

ASP.NET 站点导航使你能够将指向所有页面的链接存储在一个中央位置，并在列表中呈现这些链接，或用一个特定 Web 服务器控件（TreeView、Menu）在每页上呈现导航菜单。它构建于一个功能强大、灵活的体系结构之上，同时这样的体系结构也具备了其良好的可扩展性。对于一些大型的门户网站，一般来说页面少则有几百，多则上千，并要根据业务逻辑对其进行判断，在以前的时代，这个任务可以说是相当艰巨的。但是在 ASP.NET 2.0 中要解决这个问题就变得很轻松。通过站点地图功能，来向我们的用户展示当前页面在整个网站中的逻辑位置或将主页界面绑定到站点的结构上，在本章中我们会进行详细介绍。

同样在 Web 程序开发中，一般一个网站都具有固定的格式。按照常规来讲，在一个网站中，页脚和页眉在整个网站的所有网页中都会一样，本身是不会变化的，至少是会很少变化。那么我们在进行界面设计时，如果为每个页面都设置相同的东西可以说是一项庞大的工作。在 ASP.NET 1.x 的时代，一般使用用户自定义控件完成静态不变的内容，使用时把这个控件拖放到相应的位置就可以了。当然这种解决方案简化了页面布局，但一般用户对创建用户自定义控件还是有一定恐惧感的，另外对于控件拖放的位置也要事先规划好。令人兴奋的是，在 ASP.NET 2.0 和 ASP.NET 3.5 中提供了一种称为母版页的控件，较好地解决了这个问题。

还有我们经常看到很多论坛都有这样的功能，可以自己选择自己喜欢的皮肤来达到个性化页面定制，如果要在 ASP.NET 1.x 中实现这样的功能，有过开发经验的读者就会知道难度是如此之大和烦琐。在 ASP.NET 2.0 中，主题和皮肤特性使你能够把样式和布局信息存放到一组独立的文件中，我们统一称它为主题（Theme），可以把它应用到任何站点中，以用于改变该站点内的页面和控件的外观和感觉。通过改变主题的内容，而不用改变站点的单个页面，就可以轻易地改变站点的样式。同样主题也可以在开发人员之间共享。在 ASP.NET 中包含了大量的用于定制应用程序的页面和控件的外观和感觉的特性。控件支持使用 Style（样式）对象模型来设置格式属性（例如字体、边框、背景和前景颜色、宽度、高度等）。控件也支持使用样式表（CSS）来单独设置控件的样式。读者可以用控件属性或 CSS 来定义控件的样式信息，或者把这些定义信息存放到单独的一组文件中（称为主题），然后把它应用到程序的所有或部分页面上，在接下来的介绍中会将向读者慢慢讲述。

用过 SharePoint 或在其上进行开发过的朋友对 Web Parts 这个名词应该很熟悉了，无独有偶它现在又出现在 ASP.NET 2.0 中，它拥有令人激动人心的特性。使用该部件可以向站点添加丰富的个性化设置的内容和布局，还能够直接从应用程序页对内容和布局进行编辑，使得用户可以非常容易进行配置或者个性化页面，以及显示、隐藏或者移动 Web Parts 组件。这些控件都依赖于 ASP.NET 2.0 中的个性化设置服务，以向应用程序中的每个用户提供独特的体验。任意控件都很容易成为 Web 部件，以参与这些个性化设置服务。本章将讨论如何合理地运用所有这些新的特性。

2.1 实现站点导航

大多数 Web 站点采用可视化导航的某种形式来帮助用户轻松地浏览站点，以及查找他们所需的信息和 Web 页。尽管不同站点之间的感观效果千差万别，但是通常会使用相同的基本元素，以导航栏或菜单列表的形式使用户定位到 Web 站点的特定位置。ASP.NET 1.x 提供的针对站点导航现成的支持很少，导致很多开发人员和 Web 设计人员不是构建自己的导航系统，就是购买第三方控件以满足他们的需求。而 ASP.NET 2.0 对此作出了改进，它引入一个使用可插接式框架的导航系统，该框架能够公开站点层次结构和插入这个新模型的控件，因此易于构造一个高质量的菜单和导航系统。

2.1.1 站点导航概述

ASP.NET 2.0 导航系统的一个目标是创建一个可以吸引开发人员和 Web 站点设计人员的优秀

的导航模型，除此之外它还有一个目标是创建一个提供可扩展性功能的体系结构，该功能能够灵活地满足广泛的需求。它基于一个提供程序模型，该模型的使用贯穿于整个 ASP.NET 2.0 框架，由 ASP.NET 2.0 框架提供一个标准的机制用于插入不同的数据源，具体来说，ASP.NET 2.0 导航框架可以分解为几个部分：

- 开发人员在实际 Web 页面上使用的 Web 导航控件（Menu、TreeView 和 SiteMapPath）。这些控件可以通过自定义改变感观效果。

- TreeView 和菜单导航控件绑定的 SiteMapDataSource 控件，在 Web 导航控件和导航信息的底层在提供程序之间提供一个抽象层。

- 站点地图提供程序是可插接式提供程序，它用于公开描述 Web 站点布局的实际信息。ASP.NET 提供了一个提供程序 XmlSiteMapProvider，它使用一个具有特定结构的 XML 文件作为其数据存储。这种分层的体系结构在底层的站点层次结构和 Web 站点上的控件之间制造了更为松散的耦合，提供了更大的灵活性，而且随着站点的不断发展，更容易实现体系结构和设计的改动。

图 2-1 说明了提供程序和控件之间的关系。

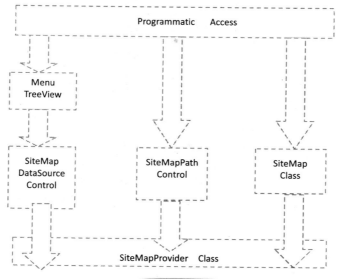

图 2-1　导航体系结构

对于导航系统，数据源描述用户能够定位的 Web 站点页的层次结构，以及将这些信息显示给用户的方式。它作为一个站点地图被引用。

1．站点导航编程接口

通过导航控件，只需编写极少的代码甚至不需要代码，就可以在页面中添加站点导航；不过也能以编程的方式处理站点导航。当 Web 应用程序运行时，ASP.NET 公开一个反映站点地图结构的 SiteMap 对象。SiteMap 对象的所有成员均为静态成员。而 SiteMap 对象会公开 SiteMapNode 对象的集合，这些对象包含地图中每个节点的属性。（在使用 SiteMapPath 控件时，该控件会使用 SiteMap 和 SiteMapNode 对象自动呈现相应的链接。读者可以在自己的代码中使用 SiteMap、SiteMapNode 和 SiteMapProvider 对象来遍历站点地图结构，或创建自定义的控件来显示站点地图数据。虽然我们不能向站点地图进行写入，但可以在对象的实例中修改站点地图节点。比如，我们可以用编程方式修改内存中的站点地图节点或用编程方式枚举站点地图节点。）

2．站点导航组件之间的关系

图 2-2 显示各个 ASP.NET 站点导航组件之间的关系（摘自 MSDN）。

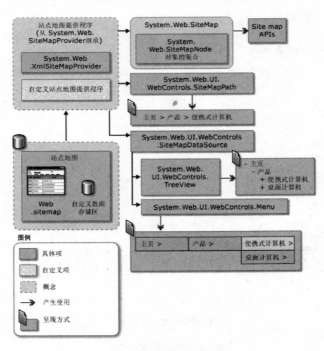

图 2-2　导航组件关系

2.1.2　ASP.NET 1.x 时代的站点导航

ASP.NET 1.x 版本中确实没有提供任何内置的站点导航支持，因此大多数开发者需要实现他们自己的站点导航功能。在创建他们自己的站点导航功能时，开发者会面临两个挑战：

- 决定怎样把站点的结构信息串行化到一张站点地图中；

- 实现导航用户接口元素。

为了解决第一个问题，开发者们需要决定如何建模该站点的结构。要把这些信息放置到一个 XML 文件中呢？还是添加一个数据库表来存储站点的各个部分及其联系方式？对于支持用户账户的站点，可能有只对属于特别角色的用户是可存取的部分，而且支持多种语言的站点某种程度上都需要提供针对各个站点部分的翻译。

在决定需要存储什么信息来描述站点的结构以及这些信息怎样被串行化（数据库？XML 文件？另外的东西？）以后，开发者还要面对第二个挑战——怎样向用户显示这个站点的结构。一个常用的导航用户接口元素是菜单；然而 ASP.NET 1.x 中并没有提供内置的菜单 Web 控件——这意味着开发者要自己花钱购买或自己构建。

总之，在 ASP.NET1.x 版本中实现站点导航并不是多么困难的任务；但是这是必须要做的另外一个任务。而且既然没有站点导航的内置支持，每个开发者可能会找到他自己的独特方法，这提高了开发新手学习曲线的陡峭程度——他们必须学习定制站点导航逻辑。

2.1.3　ASP.NET 2.0 中的站点导航

在 ASP.NET 2.0 中，实现站点导航轻而易举，这归功于构建站点导航特征。内部的 ASP.NET 提供了一组可编程 API——用它可以进行站点地图查询。ASP.NET 不需要为指定站点地图而提供特殊格式，尽管它确实提供了一种使用 XML 格式文件的默认选择。关于怎样串行化站点地图的细节是可以被定制的，因为 ASP.NET 2.0 的站点导航特征使用一种提供者模型。该提供者模型使开发者能够定制一个特定 ASP.NET 系统的内部实现——只要它们保持向前引用的 API 是相同的。

简单说来，读者可以使用 ASP.NET 2.0 的默认的基于 XML 的方法来指定你的网站的站点地图，或仅加上一点编码，他就能使用现有的定制方法，或其他一些方法。

除了提供一种可定制的手段来指定站点结构外，随同 ASP.NET 2.0 一起发行的还有一些导航

Web 控件——它们使得显示站点地图就像拖放一个控件到你的 ASP.NET 页面一样容易：

- SiteMapPath：显示一个横向菜单，用于显示终端用户处于相对于站点结构的具体位置。例如，在访问一些站点的某些二级页面部分时，一个横向菜单显示可能是这个样子：主页＞二级页面＞详细页面。

- TreeView：用一个可展开的树来显示站点的结构。

- Menu：使用一菜单显示站点的结构。

- 在显示站点导航时，TreeView 控件和 Menu 控件都使用 SiteMapDataSource 控件来读取站点地图的内容。

在底层实现上，这些控件调用了 ASP.NET 2.0 的站点导航 API。既然该站点导航部分是用提供者模型来实现的，那么该控件在怎样串行化站点地图的内部实现原理方面就易于理解了。也就是说，不管读者是否使用默认的站点地图或滚动你自己定制的站点地图逻辑，导航控件都可以用于同你的站点地图一道工作。当然如果读者想使用一个定制的站点地图，那么你确实需要创建一个类——它提供所想要的方法和属性以与站点地图一起工作，在后面对此会详细讨论。

2.1.4 定义站点地图

如果读者曾经到过陌生的目的地旅行过，那么一定知道地图的重要性了，它们能够帮助你的旅行更舒适些，这个道理对于网站来说是同样的。一个网站应该呈现给访问者一种简单而灵活的导航结构以便它们能够容易地导航到该网站的不同部分。ASP.NET 2.0 提供了一种称为 SiteMap 的特征，它帮助读者快速实现这一功能。本节将解释什么是站点地图并且描述如何开发使用它们的网站导航结构。一个站点地图是一个 XML 文件（具有一个.sitemap 扩展名），它能够详细地描述网站的整个导航布局。读者可以使用站点地图文件来满足你的一切要求。

ASP.NET 2.0 中的站点导航提供程序向应用程序中的页面公开导航信息，使你可以独立于页的实际物理布局定义站点的结构。默认站点导航提供程序基于 XML，但通过为站点地图编写自定义提供程序，也可以从任意后端公开此信息。创建站点地图的最简单方法是创建一个名为 Web.sitemap 的 XML 文件，该文件按站点的分层形式组织页面。ASP.NET 的默认站点地图提供程序自动选取此站点地图。尽管 Web.sitemap 文件可以引用其他站点地图提供程序或其他目录中的其他站点地图文件以及同一应用程序中的其他站点地图文件，但该文件必须位于应用程序的根目录中。实现自定义的站点地图提供程序时，如果存储站点地图数据的文件的扩展名不

是 .sitemap，则会有潜在安全风险。在默认情况下，ASP.NET 配置为阻止客户端下载具有已知文件扩展名（如 .sitemap）的文件。为帮助保护你的数据，可将文件扩展名不是 .sitemap 的所有自定义站点地图数据文件放入 App_Data 文件夹中。

下面的代码示例演示站点地图如何查找一个三层结构的简单站点。url 属性可以以快捷方式"~/"开头，该快捷方式表示应用程序根目录：

```xml
<siteMap>
  <siteMapNode title="Home" description="Home" url="~/default.aspx">
   <siteMapNode title="Products" description="Our products"
    url="~/Products.aspx">
     <siteMapNode title="Hardware" description="Hardware choices"
      url="~/Hardware.aspx" />
     <siteMapNode title="Software" description="Software choices"
      url="~/Software.aspx" />
   </siteMapNode>
   <siteMapNode title="Services" description="Services we offer"
     url="~/Services.aspx">
     <siteMapNode title="Training" description="Training classes"
      url="~/Training.aspx" />
     <siteMapNode title="Consulting" description="Consulting services"
      url="~/Consulting.aspx" />
     <siteMapNode title="Support" description="Supports plans"
      url="~/Support.aspx" />
   </siteMapNode>
  </siteMapNode>
</siteMap>
```

站点地图文件的根是 siteMap。它包含一个节点 siteMapNode，并且根据读者的网站结构，它可以包含若干 siteMapNode 节点。同时这个 siteMapNode 标签具有如表 2-1 所示的四个重要的属性。

表 2-1　siteMapNode 标签

属　　性	说　　明
Title	显示页面的标题，这个属性经常由导航控件用于显示 URL 的标题
URL	显示这个节点描述的页面的 URL
Description	指定关于这个页面的描述，可以使用这个描述来显示提示内容
Roles	通过使用安全整修，这个属性指定允许存取这个页面的角色

在 Web.sitemap 文件中，为网站中的每一页添加一个 siteMapNode 元素，然后可以通过嵌入 siteMapNode 元素创建层次结构。在上例中，"硬件"和"软件"页是"产品"siteMapNode 元素的子元素。title 属性定义通常用作链接文本的文本，description 属性同时用作文档和 SiteMapPath 控件中的工具提示。在站点地图中，读者可以引用 Web 应用程序外部的 URL。ASP.NET 无法测试对应用程序外部的 URL 的访问。因此如果读者启用了安全控制，除非将角色属性设置为星号"*"，否则将不会看到站点地图，设置该属性可使所有客户端无须先测试对 URL 的访问就能查看站点地图节点。

2.1.5　站点导航控件

创建一个反映站点结构的站点地图只完成了 ASP.NET 站点导航系统的一部分。导航系统的另一部分是在 ASP.NET 网页中显示导航结构，这样用户就可以在站点内轻松地移动。通过使用下列 ASP.NET 站点导航控件，读者便可以轻松地在页面中建立导航信息：

- SiteMapPath　此控件显示导航路径向用户显示当前页面的位置，并以链接的形式显示返回主页的路径。同时也提供了许多可供自定义链接的外观的选项。

- TreeView　此控件显示一个树状结构或菜单，让用户可以遍历访问站点中的不同页面。单击包含子节点的节点可将其展开或折叠。

- Menu　此控件显示一个可展开的菜单，让用户可以遍历访问站点中的不同页面。将光标悬停在菜单上时，将展开包含子节点的节点。

1．SiteMapPath 控件

SiteMapPath 控件是一种站点导航控件，反映 SiteMap 对象提供的数据。它提供了一种用于轻松定位站点的节省空间方式，用作当前显示页在站点中位置的引用点。此种类型的控件通常称为面包屑或眉毛，因为它显示了超链接页名称的分层路径，从而提供了从当前位置沿页面层次结构向上的跳转。SiteMapDataSource、SiteMapPath 对于分层页结构较深的站点很有用，在此类站点中 TreeView 或 Menu 可能需要较多的页空间。SiteMapPath 控件直接使用网站的站点地图数据。如果将其用在未在站点地图中表示的页面上，则其不会显示。SiteMapPath 由节点组成，路径中的每个元素均称为节点，用 SiteMapNodeItem 对象表示。锚定路径并表示分层树的根的节点称为根节点。表示当前显示页的节点称为当前节点。当前节点与根节点之间的任何其他节点都为父节点。表 2-2 描述了三种不同的节点类型。

表 2-2　节点类型

节点类型	说　　明
根节点	锚定节点分层组的节点
父节点	有一个或多个子节点但不是当前节点的节点
当前节点	表示当前显示页的节点

SiteMapPath 显示的每个节点都是 HyperLink 或 Literal 控件，读者可以将模板或样式应用到这两种控件。对节点应用模板和样式需遵循两个优先级规则：如果为节点定义了模板，它会重写为节点定义的样式；特定于节点类型的模板和样式会重写为所有节点定义的常规模板和样式。NodeStyle 和 NodeTemplate 属性适用于所有节点，而不考虑节点类型。如果同时定义了这两个属性，将优先使用 NodeTemplate。CurrentNodeTemplate 和 CurrentNodeStyle 属性适用于表示当前显示页的节点。如果除了 CurrentNodeTemplate 外，还定义了 NodeTemplate，则将忽略它。如果除了 CurrentNodeStyle 外，还定义了 NodeStyle，则它将与 CurrentNodeStyle 合并，从而创建合并样式。此合并样式使用 CurrentNodeStyle 的所有元素，以及 NodeStyle 中不与 CurrentNodeStyle 冲突的任何附加元素。

RootNodeTemplate 和 RootNodeStyle 属性适用于表示站点导航层次结构根的节点。如果除了 RootNodeTemplate 外，还定义了 NodeTemplate 则将忽略它。如果除了 RootNodeStyle 外，还定义了 NodeStyle，则它将与 RootNodeStyle 合并，从而创建合并样式。此合并样式使用 RootNodeStyle 的所有元素，以及 NodeStyle 中不与 CurrentNodeStyle 冲突的任何附加元素。最后如果当前显示页是该站点的根页，将使用 RootNodeTemplate 和 RootNodeStyle，而不是 CurrentNodeTemplate 或 CurrentNodeStyle。

SiteMapPath 控件将由 SiteMapProvider 属性标识的站点地图提供程序用做站点导航信息的数据源。如果未指定提供程序，它将使用站点的默认提供程序，此提供程序由 SiteMap.Provider 属性标识。通常这是 ASP.NET 默认站点地图提供程序（即 XmlSiteMapProvider）的一个实例。如果在站点内使用了 SiteMapPath 控件，但未配置站点地图提供程序，该控件将引发 HttpException 异常。SiteMapPath 控件还提供多个您可以对其进行编程的事件。这使您可以在每次发生事件时都运行一个自定义例程。表 2-3 列出了 SiteMapPath 控件支持的事件。

表 2-3　SiteMapPath 控件支持的事件

事　　件	说　　明
ItemCreated	SiteMapPath 先创建一个 SiteMapNodeItem，然后将其与 SiteMapNode 关联时发生
ItemDataBound	将 SiteMapNodeItem 绑定到 SiteMapNode 包含的站点地图数据时发生

派生自 SiteMapPath 的类会重写 InitializeItem 方法，以自定义导航控件包含的 SiteMapNodeItem 控件。为了完全控制 SiteMapNodeItem 对象的创建方式及将其添加到 SiteMapPath 的方式，派生类会重写 CreateControlHierarchy 方法。

下面的示例在 Web 窗体页中以声明方式使用了 SiteMapPath 控件。此示例演示一些优先级规则，这些规则控制了将模板和样式应用到 SiteMapPath 节点的顺序：

```
<div>
    <asp:SiteMapPath ID="SiteMapPath1" runat="server"
        RenderCurrentNodeAsLink="True"
        NodeStyle-Font-Name="Franklin Gothic Medium"
        NodeStyle-Font-Underline="true"
        NodeStyle-Font-Bold="true"
        RootNodeStyle-Font-Name="Symbol"
        RootNodeStyle-Font-Bold="false"
        CurrentNodeStyle-Font-Name="Verdana"
        CurrentNodeStyle-Font-Size="10pt"
        CurrentNodeStyle-Font-Bold="true"
        CurrentNodeStyle-ForeColor="red"
        CurrentNodeStyle-Font-Underline="false"
        HoverNodeStyle-ForeColor="blue"
        HoverNodeStyle-Font-Underline="true" Font-Names="Verdana" Font-Size= "0.8em"
PathSeparator=" : ">
        <CURRENTNODETEMPLATE>
        <asp:Image id="Image1" runat="server" ImageUrl="~/homepage.gif" Alternate
Text="B" />
        </CURRENTNODETEMPLATE>
        <PathSeparatorStyle Font-Bold="True" ForeColor="#507CD1" />
        <CurrentNodeStyle Font-Bold="True" Font-Names="Verdana" Font-Size="10pt"
Font-Underline="False" ForeColor="#333333" />
        <NodeStyle Font-Bold="True" Font-Underline="True"
            ForeColor="#284E98" />
        <RootNodeStyle Font-Bold="True" ForeColor="#507CD1" />
    </asp:SiteMapPath>
    </div>
```

使用默认的站点地图提供程序，以及具有如下结构的 Web.sitemap 文件：

```
<siteMap xmlns="http://schemas.microsoft.com/AspNet/SiteMap-File-1.0" >
  <siteMapNode title="A" description="A" url="A.aspx" >
    <siteMapNode title="B" description="B" url="B.aspx"/>
  </siteMapNode>
</siteMap>
```

最后我们演示如何通过重写 InitializeItem 方法，扩展 SiteMapPath 控件并向其添加新功能。
DropDownSiteMapPath 控件在当前节点后添加一个 DropDownList，使得定位到当前页的子节点
页面变得容易。此示例演示如何在创建项后使用 SiteMapNodeItem 对象，包括检查它们的
SiteMapNodeItemType 及调用 OnItemCreated 方法：

```
[AspNetHostingPermission(SecurityAction.Demand,        Level      =      AspNetHosting
PermissionLevel.Minimal)]
public class DropDownNavigationPath : SiteMapPath
{
    protected override void InitializeItem(SiteMapNodeItem item)
    {
        // 仅仅处理当前的 Node。
        if (item.ItemType == SiteMapNodeItemType.Current)
        {
            HyperLink hLink = new HyperLink();
            hLink.EnableTheming = false;
            hLink.Enabled = this.Enabled;
            hLink.NavigateUrl = item.SiteMapNode.Url;
            hLink.Text = item.SiteMapNode.Title;
            if (ShowToolTips)
            {
                hLink.ToolTip = item.SiteMapNode.Description;
            }
            //还可以在这里做很多事情，如对超链接应用样式或模板等操作。
            item.Controls.Add(hLink);
            AddDropDownListAfterCurrentNode(item);
        }
        else
        {
            base.InitializeItem(item);
        }
    }
    private void AddDropDownListAfterCurrentNode(SiteMapNodeItem item)
```

```
    {
        SiteMapNodeCollection childNodes = item.SiteMapNode.ChildNodes;
        // 如果存在子节点
        if (childNodes != null)
        {
            SiteMapNodeItem finalSeparator =
                new SiteMapNodeItem(item.ItemIndex,
                                SiteMapNodeItemType.PathSeparator);
            SiteMapNodeItemEventArgs eventArgs =
                new SiteMapNodeItemEventArgs(finalSeparator);
            InitializeItem(finalSeparator);
            //每次创建和初始化的时候调用
            OnItemCreated(eventArgs);
            item.Controls.Add(finalSeparator);
            DropDownList ddList = new DropDownList();
            ddList.AutoPostBack = true;
        ddList.SelectedIndexChanged += new EventHandler(this.DropDownNavPathEvent
Handler);
            foreach (SiteMapNode node in childNodes)
            {
                ddList.Items.Add(new ListItem(node.Title, node.Url));
            }
            item.Controls.Add(ddList);
        }
    }
    private void DropDownNavPathEventHandler(object sender, EventArgs e)
    {
        DropDownList ddL = sender as DropDownList;
        // 导航到用户选择的页面
        if (Context != null)
            Context.Response.Redirect(ddL.SelectedValue);
    }
}
```

2. TreeView 控件

TreeView 控件用于在树结构中显示分层数据，例如目录或文件目录，并且支持很多功能比如数据绑定（它允许控件的节点绑定到 XML、表格或关系数据）、站点导航（通过与 SiteMapDataSource 控件集成实现）对于节点文本既可以显示为纯文本也可以显示为超链接。借助编程方式访问 TreeView 对象模型，可以动态地创建树、填充节点、设置属性等。在每个节点旁还可以显示复选框的功能。通过主题、用户定义的图像和样式实现自定义外观。

用过 IE WebControls 的读者都知道，TreeView 控件是由节点组成的。树中的每个项都称为一个节点，它由一个 TreeNode 对象表示。其节点类型有"父节点"、"子节点"、"叶节点"、"根节点"几种。一个节点可以同时是父节点和子节点，但是不能同时为根节点、父节点和叶节点。节点为根节点、父节点还是叶节点决定着节点的几种可视化属性和行为属性。尽管通常的树结构只具有一个根节点，但是 TreeView 控件允许向树结构中添加多个根节点。如果要在不显示单个根节点的情况下显示项列表（如同在产品类别列表中），这种控件就非常有用。

每个节点具有一个 Text 属性和一个 Value 属性。Text 属性的值显示在 TreeView 中，而 Value 属性用于存储有关节点的任何其他数据，例如传递到与该节点相关联的回发事件的数据。节点可以处于以下两种状态之一：选定状态和导航状态。在默认情况下，会有一个节点处于选定状态。若要使一个节点处于导航状态，则需要将该节点的 NavigateUrl 属性值设置为空字符串（""）以外的值；若要使一个节点处于选定状态，则需要将该节点的 NavigateUrl 属性值设置为空字符串（""）。

TreeView 控件的最简单的数据模型是静态数据。若要使用声明性语法显示静态数据，首先在 TreeView 控件的开始标记和结束标记之间嵌套开始和结束<Nodes>标记。然后通过在开始和结束<Nodes>标记之间嵌套<asp:TreeNode>元素来创建树结构。每个 <asp:TreeNode>元素表示树中的一个节点，并且映射到一个 TreeNode 对象。通过设置每个节点的<asp:TreeNode>元素的属性（Attribute），可以设置该节点的属性（Property）。若要创建子节点，需要在父节点的开始和结束<asp:TreeNode>标记之间嵌套其他的<asp:TreeNode> 元素。

同时此控件还可以绑定到数据。读者可以使用以下两种方法中的任意一种将 TreeView 控件绑定到适当的数据源类型：TreeView 控件可以使用实现 IHierarchicalDataSource 接口的任意数据源控件，例如 XmlDataSource 控件或 SiteMapDataSource 控件。若要绑定到数据源控件，则需要将 TreeView 控件的 DataSourceID 属性设置为数据源控件的 ID 值。TreeView 控件自动绑定到指定的数据源控件。这是绑定到数据的首选方法。当然还可以绑定到 XmlDocument 对象或包含关系的 DataSet 对象。若要绑定到这些数据源中的一个，则需要将 TreeView 控件的 DataSource 属性设置为该数据源，然后调用 DataBind 方法。如果数据源中的每个数据项包含多个属性（Property）（例如包含多个属性 （Attribute）的 XML 元素），在绑定到该数据源时，默认情况下节点会显示由数据项的 ToString 方法返回的值。如果遇到 XML 元素，则节点会显示该元素的名称，这样将显示该树的基础结构，但除此之外没有什么用处。通过使用 DataBindings 集合指定树节点绑定，可以将节点绑定到特定数据项属性。DataBindings 集合包含 TreeNodeBinding 对象，这些对象定义数据项与其绑定到的节点之间的关系。读者可以指定要在节点中显示的绑定条件和数据项属性。

> **注意**　恶意用户可以创建回调请求并获取页面开发人员没有显示的 TreeView 控件的节点数据。因此必须由数据源实现数据的安全性。请不要用 MaxDataBindDepth 属性来隐藏数据。

有时静态地定义树结构并不可行，因为数据源可能返回太多数据或者要显示的数据取决于在运行时你所获取的信息。因此 TreeView 控件支持动态节点填充。如果将某节点的 PopulateOnDemand 属性设置为 true，则展开该节点后在运行时填充该节点。若要动态填充某节点，则必须定义一个事件处理方法，它包含了 TreeNodePopulate 事件所用的填充节点的逻辑。Microsoft Internet Explorer 版本 5.0 和更高版本以及 Netscape 6.0 和更高版本还可以利用客户端节点填充。利用客户端节点填充，TreeView 控件可以在用户展开节点时使用客户端脚本填充节点，无须访问服务器，这也是目前使用最广泛的方式之一。

下面的演示从客户端填充 TreeView 控件中的节点，在启用了客户端节点填充后，会在客户端上自动填充节点，不需要回发到服务器：

```
<%@ Page Language="C#" AutoEventWireup="true" CodeFile="Default2.aspx.cs" Inherits="Default2" %>
<%@ Import Namespace="System.Data" %>
<%@ Import Namespace="System.Data.SqlClient" %>
<!DOCTYPE html PUBLIC "-//W3C//DTD XHTML 1.0 Transitional//EN" "http://www.w3.org/TR/xhtml11/DTD/xhtml1-transitional.dtd">
<html xmlns="http://www.w3.org/1999/xhtml" >
<head runat="server">
    <title>Untitled Page</title>
    <script runat="server">
  void PopulateNode(Object sender, TreeNodeEventArgs e)
  {
    switch(e.Node.Depth)
    {
```

```
        case 0:
          // 操作第一级的节点
          PopulateCategories(e.Node);
          break;
        case 1:
          //操作第二级的节点
          PopulateProducts(e.Node);
          break;
        default:
          break;
    }
  }
  void PopulateCategories(TreeNode node)
  {
    // 为填充二级节点的数据源
    DataSet ResultSet = RunQuery("Select CategoryID, CategoryName From Categories");
    // 创建二级节点
    if(ResultSet.Tables.Count > 0)
    {
      foreach (DataRow row in ResultSet.Tables[0].Rows)
      {
        TreeNode newNode = new TreeNode();
        newNode.Text = row["CategoryName"].ToString();
        newNode.Value = row["CategoryID"].ToString();
        newNode.PopulateOnDemand = true;
        newNode.SelectAction = TreeNodeSelectAction.Expand;
        node.ChildNodes.Add(newNode);
      }
    }
  }
  void PopulateProducts(TreeNode node)
  {
    //为填充三级节点的数据源
    DataSet ResultSet = RunQuery("Select ProductName From Products Where CategoryID="
+ node.Value);
    // 创建三级节点
    if(ResultSet.Tables.Count > 0)
    {
```

```
      foreach (DataRow row in ResultSet.Tables[0].Rows)
      {
        TreeNode NewNode = new TreeNode(row["ProductName"].ToString());
        NewNode.PopulateOnDemand = false;
        NewNode.SelectAction = TreeNodeSelectAction.None;
        node.ChildNodes.Add(NewNode);
      }
    }
  }
  DataSet RunQuery(String QueryString)
  {
    String ConnectionString = "server=localhost;database=NorthWind;Integrated
Security=SSPI";
    SqlConnection DBConnection = new SqlConnection(ConnectionString);
    SqlDataAdapter DBAdapter;
    DataSet ResultsDataSet = new DataSet();
    try
    {
      DBAdapter = new SqlDataAdapter(QueryString, DBConnection);
      DBAdapter.Fill(ResultsDataSet);
      DBConnection.Close();
    }
    catch(Exception ex)
    {
      if(DBConnection.State == ConnectionState.Open)
      {
        DBConnection.Close();
      }
      Message.Text = "Unable to connect to the database.";
    }
    return ResultsDataSet;
  }
</script>
</head>
<body>
  <form id="form1" runat="server">
  <div>
  <asp:TreeView id="LinksTreeView"
```

```
           Font-Name= "Arial"
           ForeColor="Blue"
           EnableClientScript="true"
           PopulateNodesFromClient="true"
           OnTreeNodePopulate="PopulateNode"
           runat="server">
           <Nodes>
             <asp:TreeNode Text="Inventory"
               SelectAction="Expand"
               PopulateOnDemand="true"/>
           </Nodes>
         </asp:TreeView>
         <asp:Label id="Message" runat="server"/><br><br>       </div>
      </form>
</body>
</html>
```

最终运行界面如图 2-3 所示。

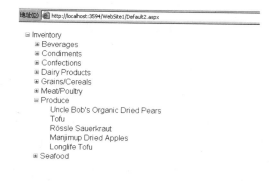

图 2-3

3．Menu 控件

Menu 控件用于显示 Web 窗体页中的菜单，并常与用于导航网站的 SiteMapDataSource 控件结合使用。它支持很多功能，包括数据绑定、站点导航（通过与 SiteMapDataSource 控件集成实现）、对 Menu 对象模型的编程访问，可动态创建菜单，填充菜单项，设置属性等。还可以自定义外观，通过主题、用户定义图像、样式和用户定义模板来实现。当用户单击菜单项时，Menu 控件可以导航到所链接的网页或直接回发到服务器。如果设置了菜单项的 NavigateUrl 属性，则 Menu 控件导航到所链接的页；否则该控件将页回发到服务器进行处理。默认情况下，链接页与 Menu 控件显示在同一窗口或框架中。若要在另一个窗口或框架中显示链接内容，请使用 Menu 控件的 Target 属性。

　　Menu 控件显示两种类型的菜单：静态菜单和动态菜单。静态菜单始终显示在 Menu 控件中。默认情况下根级菜单项显示在静态菜单中。通过设置 StaticDisplayLevels 属性，可以在静态菜单中显示更多菜单级别（静态子菜单）。级别高于 StaticDisplayLevels 属性所指定的值的菜单项显示在动态菜单中。仅当用户将鼠标指针置于包含动态子菜单的父菜单项上时，才会显示动态菜单。在一定的持续时间之后，动态菜单会自动消失。使用 DisappearAfter 属性指定持续时间。还可以通过设置 MaximumDynamicDisplayLevels 属性来限制动态菜单的显示级别数。高于指定值的菜单级别则被丢弃。Menu 控件由菜单项树组成。顶级菜单项称为根菜单项。具有父菜单项的菜单项称为子菜单项。所有根菜单项都存储在 Items 集合中。子菜单项存储在父菜单项的 ChildItems 集合中。每个菜单项都具有 Text 属性和 Value 属性。Text 属性的值显示在 Menu 控件中，而 Value 属性则用于存储菜单项的任何其他数据（如传递给与菜单项关联的回发事件的数据）。在单击时，菜单项可导航到 NavigateUrl 属性指示的另一个网页。最简单的 Menu 控件数据模型即是静态菜单项。若要使用声明性语法显示静态菜单项，读者需要首先在 Menu 控件的开始和结束标记之间嵌套开始和结束标记<Items>。然后通过在开始和结束标记<Items>之间嵌套<asp:MenuItem>元素，创建菜单结构。每个<asp:MenuItem>元素都表示控件中的一个菜单项，并映射到一个 MenuItem 对象。通过设置菜单项的<asp:MenuItem>元素的属性（Attribute），可以设置其属性（Property）。

　　若要创建子菜单项，可以在父菜单项的开始和结束标记<asp:MenuItem>之间嵌套更多<asp:MenuItem>元素。绑定到数据 Menu 控件也可以绑定到数据。可以使用下面两种方法中的一种将 Menu 控件绑定到适当的数据源类型：Menu 控件可以使用任意分层数据源控件，如 XmlDataSource 控件或 SiteMapDataSource 控件。若要绑定到分层数据源控件，需要将 Menu 控件的 DataSourceID 属性设置为数据源控件的 ID 值。Menu 控件自动绑定到指定的数据源控件。这是绑定到数据的首选方法。

　　Menu 控件还可以绑定到 XmlDocument 对象。若要绑定到此数据源，则需要将 Menu 控件的 DataSource 属性设置为该数据源，然后调用 DataBind 方法。在绑定到数据源时，如果数据源的每个数据项都包含多个属性（例如具有多个属性（Attribute）的 XML 元素），则菜单项默认显示数据项的 ToString 方法返回的值。对于 XML 元素，菜单项显示其元素名称，这样可显示菜单树的基础结构，但除此之外并无用处。通过使用 DataBindings 集合指定菜单项绑定，可以将菜单项绑定到特定数据项属性。DataBindings 集合包含 MenuItemBinding 对象，这些对象定义数据项和它所绑定到的菜单项之间的关系。可以指定绑定条件和要显示在节点中的数据项属性。不能通过将 Text 或 TextField 属性设置为空字符串　（""）　在　Menu 控件中创建空节点。将这些属性设置为空字符串相当于未设置这些属性。在这种情况下，Menu 控件将使用 DataSource 属性创建默认绑定。

下面的示例演示如何将 Menu 控件绑定到 SiteMapDataSource 控件。若要此示例正确运行，读者必须将下面的站点地图数据复制到名为　Web.sitemap 的文件中：

```
<siteMap xmlns="http://schemas.microsoft.com/AspNet/SiteMap-File-1.0" >
  <siteMapNode url="~\Default.aspx" title="Home"
  description="Home">
   <siteMapNode url="~\ProductCatalog.aspx"
   title="ProductCatalog"
   description="ProductCatalog">
    <siteMapNode url="~\Book.aspx"
    title="Book"
    description="Book"/>
    <siteMapNode url="~\Cup.aspx"
    title="Cup"
    description="Cup"/>
    <siteMapNode url="~\Computer.aspx"
    title="Computer"
    description="Computer"/>
   </siteMapNode>
   <siteMapNode url="~\Other.aspx"
   title="Other"
   description="Other">
    <siteMapNode url="~\test.aspx"
    title="test"
    description="test"/>
   </siteMapNode>
  </siteMapNode>
</siteMap>
```

测试页面代码如下：

```
<div>
  <h3>Menu DataBinding Example</h3>
   <asp:menu id="NavigationMenu"
```

```
            disappearafter="2000"
            staticdisplaylevels="2"
            staticsubmenuindent="10"
            orientation="Vertical"
            font-names="Arial"
            target="_blank"
            datasourceid="MenuSourceDemo"
            runat="server">
            <staticmenuitemstyle backcolor="LightSteelBlue" forecolor="Black"/>
            <statichoverstyle backcolor="LightSkyBlue"/>
            <dynamicmenuitemstyle backcolor="Black"
              forecolor="Silver"/>
            <dynamichoverstyle backcolor="LightSkyBlue" forecolor="Black"/>
          </asp:menu>
          <asp:SiteMapDataSource id="MenuSourceDemo"
            runat="server"/>
        </div>
```

页面设计视图如图 2-4 所示。

图 2-4

程序运行结果如图 2-5 所示。

图 2-5

本节从总体上分析了站点导航的基础，使用一个站点地图来定义站点的结构和通过使用导航控件来实现站点地图。所有这些在 ASP.NET 2.0 中实现都变得那么简单。在接下来的一节我们将讨论母版页的一系列新特性。

2.2　实现母版页

使用 ASP.NET 母版页可以为应用程序中的页创建一致的布局。单个母版页可以为应用程序中的所有页定义所需的外观和标准行为。然后可以创建包含要显示的内容的各个内容页。当用户请求内容页时，这些内容页与母版页合并以将母版页的布局与内容页的内容组合在一起输出。它为提高工作效率，降低开发和维护强度，提供了有力支持。本节首先对母版页和内容页的概念进行阐述，然后对其应用过程进行简单说明，最后对母版页的优点做出总结。

2.2.1　母版页概述

母版页（Master Page）在 ASP.NET 2.0 中是一个".master"为后缀的文件，在母版页中可以放入多个标准控件并编写相应代码，同时还给各个窗体页面留出一块或多块区域。母版页与用户控件的区别在于，用户控件是基于局部的 UI 设计，而母版页是基于整体的 UI 设计，其目的在于保持整体的外观取得一致，用户控件常常会被嵌入到母版页中一起使用。

MasterPage 其实可以看成是一种模板，它可以让你快速地建立相同页面布局而内部不同的网页，如果一个网站有多个 MasterPage，那么新建 aspx 文件的时候就可以选择需要实现页面布局的 MasterPage。另外在你还没有使用 MasterPage 之前，如果很多个相同的页面布局需要改动成另外一个样式，那么你就要做很多无聊而又不得不做的工作，对这么多个页面一一进行更改，如果使用了 MasterPage，你只要改动一个页面也就是 MasterPage 文件就可以了。还有可能读者是否发现自己要部署的 Web 程序越来越大，使用 MasterPage 在一定程度上会减小 Web 程序的大小，因为所有的重复的 HTML 标记都只有一个版本。事实上，读者不光可以静态使用 MasterPage，还能动态使用，如根据不同的用户，或者根据不同的权限显示页面不同的布局风格。在 MasterPage 中实现一切都如此简单。

2.2.2　母版页和内容页

如前面所说母版页为具有扩展名.master 的 ASP.NET 文件，它具有可以包括静态文本、HTML

元素和服务器控件的预定义布局。母版页由特殊的@Master 指令识别，该指令替换了用于普通.aspx 页的@Page 指令。该指令类看起来类似这样：<%@ Master Language="C#" %>。除会在所有页上显示的静态文本和控件外，母版页面还包括一个或多个 ContentPlaceHolder 控件。这些占位符控件定义可替换内容出现的区域。接着在内容页中定义可替换内容。对于内容页，可以通过创建各个内容页来定义母版页的占位符控件的内容，这些内容页为绑定到特定母版页的 ASP.NET页（.aspx 文件以及可选的代码隐藏文件）。通过包含指向要使用的母版页的 MasterPageFile 属性，在内容页的@Page 指令中建立绑定。例如一个内容页面可能包含下面的@Page 指令，该指令将该内容页绑定到 Master1.master 页。在内容页中，通过添加 Content 控件并将这些控件映射到母版页上的 ContentPlaceHolder 控件来创建内容。常见内容页代码结构如下：

```
<%@ Page Language="C#" MasterPageFile="~/MasterPage.master" AutoEvent Wireup="true" CodeFile="Default2.aspx.cs" Inherits="Default2" Title="Untitled Page" %>
    <asp:Content ID="Content1" ContentPlaceHolderID="ContentPlaceHolder1" Runat="Server">
    Some Content……
    </asp:Content>
```

由以上代码可知，内容页的代码主要分为两个部分：代码头声明和 Content 控件。内容页的代码头声明与普通.aspx 文件很相似，只是增加了属性 MasterPageFile 和 Title 设置。属性 MasterPageFile 用于设置该内容页面所绑定的母版页的路径，属性 Title 用于设置页面 title 属性值。另外，在内容页中，还可以包括一个或者多个 Content 控件。页面中所有非公共内容都必须包含在 Content 控件中。每一个 Content 控件通过属性 ContentPlaceHolderID 与母版页中的 ContentPlaceHolder 控件相连接。通过以上设置，就可以实现母版页与内容页的绑定。

1．创建母版页的方法

下面我们通过具体示例来讲述创建母版页的方法，首先创建一个新网站，然后添加新项，在弹出的菜单中选择母版页，此时在界面上会出现一个 ContentPlaceHolder 方向窗口，这个窗口是配置网页的地方，可以先对网页进行布局，然后再将这个窗口移动到合适的地方，具体步骤如下：

01 选择【布局】菜单中的【插入表】命令以便进行布局。在【插入表】对话框中选择【模板】，然后选择相应的样式，此处选择页眉和边样式，如图 2-6 所示。

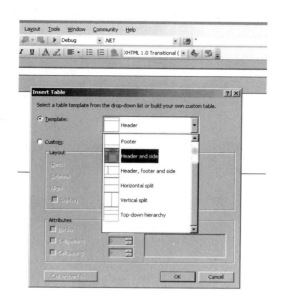

图 2-6　选择使用模板进行布局

02 用鼠标单击右下角的空间，并且将它的 VAlign 属性设置为 Top，再将 ContentPlaceHolder 拖到右下角的窗口中。

03 用鼠标单击左下角的空间，并且将它的 VAlign 属性设置为 Top，再将 TreeView 控件拖入。

04 用类似的方法将自己封装的用户控件拖入上面的空间中。

由此形成的母版页如图 2-7 所示。

2. 在母版页中放入新网页的方法

可以直接在母版页中生成新的网页，也可以在新建的网页的过程中选择母版页，直接从母版页中生成新的网页的步骤是：

01 打开母版页。

02 右击 ContentPlaceHolder 控件，在弹出的菜单中选择【添加内容页】命令，以确定内含的新网页。

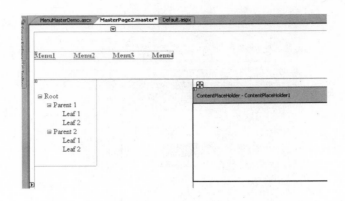

图 2-7　母版页示例

03 右击新网页，在弹出的菜单中选择【编辑主表】命令，然后在网页中添加新控件。此时新网页将被嵌入到母版页中，与母版页形成一个网页文件，网页的名字就是新网页的名字。

对于在新建的网页的过程中选择母版页，很简单，直接通过向导完成，只需要选中"使用母版页"复选框即可。

3. 将已建成的网页放入母版页中

为了将已建成的网页嵌入母版页中，需要在已经建成的网页中用手工方法增加或修改一些代码来实现：

01 打开已建成的网页，进入代码页面，在页面的头部增加下列属性，其中 "~/MasterPage2.master"代表母版页名：

```
<%@ Page Language="C#" MasterPageFile="~/MasterPage2.master" AutoEventWireup=
"true" CodeFile="Default2.aspx.cs" Inherits="Default2" Title="Untitled Page" %>
```

02 由于在母版页中已经包含 HTML、Head、Body、Form 等标记，因此在网页中要删除所有这些标记，以避免重复。同样类似于<H1></H1>的标记也要删除（div 标记不要删除）；

03 在剩下内容的前后两端加上 Content 标记，并增加 Content 的 ID 属性，Runat 属性以及 ContentPlaceHolderID 属性，后者的值（这里是 ContentPlaceHolder1）应该于母版页中的网页容器相同。修改后的语句结构应该如下：

```
<asp:Content ID="Content1" ContentPlaceHolderID="ContentPlaceHolder1" runat=
"Server">
    <div>
        ............
    </div>
</asp:Content>
```

就是说修改后的代码除页面指示语句以外，所有语句都应该放置在<asp:Content....>与</asp:Content>之间。

2.2.3　母版页中的 URL 重置

母版页中有多处使用相对路径语法引用图像、样式表或页引用之类的 URL 资源，例如，<Head> <link rel="stylesheet" href="StyleSheet.css" type="text/css" /> </head>...<a href="default.aspx"> Demo </a>...<img alt="url reset demo" src="Images/urldemo.jpg"/>。如果母版页和内容页在同一目录中，以上代码将正常运行；但是如果内容页实际上在另一个位置，这个相对路径就是错误的。要解决此问题，可以采取以下方法之一：在母版页中使用绝对 URL 路径，例如 <img src="/myapplication/images/banner.gif" />或者在服务器控件中使用相对 URL 或与应用程序相关的 URL 来代替静态标记，例如 <asp:Image ImageUrl="~/images/banner.gif" runat="server" />下面的示例演示了此项技术。内容页已经移至包含母版页的目录下的"Pages"子目录中。母版页已更新为使用服务器控件代替 HTML: <head runat="server"> <link rel="stylesheet" href="StyleSheet.css" type="text/css" /></head>....<a id="A1" href="pages/default.aspx" runat="server"> Demo </a/>.....<asp: Image ID="Image1" AlternateText="url rest demo" ImageUrl="~/Images/url.jpg" runat="server"/>。

2.2.4　从代码访问母版页

除了重写内容外，可以在内容页中编写代码来引用母版页中的属性、方法和控件，但这种引用有一定的限制。对于属性和方法的规则是：如果它们在母版页上被声明为公共成员，则可以引用它们。这包括公共属性和公共方法。在引用母版页上的控件时，没有只能引用公共成员的这种限制。要引用母版页上的公共成员，可以采用如下方式：

- 在内容页中添加@MasterType 指令。在该指令中，将 VirtualPath 属性设置为母版页的位置，如下面的示例所示：<%@ MasterType virtualpath="~/Masters/Master1.master" %> 此

指令使内容页的 Master 属性被强类型化。

- 编写代码，将母版页的公共成员用作 Master 属性的一个成员。

引用母版页上的控件使用 FindControl 方法，将 Master 属性的返回值用作命名容器。下面的代码示例演示如何使用 FindControl 方法获取对母版页上的两个控件的引用（TextBox 控件和 Label 控件）。因为 TextBox 控件处在 ContentPlaceHolder 控件的内部，必须首先获取对 ContentPlaceHolder 的引用，然后使用其 FindControl 方法来定位 TextBox 控件。

Master 页面：

```
<%@ Master Language="C#" AutoEventWireup="true" CodeFile="MasterPage2. master.cs"
Inherits="MasterPage2" %>
<%@ Register Src="MenuMasterDemo.ascx" TagName="MenuMasterDemo" TagPrefix="uc1" %>
<!DOCTYPE html PUBLIC "-//W3C//DTD XHTML 1.0 Transitional//EN" "http://www.
w3.org/TR/xhtml1/DTD/xhtml1-transitional.dtd">
<html xmlns="http://www.w3.org/1999/xhtml" >
<head runat="server">
    <title>Untitled Page</title>
</head>
<body>
    <form id="form1" runat="server">
     <div>
         <table border="0" cellpadding="0" cellspacing="0" style="width: 100%;
height: 100%">
             <tr>
                 <td colspan="2" style="height: 2px">
                      <uc1:MenuMasterDemo   ID="MenuMasterDemo1"   runat=
"server" />
         <asp:Label ID="Label1" runat="server" Height="30px" Text="test demo" Width
="186px">
    </asp:Label></td>
                 </tr>
                 <tr>
                 <td style="width: 200px" valign="top">
                     <asp:TreeView ID="TreeView1" runat="server" Height="197px" Width
="138px">
```

```
                    </asp:TreeView>
                </td>
                <td valign="top" style="width: 504px">
                 <asp:ContentPlaceHolder ID="ContentPlaceHolder1" runat=
"server">
                    <asp:TextBox ID="TextBox1" runat="server">
</asp:TextBox>
</asp:ContentPlaceHolder>
                </td>
            </tr>
        </table>
         
    </div>
    </form>
</body>
</html>
```

内容页面:

```
<%@ Page Language="C#" MasterPageFile="~/MasterPage2.master" AutoEventWireup
="true"
    CodeFile="Default.aspx.cs" Inherits="_Default" Title="Untitled Page" %>
<asp:Content ID="Content1" ContentPlaceHolderID="ContentPlaceHolder1" runat=
"Server">
 <div>
        ........... <br />
<asp:Label ID="Label1" runat="server" Height="25px" Text="Label" Width="338px">
</asp:Label><br />
        <asp:TextBox ID="TextBox1" runat="server"></asp:TextBox>
</div>
</asp:Content>
```

内容页面后台代码:

```
protected void Page_Load(object sender, EventArgs e)
    {
        ContentPlaceHolder ContentPlaceHolder;
        TextBox TextBox;
```

```
ContentPlaceHolder =
    (ContentPlaceHolder)Master.FindControl("ContentPlaceHolder1");
if (ContentPlaceHolder != null)
{
    TextBox =
        (TextBox)ContentPlaceHolder.FindControl("TextBox1");
    if (TextBox != null)
    {
        TextBox.Text = "This is a Master Page TextBox!";
    }
}
Label Label = (Label)Master.FindControl("Label1");
if (Label != null)
{
    Label1.Text = "Master Page Label " + Label.Text;
}
}
```

2.2.5 嵌套母版页

母版页可以嵌套使用，让一个母版页引用另外的页作为其母版页。实际上也就是在大的母版页中包含一个小的母版页，利用嵌套的母版页可以创建组件化的母版页。例如，有时候在一些大型站点中可能会包含一个用于定义站点外观的总体母版页，然后不同的站点内容合作伙伴又可以定义各自的子母版页，这些子母版页引用站点母版页，并相应定义该合作伙伴的内容的外观。与任何母版页一样，子母版页也包含文件扩展名.master。子母版页通常会包含一些内容控件，这些控件将映射到母版页上的内容占位符。就这方面而言，子母版页的布局方式与所有内容页类似。但是子母版页还有自己的内容占位符，可用于显示其子页面提供的内容。

> **注意** 不管母版页有无嵌套或者有几个嵌套，整个页面构架中必须至少包含一个内容页，因为母版页本身是不能被用户访问到的。

下面三个页清单演示一个简单的嵌套母版页配置。

以下为父母版页文件：

```
<%@ Master Language="C#" AutoEventWireup="true" CodeFile="FatherMasterPage.master.cs"
    Inherits="FatherMasterPage" %>
<html>
<head runat="server">
    <title>Untitled Page</title>
</head>
<body>
    <form id="form1" runat="server">
        <div>
            <h1>
                Parent Master</h1>
            <p>
                <font color="red">This is parent master content.</font>
            </p>
            <asp:ContentPlaceHolder ID="MainContent" runat="server" />
        </div>
    </form>
</body>
</html>
```

以下为子母版页文件：

```
<%@ Master Language="C#" AutoEventWireup="true" CodeFile="SonMasterPage.master.cs"
    MasterPageFile="~/FatherMasterPage.master" Inherits="SonMasterPage" %>
<asp:Content ID="Content11" ContentPlaceHolderID="MainContent" runat="server">
    <asp:Panel runat="server" ID="panelMain" BackColor="lightyellow">
        <h2>
            Child master</h2>
        <asp:Panel runat="server" ID="panel1" BackColor="lightblue">
            <p>
                This is childmaster content.</p>
            <asp:ContentPlaceHolder ID="Content1" runat="server" />
        </asp:Panel>
        <asp:Panel runat="server" ID="panel2" BackColor="pink">
            <p>
                This is childmaster content.</p>
            <asp:ContentPlaceHolder ID="Content2" runat="server" />
        </asp:Panel>
```

```
    </asp:Panel>
</asp:Content>
```

测试页面：

```
<%@ Page Language="C#" MasterPageFile="~/SonMasterPage.master" AutoEventWireup="true"
    CodeFile="MutiMasterPageDemo.aspx.cs" Inherits="MutiMasterPageDemo" Title="Untitled
Page" %>
<asp:Content ID="Content1" ContentPlaceHolderID="Content1" runat="server">
    <asp:Label runat="server" ID="Label1" Text="Child label1" Font-Bold="true" />
    <br>
</asp:Content>
<asp:Content ID="Content2" ContentPlaceHolderID="Content2" runat="server">
    <asp:Label runat="server" ID="Label2" Text="Child label2" Font-Bold="true" />
</asp:Content>
```

运行效果如图 2-8 所示。

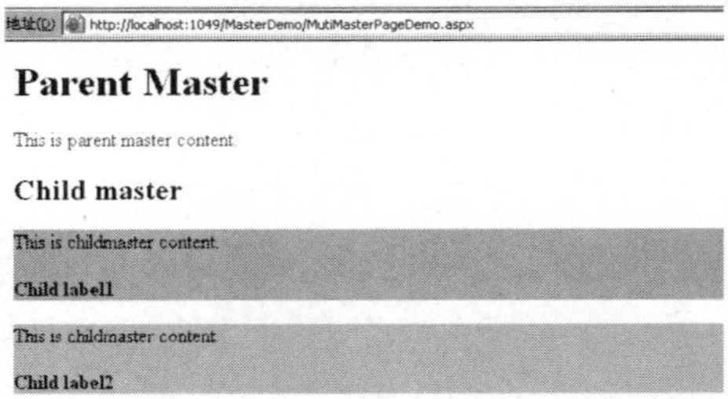

地址(D) http://localhost:1049/MasterDemo/MutiMasterPageDemo.aspx

Parent Master

This is parent master content

Child master

This is childmaster content.

Child label1

This is childmaster content

Child label2

图 2-8

其中要理解<asp:ContentPlaceHolder>和<asp:Content>的关系，<asp:ContentPlaceHolder>的 ID 要和<asp:Content>的 ContentPlaceholderID 相同。理解了这些就可以轻松运用母版页了。目前的 ASP.NET 3.5 直接支持母版页的多层嵌套。这为开发人员实现时节约了不少时间。

2.2.6　扩展现有母版页

读者可能已经注意到了，在我们前面的讲解中的实例都是页面级母版页应用，这是只要在对应内容页页面头部声明或设置即可。但是事实上，有时候这个需求还远远不能达到我们的要求。比如需要程序级的母版页应用时，就应在 Web.config 中做以下设置：

```
<configuration>
    <system.web>
        <pages MasterPageFile="~/MasterPage.master" />
    </system.web>
</configuration>
```

屏蔽某个文件夹使用该母版方案，可以通过在该文件夹下放置不同的 web.config 文件来实现；屏蔽某个文件使用该母版方案，可以通过设置 .aspx 页面头部来实现:<%@ Page Language="C#" MasterPageFile="~/OtherMasterPage.master" %>，当然如果不想使用母版，可以把 MasterPageFile 属性值留空即可，本节对母版页进行了大致的讲解，使读者能够充分地认识这样一个全新的特性，为读者在实际开发中提供有力的支持。

2.3　实现主题和皮肤

众所周知，ASP.NET 2.0 在页面的设计上改进很大，除了增加了很多我们前面提到的新特性外，还有一些我们正在介绍，比如本节将要介绍的新功能——主题和皮肤，通过动态改变页面的显示效果，来提升用户的感观效果。可能很多读者朋友会想，为什么要添加这两个功能呢？如果您了解 Windows 操作系统就知道 Windows 在用户界面方面提供了主题和外观两项功能,用户可以将 Windows 操作系统的主题和外观换成自己所喜欢的。还有大家所熟知的 QQ 也提供了主题和皮肤。ASP.NET 2.0 提供主题和皮肤其实就是考虑到用户界面的灵活性。可能有些人会认为有 CSS 就够了。其实主题和皮肤的功能比 CSS 更强，它们不仅能够快速高效地实现用户界面的外观设置，而且能够动态实现不同外观的切换。

2.3.1　主题和皮肤概述

其实从某种意义上来说，用样式和主题这样的称谓并不能很好地说明 ASP.NET 2.0 中出现的这个新特性。因为它很容易和我们的网页样式表 CSS 混淆起来。实际上在主题和皮肤中可以定义的绝不仅仅是 CSS 样式而已。QuickStart 中称之为服务器端的样式，可能这样会更合适一点。在主题和皮肤中，绝大部分的内容都是可以使用定义的，当然不包括 ID。所有的主题和皮肤都必须放在一个叫 App_Themes 的目录下，这个目录可以是应用程序级的或者是全局的。

主题实际上就是多个皮肤的集合，在 App_Themes 下的子目录名就是主题名。而主题名下的后缀名为.skin 的文件就是皮肤文件。皮肤文件的写法更是傻瓜式的，其实就是把原先写在控件下的属性移至.skin 下。写法和.aspx 文件基本上是一样的，只不过没有 ID 属性，却多了一个 SkinId 的属性。不用怀疑在页面中使用同样的 SkinId 就可以使用这个皮肤定义的样式了。而在皮肤文件中没有使用 SkinId 属性的控件，将是默认应用到页面中所有没有指定 SkinId 的同类控件上。如果要在 Page 指令或者程序代码中显示指定 Theme 的属性，属性的取值就是 App_Themes 下子文件夹的名字。另外还有一个 StyleSheetTheme 属性，也是同样的取值范围。对于适用范围，Theme 属性大于页面中指定的属性大于 StyleSheetTheme 属性中指定的属性。

不知道读者有没有考虑过，在一个站点中出现很多性别这类的下拉框时该怎么办？在每个页面写它的 ListItem 吗？绑定数据库或 XML？如果是这样的话，那么你应该开始喜欢上皮肤了，可以把你的简单的数据选择框的内容放到皮肤文件里去了。在皮肤文件中甚至可以出现数据绑定表达式。当然这个是很有限的，仅在数据显示控件，如 DataList，DataGrid，Repeater，GridView 等，并且必须使用新的 Eval 或 Bind 表达式，并且不能在皮肤里执行绑定。在皮肤文件中也可以使用 CSS 或者图片等资源，不用担心路径问题，这些已经帮我们解决了，当然 CSS 使用起来得小心了，因为它可以影响到全局。

皮肤文件是主题的核心内容，用于定义页面中服务器空间的外观。主题可以包括一个或者多个皮肤文件。文件的扩展名为.skin。比如一个 Button 控件的皮肤代码，可能类似: <asp:button ID="Button1" runat="server" BackColor="lightblue" Text ="Test" ForeColor="black" Width="96px"/>通过上面的代码，我们发现控件的皮肤代码设置与控件的声明代码类似。在控件皮肤的设置中，只可以设置样式属性、集合属性、模版属性、数据绑定表达式等。每个皮肤文件都可以定义一个或者多个控件皮肤设置。控件皮肤的类型可以分为两类：默认皮肤和命名皮肤。当向页面应用主题时，默认皮肤将自动应用于同一类型的所有控件。如果空间没有包含 SkinID 属性，则是默认皮肤。针对一种类型的控件，仅能设置一个默认皮肤。命名皮肤是设置了 SkinID 属性的控件皮肤，其不会自动按类型应用命名皮肤，而需要显示声明 SkinID 属性。命名皮肤的好处在于可以为同一控件的不同实例设置不同的皮肤。

最后，如果要在整个站点使用同一个主题的话，那么需要在 Web.Config 中指定。在 System.Web 下增加这样的设置即可<pages theme="ExampleTheme"/>。

2.3.2　使用主题和皮肤

ASP.NET 包含了大量的用于定制应用程序的页面、控件的外观和感觉的特性。控件支持使用 Style（样式）对象模型来设置格式属性（例如字体、边框、背景和前景颜色、宽度、高度等）。

控件也支持使用样式表（CSS）来单独设置控件的样式。你可以用控件属性或 CSS 来定义控件的样式信息，或者把这些定义信息存放到单独的一组文件中（称为主题），然后把它应用到程序的所有或部分页面上。单独的控件样式是用主题的皮肤（Skin）属性来指定的。

1．创建主题的方法

系统为创建主题制定了一些规则，但没有提供什么特殊的工具。这些规则是：对控件显示属性的定义必须放在以 ".skin" 为后缀的皮肤文件中，而皮肤文件必须放在 "主题目录" 下，而主题目录又必须放在专用目录 App_Themes 的下面。每个专用目录下可以放多个主题目录；每个主题目录下面可以放多个皮肤文件。只有遵守这些规定，在皮肤文件中定义的显示属性才能够起作用。下面以一个举例案例来说明使用过程。

01 右击站点名称，选择【添加 ASP.NET 文件夹】命令，然后选择【主题】项，系统将会在应用程序的根目录下自动生成一个专用目录 App_Themes，并且在这个专用目录下放置主题文件夹，这里给文件夹取名为 Theme1。

02 右击主题文件夹名，在弹出的菜单中选择【添加新项】。

03 弹出文件选择对话框，选择皮肤文件，可以给该文件改名，但是文件的后缀必须是 ".skin"，这里取名为 SkinFile.skin。

专题目录、主题目录、皮肤三者之间的关系如图 2-9 所示。

图 2-9

那么添加到皮肤文件或主题的哪些内容才是有效的呢？一般来讲可以包含如下一些内容：

● Themable（可应用主题的）属性

皮肤文件中的控件定义只能包含属性的值，它们都被标记为 Themeable（可应用主题）。每个控件都可以通过在属性上使用 ThemeableAttribute 来定义一组属性。把不可应用主题的属性添加到皮肤文件中会导致错误出现。某个控件本身可能被主题排除了，例如，数据源控件就不可应用主题。在默认情况下，任何控件的 ID 属性是不能应用主题的。除非控件有特定的要求，否则在默认情况下，它的所有属性都是可以应用主题的。读者可以参照.NET 框架组件参考文档来确认控件的属性是否可以应用主题。

- 在主题中使用 CSS

通过把级联样式表（CSS）放置在命名主题的子目录中，你可以给该主题添加 CSS。如果页面包含了＜head runat="server"/＞控件定义，那么该 CSS 样式表将应用于所有使用了该主题的页面。可以根据需要重命名 CSS 文件，只要它的扩展名是.css。一个主题可以包含多个 CSS 文件。当页面中包含了 CSS 文件的引用（在＜head/＞元素中使用＜link rel="stylesheet" href="..."/＞标记）的时候，主题中的 CSS 文件都在页面的样式表后面应用。

> 提示　ASP.NET 3.5 中提供了 Web Designer and CSS（集成了 CSS 的 web 设计器）功能：增加了"拆分"设计视图，增加了"管理样式"、"应用样式"和"CSS 属性"，"视图"菜单中增加了"标尺和网格"、"可视辅助"和"格式标记"。

- 在主题中使用图像

主题中也可以包含图像，它们是皮肤文件中的控件定义引用的。皮肤文件中的图像引用必须使用主题目录下的图像文件夹的相对路径，这样皮肤文件和图像才能轻易地随应用程序迁移。在运行时，图像的路径会被重新定位，因此，对目标页面中的控件来说，这个引用是相对的。

- 定制控件集合主题

你在皮肤文件中设置的大多数属性都是一些简单的值属性，例如 Font-Name、Width 和 BackColor。但是你也可以设置皮肤集合属性。皮肤集合属性并非应用在目标控件的集合项的属性上，而是在使用主题或使用 StyleSheetTheme 合并集合的时候，完全地替代集合。

这对于某些包含样式集合的集合属性是有用处的，例如 TreeView 控件的 LevelStyles（层次样式）属性或 Menu 控件的 LevelMenuItemStyles（菜单项样式）、LevelSubMenuItemStyles（子菜单项样式）或 LevelSelectedStyles（选中的样式）属性。

- 定制控件模板主题

你还可以在皮肤文件中应用模板属性。与集合类似，在皮肤文件中定义模板属性也不会应用在目标控件的模板的单独项上，而是代替整个模板的内容。这对于使用主题或 StyleSheetTheme 戏剧化地改变模板控件的布局时有用处的。

- 在主题中使用数据绑定和表达式

在主题模板中使用<%# Eval %>或<%# Bind %>的数据绑定也是有效的，但是不允许使用其他的代码数据绑定或表达式。

04 在皮肤文件（SkinFile.skin）中给 TreeView 定义显示的语句如下：

```
<asp:TreeView runat="server" Font-Names="Verdana"  ForeColor="Green"
HoverNodeStyle-Font-Underline="true"
ShowExpandCollapse="True">
<LevelStyles>
<asp:TreeNodeStyle Font-Bold Font-Size="12pt" ForeColor="ActiveBorder"/>
<asp:TreeNodeStyle  Font-Bold Font-Size="10pt" />
<asp:TreeNodeStyle Font-UnderLine Font-Size="10pt" />
<asp:TreeNodeStyle Font-Size="8pt" />
</LevelStyles>
</asp:TreeView>
```

在皮肤文件中将控件的前景色分别定义成 ActiveBorder 和 Green，并对控件的字体定义成了不同的大小，值得注意的是，有的控件（如 LoginView、UserControl 等）不能用 skin 文件定义外貌。能够定义的控件也只能定义他们的外貌属性，其他行为（如 AutoPostBack 等）不能在这里定义。

05 结合前面讲到的站点导航功能，在配置文件中添加站点提供程序（XmlSiteMap Provider）。读者需要注意的是在同一个主题目录下，不管定义了多少个皮肤文件，系统都会自动将它们合并成为一个文件。

```
<siteMap defaultProvider="XmlSiteMapProvider" enabled="true">
  <providers>
    <clear/>
```

```
        <add  name="XmlSiteMapProvider"  description="Default  SiteMap  provider."
type="System.Web.XmlSiteMapProvider"  siteMapFile="Web.sitemap"  securityTrimming
Enabled="true"/>
        </providers>
    </siteMap>
```

06 为站点添加站点地图文件并做如下配置:

```
<siteMap xmlns="http://schemas.microsoft.com/AspNet/SiteMap-File-1.0">
  <siteMapNode title="Online Services" url="Default.aspx" description="" >
    <siteMapNode url="" title="Application" roles="ADMINISTRATOR,REPRESENTATIVE">
    <siteMapNode url="#1" title="Flexible Work Schedules">
    </siteMapNode>
    <siteMapNode url="#2" title="Deduction From Worker's Salary" >
    </siteMapNode>
    <siteMapNode url="#3" title="Overtime Exemption"  roles="ADMINISTRATOR,
REPRESENTATIVE">
        <siteMapNode url="#4" title="In Excess of 12 Hours a day"  >
        </siteMapNode>
        <siteMapNode url="#5" title="In Excess of 72 hours a month"  >
        </siteMapNode>
    </siteMapNode>
    </siteMapNode>
    <siteMapNode url="" title="Notifications" roles="ADMINISTRATOR,REPRESENTATIVE">
    <siteMapNode url="#6" title="Employment of Young Persons"  >
    </siteMapNode>
    <siteMapNode url="#7" title="Retrenchment Exercise"  >
    </siteMapNode>
    </siteMapNode>
    <siteMapNode url="#8" title="Claims for Notice Pay"  roles="ADMINISTRATOR,
REPRESENTATIVE"></siteMapNode>
    <siteMapNode url="#9" title="Report a breach of Employment Act" roles=
"EMPLOYEE,NTUC"></siteMapNode>
    <siteMapNode url="#10" title="Report on Discriminatory Employment Practices"
roles="EMPLOYEE,NTUC" ></siteMapNode>
    <siteMapNode url="" title="Enquiry"  roles="EMPLOYEE,NTUC" >
    <siteMapNode url="#11" title="Transaction Status" ></siteMapNode>
    </siteMapNode>
```

```
<siteMapNode url="" title="Other Services" roles="*">
  <siteMapNode url="#12" title="E-Appointment"  roles="*" ></siteMapNode>
  <siteMapNode url="#13" title="E-Calculator" roles="*"  ></siteMapNode>
</siteMapNode>
<siteMapNode url="#14" title="Update the ACES Online Account" roles="ADMINI
STRATOR" ></siteMapNode>
  <siteMapNode url="#15" title="Logout"  roles="*" ></siteMapNode>
</siteMapNode>
</siteMap>
```

为了在项目的页面中使用上面定义的主题，需要在页面中增加语句"Theme=[主题目录]"的属性：**<%@ Page Language="C#" Theme ="Theme1".... %>**，在设计阶段，并看不出皮肤文件中定义的作用，只有当程序运行时，在浏览器中才能够看到控件外貌的变化。

07 在测试页面中添加如下代码：

```
<%@ Page Language="C#" AutoEventWireup="true" CodeFile="Default.aspx.cs" Inherits="_Default"
    Theme="Theme1" %>
<!DOCTYPE html PUBLIC "-//W3C//DTD XHTML 1.0 Transitional//EN" "http://www.w3.
org/TR/xhtml1/DTD/xhtml1-transitional.dtd">
<html xmlns="http://www.w3.org/1999/xhtml">
<head runat="server">
  <title>Untitled Page</title>
</head>
<body>
  <form id="form1" runat="server">
    <div>
      <asp:SiteMapDataSource ID="SiteMapDataSource1" runat="server" />
      <asp:TreeView ID="TreeView1" runat="server" DataSourceID="SiteMapData
Source1" NodeWrap="True" Width="100%">
        <NodeStyle Width="100%" />
        <HoverNodeStyle />
        <SelectedNodeStyle />
      </asp:TreeView>
    </div>
  </form>
</body>
</html>
```

设计时的界面如图 2-10 所示。

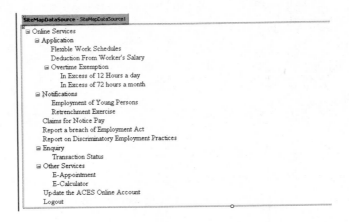

图 2-10

运行时效果如图 2-11 所示。

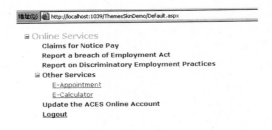

图 2-11

到这一步，一个完整的主题应用例子做完了，还有比如如何在站点主题中使用数据绑定和表达式等特性，读者可以自己试着去应用了。

2.3.3　工作原理解析

不同的主题和皮肤之间的不同主要是由于页面和页面中的控件的样式（包括字体、段落、背景、边框等）、部分图片的不同。传统的完全使用 CSS 来表现不同主题的方案，在处理图片和图片按钮的地方往往心有余而力不足。而在 ASP.NET 2.0 里面一切都已经变得简单。

　　主题和皮肤是.NET Framework 2.0 内建支持的，服务器控件添加了 SkinId 属性，Page 类也添加了 Theme 和 StyleSheetTheme 属性，其目的就是用于优雅地支持 Skin。在应用指定了主题之后，相关的页面会自动链接位于主题目录下的 CSS 文件和 skin 文件，CSS 的用法与传统的用法没有什么区别，而 skin 文件则以一种类似于 CSS 的方式工作，指定了 SkinId 的服务器控件会自动从 skin 文件中加载并附加匹配的属性或样式（最常用的是 Image 和 ImageButton 的 ImageUrl 属性，这样做可以使页面在不同的主题下），这是在服务器端完成的。由于 Skin 文件在使用后是缓存在内存中的，所以效率不会有问题。

2.3.4　Theme 和 StylesheetTheme 的区别

　　Stylesheettheme 和 Theme 这两个用法基本一样，就是执行的优先级不一样，那么它们的区别是什么呢？如果当前页面使用 Theme，则当前页中使用 Theme 风格的控件，不可以再在控件中添加新的风格，而 StylesheetTheme 则相反。Stylesheettheme 和 Theme 属性可以同时应用，其应用方法基本都是一样的，只是执行的优先级不同。如果页面单独使用 Stylesheettheme 属性指定主题，那么内容页内定义的控件属性将覆盖 Sylesheettheme 定义的控件属性；如果页面单独使用 Theme 属性，那么只执行 Theme 属性所定义的主题，内容页内定义的属性将不起作用；如果页面内同时定义 Stylesheettheme 和 Theme 属性指定主题，那么优先级是 Stylesheettheme >>内容页内定义的属性>> Theme；如果页面内同时定义 Stylesheettheme 和 Theme 属性指定主题，那么优先级是 Stylesheettheme >>内容页内定义的属性>>然后才是 Theme，在 SkinFile（SkinFile.skin）可以建 StyleSheet.css 引用 Theme="SkinFile" 就可以用到 StyleSheet.css 中的样式了。

　　总而言之，主题的优势在于，你在设计站点的时候不用考虑它的样式，在将来应用样式的时候，不必更新页面或应用程序代码，就可以轻松实现站点的改头换面。你还可以从外部获取定制的主题，然后应用到自己的应用程序上。同时该样式的设置都存储在一个单独的位置，它的维护与应用程序是分离的。

2.4　使用 Web Parts 技术灵活布局网页

　　众所周知，在 21 世纪的今天，随着科技的高速的发展，互联网也得到了翻天覆地的变化，今天的网站也是无计其数，让人看得眼花缭乱，如何快速、准确地获取自己关心的信息是每个网民最关心的问题。因此网站提供模块化的页面布局和个性化的内容是网民最迫切希望得到的。想象一下，在一个非常大的综合性的新闻门户站点中，如果读者能自己选择阅读喜欢的新闻内容，那是多么美好的事情呢。那么我们如何实现这种个性化的、内容丰富的、具有门户风格的站点呢？答案就是我们在本节即将讨论的 Web Parts。它是 ASP.NET 2.0 中一项令所有页面开发人员都激动的功能，使用它可以快速构建出模块化的、可自定义的 Web 站点。

2.4.1 Web Parts 概述

ASP.NET Web Parts 是一组集成控件，也是一组协同工作的组件，用于创建网站使用户可以直接从浏览器修改网页的内容、外观和行为。这些修改可以应用于网站上的所有用户或个别用户。当用户修改页和控件时，可以保存这些设置以便跨以后的各浏览器会话保留用户的个人首选项，这种功能称为个性化设置。使用这些 Web Parts 功能意味着开发人员可以使最终用户动态地对 Web 应用程序进行个性化设置，而无须开发人员或管理员的干预。通过使用 Web Parts 控件集，开发人员可以让用户获得下列操作。

- 对网页内容进行个性化设置：用户可以像操作普通窗口一样在网页上添加新的 Web Part 控件，或者移除、隐藏或最小化这些控件。

- 对页面布局进行个性化设置：用户可以将 Web Part 控件拖到网页上的不同区域，也可以更改控件的外观、属性和行为。

- 导出和导入控件：用户可以导入或导出 Web Part 控件设置，以用于其他网页或站点，从而保留这些控件的属性、外观甚至是其中的数据，这样可减少对用户的数据输入和配置要求。

- 创建连接：用户可以在各控件之间建立连接。

- 对站点级设置进行管理和个性化设置：授权用户可以配置站点级设置，确定谁可以访问站点或特定的网页，设置对控件的基于角色的访问等。例如，管理员角色中的用户可以将 Web Part 控件设置为由所有用户共享，并禁止非管理员用户对共享控件进行个性化设置。

在实际开发中读者可以使用 Microsoft Visual Studio 2005 创建 Web Part 的页面。这样做的好处是：在可视化设计器中，Web Parts 控件集可提供拖放式创建及配置 Web Part 控件的功能。例如可以使用该设计器将一个 Web Part 区域或 Web Part 编辑器控件拖到设计界面上，然后使用 Web Parts 控件集所提供的用户界面将该控件配置在设计器中的正确位置。这可以加快基于 Web

Part 应用程序的开发速度并减少必须编写的代码量，图 2-12 列举出 Visual Studio 2005 所提供的与 Web Part 开发相关的控件集。

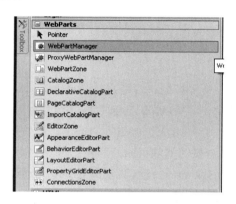

图 2-12　Visual Studio 2005 中所提供的 WebParts 控件集

另外将现有的任意 ASP.NET 控件用作 Web Parts 控件，包括标准的 Web 服务器控件、自定义服务器控件和用户控件，对于快速搭建动态的高度模块化的 Web 站点是一件很轻松愉快的事情，同时也可以大大提高重用的效果。若我们需要通过编程最大限度地控制环境，还可以创建从 WebPart 类派生的自定义 Web Part 控件。在开发单个 Web Part 控件时，通常会创建一个用户控件并将其用作 Web Part 控件，或者开发一个自定义 Web Part 控件。比如我们可以创建一个控件以提供其 ASP.NET 服务器控件所提供的任何功能，这可能对打包为个性化设置的 Web Part 控件十分有用，这样的控件包括日历、列表、财务信息、新闻、计算器、用于更新内容的多格式文本控件、连接到数据库的可编辑网格、动态更新显示的图表或天气和旅行信息。如果对控件提供了可视化设计器，则开发人员只需将控件拖至 Web Part 区域并在设计时对该控件进行配置，而无须另外编写代码。

在 Web 应用程序方案中，可以为用户提供一个完整的解决方案来管理和个性化设置应用程序。这可能包括：一组提供站点所需功能的 Web Part 控件、一组使最终用户可以一致地对用户界面进行个性化设置的一致主题和样式、Web Part 控件目录（用户可以从中选择要显示在页上的控件）、身份验证服务以及基于角色的管理（例如允许管理员用户为所有用户对 Web Part 控件和站点设置进行个性化设置）。

总的来说，Web Parts 是 Microsoft Visual Studio 2005 中 ASP.NET 2.0 的新特性之一，Web Parts

是构建类门户风格应用的框架，它继承自 SharePoint Portal Server 的成熟模式，可以用最小的代码创建更丰富的表现，如用户可以使用拖曳的方式创建页面布局等。与它有关的控件都在 System.Web.UI.WebControls.WebParts 这个命名空间里。

2.4.2　划分页面

Microsoft SharePoint 的开发人员和用户可能会对 Web Parts 比较熟悉，因为 Web Parts 就是 SharePoint 开发环境中的一项标准属性。Web Parts 是控制部分页面的组件。而在 ASP.NET 2.0 中，Web Parts 提供了菜单，用户可以用其来控制组件的动作，例如隐藏、最大化、编辑等。处理 Web Parts 时需要理解的一个关键概念就是页面的划分。一般来说，一个页面会被划分为很多部分，称为区域。在 ASP.NET 2.0 中，Web Parts 的版式设计就是通过区域来控制的。区域的存在是为了对页面上的 Web Part 控件进行布局，并为控件提供公共的用户界面。页面上可以有一个或多个区域，每个区域都可以包含一个或多个 Web Part 控件，并且每个区域都可以具有垂直或水平方向的页面布局。

对于区域中的 Web Part 控件，每个控件都可以显示为控件上的链接、按钮或图片按钮。每个控件在其标题栏中都会有一个显示下拉菜单的按钮。在每个控件的菜单中都会包含一些用于更改该控件特定细节的选项，以及另一些用于执行移动或删除控件及获取帮助等常见操作的选项。比如我们可以制作一些控件（如天气预报控件）允许用户对其进行个性化设置，以便只显示与用户相关的信息。

2.4.3　控件层次

ASP.NET 2.0 中包含了许多控件。当 Web 程序需要使用 Web Parts 时，就要用到这些控件。WebPartManager 就是其中一个重要的控件，使用 Web Parts 就要用到它。对于终端用户来说，这个控件是不可见，它负责管理页面的个性化以及协调 Web Parts 和区域之间的通信。例如它跟踪各个 Web Part 控件，管理 Web Part 区域（页面上包含 Web Part 控件的区域），并管理哪些控件位于哪些区域；它还跟踪并控制页面可使用的不同显示模式（如浏览器、连接、编辑或目录模式）以及个性化设置更改是应用于所有用户还是个别用户。最后它也负责启动 Web Part 控件之间的连接和通信并进行跟踪。每一个使用 Web parts 控件集的页面必须包含一个 WebPartManager 控件，因为一个 WebPartManager 控件不能管理整个应用程序，它只能管理一个页面。如果要在多个页面上使用，我们可以把 WebPartManager 服务器控件放在 Master 页面上，从而避免在每个内容页面上放置一个 WebPartManager 控件的烦琐事情。在使用的过程中，需要注意的是，每个页面仅有一个 WebPartsManager 实例，它没有用户界面，其使用说明如下：

```
<asp: WebPartManager ID="WebPartManager1" runat="server" />
```

- WebPartManger.DisplayMode：设置或者获取页面的显示模式。

- BrowserDisplayMode：正常的显示模式，无法编辑（默认）。

- DesignDisplayMode：允许拖曳式布局模式。

- EditDisplayMode：允许编辑 Web Part 的外观及行为。

- CatalogDisplayMode：允许将 Web Part 添加到另外的页面上。

- ConnectDisplayMode：允许 Web Parts 之间进行通信。

WebPartZone 是下一层次的控件。作为 Web Parts 控件集中的主要控件，其用以承载网页上的 WebPart 控件。它定义了一个项区域，区域充当 Web Part 页上的布局管理器。区域包含并组织从 Part 类派生的控件（Part 控件），并使用户能在水平或垂直方向进行模块化页面布局。此外区域还为所包含的每个控件提供常见的和一致的用户界面元素（如页眉和页脚样式、标题、边框样式、操作按钮等）。它一般是第二个被添加到页面上的控件（存在多个区域时就需要多个这样的控件）。

在 WebPartZone 中我们可以定义各种控件如 Web Controls、UserControls、Custom Controls 等。未实现 IWebPart 接口的控件将封装进 GenericWebParts，而且需要增加一些的属性，如 Title、Description 等。表 2-4 描述我们在创建 Web Part 页面时最常用的一些基本控件。

Web Part 基本控件	说　明
WebPartManager	管理页面上的所有 Web Part 控件。每个 Web Part 页都需要一个（且只需要一个）WebPartManager 控件
CatalogZone	包含 CatalogPart 控件。使用此区域创建 Web Part 控件目录，用户可以从该目录中选择要添加到页面上的控件
EditorZone	包含 EditorPart 控件。使用此区域使用户可以对页面上的 Web Part 控件进行编辑和个性化设置

Web Part 基本控件	说　明
WebPartZone	包含并提供 WebPart 控件（构成页面的主要用户界面）的整体布局。只要你创建具有 Web Part 控件的页面，就会使用此区域。页面中可以包含一个或多个区域
ConnectionsZone	包含 WebPartConnection 控件，并提供用于管理连接的用户界面
WebPart （GenericWebPart）	呈现主要用户界面；大多数 Web Part 用户界面控件属于此类别。若要最大限度地实现编程控制，可以创建从 WebPart 基控件派生自己的自定义 Web Part 控件。此外，还可以将现有服务器控件、用户控件或自定义控件用作 Web Part 控件。只要在区域中放置了上述任意控件，在运行时 WebPartManager 控件就会自动用 GenericWebPart 控件包装这些控件，以便你可以通过 Web Part 功能使用这些控件
CatalogPart	在页面上两个 Web Part 控件之间创建连接。该连接将其中一个 Web Part 控件定义为数据的提供者，而将另一个定义为使用者
EditorPart	用作专用编辑器控件的基类。比如：AppearanceEditorPart、LayoutEditorPart、BehaviorEditorPart 和 PropertyGridEditorPart

2.4.4　部署 Web Parts

Web Parts 提供了不同的模式来控制用户交互，通常来讲包括以下几种：

- 浏览模式，也是默认的模式，同时也是网页使用的标准方式；

- 设计模式，允许用户在页面上拖曳 Web Parts。这种模式总是可用的；

- 编辑模式，允许用户拖曳 Web Parts，也可以选择 Edit 来编辑控件的不同方面。有很多编辑控件提供这样的功能，我们可以把它看作是设计模式的扩展；

- 目录模式，允许用户通过定义的列表添加额外的控件，CatalogZone 控件提供了这一功能；

- 连接模式，允许用户建立控件之间的通信，这一功能是由 ConnectionZone 控件提供的。

这些控件在 ASP.NET 中都是可用的。读者可以根据自己的需要，在应用程序中采取不同的模式。

2.4.5　Web Parts 应用

在许多 Web 应用程序中，能够更改内容的外观以及允许用户选择和排列要显示的内容是非常有用的。ASP.NET Web Part 功能由一组用于创建网页的控件组成，这些控件能显示模块化的内容并允许用户更改外观和内容。在本节我们将提供一个完整的示例，创建一个使用 Web Part 控件集的页面，用于创建用户可以修改或进行个性化设置的网页。本示例具体实现如下任务如下：

- 将 Web Part 控件添加到页面。

- 创建自定义用户控件并将其用作 Web Part 控件。

- 使用户能够对页面上的 Web Part 控件的布局进行个性化设置。

- 使用户能够编辑 Web Part 控件的外观。

- 使用户能够从可用 Web Part 控件的目录中进行选择。

1．创建使用 Web Part 的简单页面

在本小节，我们将创建使用 Web Part 显示静态内容的页面。事实上我们不需要执行任何操作即可启用 Web Part 的个性化设置；默认情况下为 Web Part 控件集启用该功能。当第一次在某个站点上运行 Web Part 页时，ASP.NET 将设置一个默认的个性化设置提供程序来存储用户个性化设置。默认提供程序使用在站点目录的子目录中创建的数据库。下面列举实现的具体步骤：

01 先创建一个完整的页面结构，注意该页包含一个空表，其中有一行、三列。该表将包含稍后添加的 Web Part 控件。其代码结构如下：

```
<form id="form1" runat="server">
    <div>
        <br />
        <table cellspacing="0" cellpadding="0" border="0">
            <tr>
                <td valign="top">
                </td>
                <td valign="top">
                </td>
                <td valign="top">
                </td>
            </tr>
        </table>
    </div>
</form>
```

02 将区域添加到页面，需要注意的是在使用 Web Part 控件的每个页面中都必须使用 WebPartManager 控件。然后在表中添加 Webpartzone 元素。最终页面包含两个区域，读者可以分别对它们进行控制。但是这两个区域中都不包含任何内容，因此下一步就是创建内容。对于例子，将使用只显示静态内容的 Web Part 控件。Web Part 区域的布局将由<zonetemplate>元素指定。在区域模板中，读者可以添加任何 Web 服务器控件，无论它是自定义 Web Part 控件、用户控件还是现有的服务器控件。在本例中我们将使用 Label 服务器控件，并且只向其中添加静态文本。在将常规 ASP.NET 服务器控件置于 WebPartZone 区域中后，ASP.NET 会在运行时将其视为 Web Part 控件，这样您便可以使用标准服务器控件的大部分 Web 部件功能。代码如下：

```
<form id="form1" runat="server">
    <div>
        <asp:WebPartManager ID="WebPartManager1" runat="server" />
        <br />
        <table cellspacing="0" cellpadding="0" border="0">
            <tr>
                <td valign="top">
                    <asp:WebPartZone ID="SideBarZone" runat="server" Header
Text="Sidebar">
                        <ZoneTemplate>
                        </ZoneTemplate>
                    </asp:WebPartZone>
                </td>
                <td valign="top">
                    <asp:WebPartZone ID="MainZone" runat="server" HeaderText
="Main">
                        <ZoneTemplate>
                        </ZoneTemplate>
                    </asp:WebPartZone>
                </td>
                <td valign="top">
                </td>
            </tr>
        </table>
    </div>
</form>
```

03 为区域创建内容。首先在 Main 区域的\<zonetemplate\>元素内，添加一个具有一些内容的\<asp:label\>元素；再在页面的同一目录下添加一个名称为 SearchUserControlCS 的用户控件。现在我们将向 Sidebar 区域添加两个控件：其中一个包含链接列表，而另一个则是我们建的用户控件。这些链接将作为单个标准的 Label 服务器控件进行添加，其方式类似于为 Main 区域创建静态文本。不过虽然用户控件中包含的单个服务器控件可以直接包含在区域中，但在这种情况下却不能包含在区域中。相反，它们是我们创建的用户控件的一部分。这阐释了一种常见方法，使用这种方法可以将需要的任何控件和额外功能打包在用户控件中，然后在区域中将该用户控件作为 Web Part 控件引用。添加的用户控件和标签代码如下：

```
<%@ Control Language="C#" AutoEventWireup="true" CodeFile="SearchUserControl.ascx.cs"
    Inherits="SearchUserControl" %>
<script runat="server">
    private int results;
    [Personalizable]
    public int ResultsPerPage
    {
        get
        { return results; }
        set
        { results = value; }
    }
</script>
<asp:TextBox runat="server" ID="inputBox"></asp:TextBox>
<br />
<asp:Button runat="server" ID="searchButton" Text="Search" />
//添加一个具有一些内容的<asp:label>元素
<asp:Label ID="contentPart" runat="server" title="Content">
        <h2>Welcome to Kim Home Page</h2>
        <p>Use links to visit my favorite sites!</p>
</asp:Label>
```

04 为侧栏区域创建内容。把前面创建的控件添加到区域里来。代码如下：

```
<asp:WebPartZone ID="SideBarZone" runat="server" HeaderText="Sidebar">
        <ZoneTemplate>
            <asp:Label runat="server" ID="linksPart" title="Links">
                <a href="www.cdproclub.com.cn">CDPRO CLUB</a>
```

```
                            <br />
                            <a href="www.cnblogs.com">.NET CLUB</a>
                            <br />
                            <a href="www.newegg.com">Newegg</a>
                            <br />
                        </asp:Label>
                    <a href="~/SearchUserControl.ascx">~/SearchUserControl.ascx</a>
                </ZoneTemplate>
            </asp:WebPartZone>
```

效果图如图 2-13 所示。

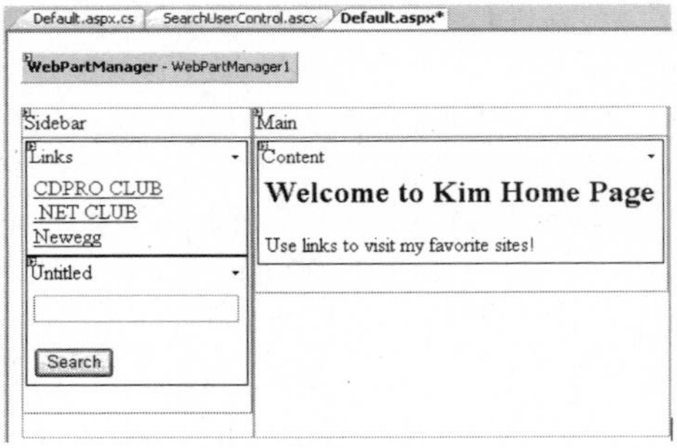

图 2-13

05 测试页面，该页显示两个区域。页上每个控件的标题栏中都将显示一个向下箭头，其中包含一个菜单的下拉菜单。用户可以对服务器控件执行的操作，如关闭、最小化或编辑控件。本例的全部页面代码：

```
<%@ Page Language="C#" AutoEventWireup="true" CodeFile="Default.aspx.cs"
Inherits="_ Default" %>
    <%@ Register Src="SearchUserControl.ascx" TagName="SearchUserControl" TagPrefix="uc1" %>
    <!DOCTYPE html PUBLIC "-//W3C//DTD XHTML 1.0 Transitional//EN" "http://www.
w3.org/TR/ xhtml1/DTD/xhtml1-transitional.dtd">
    <html xmlns="http://www.w3.org/1999/xhtml">
    <head runat="server">
        <title>Untitled Page</title>
    </head>
    <body>
```

```
    <form id="form1" runat="server">
      <div>
        <asp:WebPartManager ID="WebPartManager1" runat="server" />
        <br />
        <table cellspacing="0" cellpadding="0" border="0">
          <tr>
            <td valign="top">
              <asp:WebPartZone ID="SideBarZone" runat="server" Header
Text="Sidebar">
                <ZoneTemplate>
                  <asp:Label runat="server" ID="linksPart" title="Links">
                  <a href="www.cdproclub.com.cn">CDPRO CLUB</a>
                  <br />
                  <a href="www.cnblogs.com">.NET CLUB</a>
                  <br />
                  <a href="www.newegg.com">Newegg</a>
                  <br />
                  </asp:Label>
                  <uc1:SearchUserControl ID="SearchUserControl1" runat=
"server" />
                </ZoneTemplate>
              </asp:WebPartZone>
            </td>
            <td valign="top">
              <asp:WebPartZone ID="MainZone" runat="server" HeaderText
="Main">
                <ZoneTemplate>
                  <asp:Label ID="contentPart" runat="server" title=
"Content">
                  <h2>Welcome to Kim Home Page</h2>
                    <p>Use links to visit my favorite sites!</p>
                  </asp:Label>
                </ZoneTemplate>
              </asp:WebPartZone>
            </td>
            <td valign="top">
            </td>
          </tr>
```

```
            </table>
        </div>
    </form>
</body>
</html>
```

用户可以更改 Web Part 控件的布局，方法是将这些控件从一个区域拖动到另一个区域。此外还可使用户能够编辑控件特性，例如外观、布局和行为。Web Part 控件集为 Web Part 控件提供了基本的编辑功能。当 Web Part 控件的位置发生更改时，对其属性的编辑将依赖于 ASP.NET 个性化设置来保存用户所做的更改。在本例子中，我们将使用户能够编辑页面上所有 Web Part 控件的基本特性。

01 创建启用页布局更改功能的用户控件，下面包含整个页面代码和后代，使用 Web Part 控件集的允许页面更改其视图或显示模式的功能。通过此代码读者还可以在某些显示模式下更改页面的物理外观和布局。

前台页面代码：

```
<%@ Control Language="C#" AutoEventWireup="true" CodeFile="Displaymodemenu.ascx.cs"
    Inherits="Displaymodemenu" %>
    <asp:Panel ID="Panel1" runat="server" BorderWidth="1" Width="230" BackColor="lightgray"
        Font-Names="Verdana, Arial, Sans Serif">
        <asp:Label ID="Label1" runat="server" Text=" Display Mode" Font-Bold="true"
            Font-Size="8" Width="120" />
    <div>
            <asp:DropDownList ID="DisplayModeDropdown" runat="server" AutoPostBack="true" Width="120"
                OnSelectedIndexChanged="DisplayModeDropdown_SelectedIndexChanged" />
            <asp:LinkButton ID="LinkButton1" runat="server" Text="Reset User State" ToolTip="Reset the current user's personalization data for
                the page." Font-Size="8" OnClick="LinkButton1_Click" />
    </div>
        <asp:Panel ID="Panel2" runat="server" GroupingText="Personalization Scope" Font-Bold="true" Font-Size="8" Visible="false">
```

```
        <asp:RadioButton ID="RadioButton1" runat="server" Text="User" AutoPostBack
="true"
                GroupName="Scope" OnCheckedChanged="RadioButton1_CheckedChanged" />
        <asp:RadioButton ID="RadioButton2" runat="server" Text="Shared" AutoPost
Back="true"
                GroupName="Scope" OnCheckedChanged="RadioButton2_CheckedChanged" />
        </asp:Panel>
    </asp:Panel>
```

后代页面代码：

```csharp
using System;
using System.Data;
using System.Configuration;
using System.Collections;
using System.Web;
using System.Web.Security;
using System.Web.UI;
using System.Web.UI.WebControls;
using System.Web.UI.WebControls.WebParts;
using System.Web.UI.HtmlControls;
public partial class Displaymodemenu : System.Web.UI.UserControl
{
    WebPartManager _manager;
    protected void Page_Load(object sender, EventArgs e)
    {
    }
    void Page_Init(object sender, EventArgs e)
    {
        Page.InitComplete += new EventHandler(InitComplete);
    }
    void InitComplete(object sender, System.EventArgs e)
    {
        _manager = WebPartManager.GetCurrentWebPartManager(Page);
        String browseModeName = WebPartManager.BrowseDisplayMode.Name;
        foreach (WebPartDisplayMode mode in
          _manager.SupportedDisplayModes)
        {
```

```
            String modeName = mode.Name;
            if (mode.IsEnabled(_manager))
            {
                ListItem item = new ListItem(modeName, modeName);
                DisplayModeDropdown.Items.Add(item);
            }
        }
        if (_manager.Personalization.CanEnterSharedScope)
        {
            Panel2.Visible = true;
            if (_manager.Personalization.Scope ==
              PersonalizationScope.User)
                RadioButton1.Checked = true;
            else
                RadioButton2.Checked = true;
        }
    }
public void DisplayModeDropdown_SelectedIndexChanged(object sender,
    EventArgs e)
{
    String selectedMode = DisplayModeDropdown.SelectedValue;
    WebPartDisplayMode mode =
     _manager.SupportedDisplayModes[selectedMode];
    if (mode != null)
        _manager.DisplayMode = mode;
}
public void Page_PreRender(object sender, EventArgs e)
{
    ListItemCollection items = DisplayModeDropdown.Items;
    int selectedIndex =
      items.IndexOf(items.FindByText(_manager.DisplayMode.Name));
    DisplayModeDropdown.SelectedIndex = selectedIndex;
}
protected void LinkButton1_Click(object sender, EventArgs e)
{
    _manager.Personalization.ResetPersonalizationState();
}
protected void RadioButton1_CheckedChanged(object sender, EventArgs e)
```

```
    {
        if (_manager.Personalization.Scope ==
          PersonalizationScope.Shared)
            _manager.Personalization.ToggleScope();
    }
    protected void RadioButton2_CheckedChanged(object sender,
      EventArgs e)
    {
        if (_manager.Personalization.CanEnterSharedScope &&
            _manager.Personalization.Scope ==
              PersonalizationScope.User)
            _manager.Personalization.ToggleScope();
    }
}
```

02 使用户能够更改布局,在表中的第三个<td>元素内添加一个<asp:editorzone>元素。添加一个<zonetemplate>元素、一个<asp:appearanceeditorpart>元素和一个<asp:layouteditorpart>元素。然后再将第一步中新建的用户控件拖曳到页面上。

```
<td valign="top">
        <asp:EditorZone ID="EditorZone1" runat="server">
            <ZoneTemplate>
              <asp:AppearanceEditorPart runat="server" ID="AppearanceEditorPart1" />
                <asp:LayoutEditorPart runat="server" ID="LayoutEditorPart1" />
            </ZoneTemplate>
        </asp:EditorZone>
    </td>
```

最终的页面应该显示成如图 2-14 所示。

03 测试布局更改,在浏览器中加载页。单击“显示模式”下拉菜单,再选择“编辑”,将显示区域标题。拖动“链接”控件的标题栏将该控件从 Sidebar 区域拖动到 Main 区域的底部。单击“显示模式”下拉菜单,再选择“浏览”。此页被刷新,区域名称消失,而且“链接”控件保持在你将其定位到的位置。关闭浏览器,然后再次加载该页面。所做更改已保存,以供未来的浏览器会话使用,这说明个性化设置工作正常。在“显示模式”菜单中单击“编辑”。单击箭头以显示“链接”控件上的谓词菜单,再单击“编辑”选项。将显示 EditorZone 控件,同时显示你添加的 EditorPart 控件。在编辑控件的"外观"部分中，将"标题"更改为"收藏夹"，使用"镶边类型"下拉列表选择"只有标题"，然后单击"应用"。图 2-15 是我们编辑 Sidebar 区域的"标题"效果图。

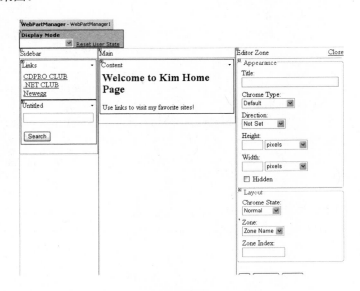

图 2-14

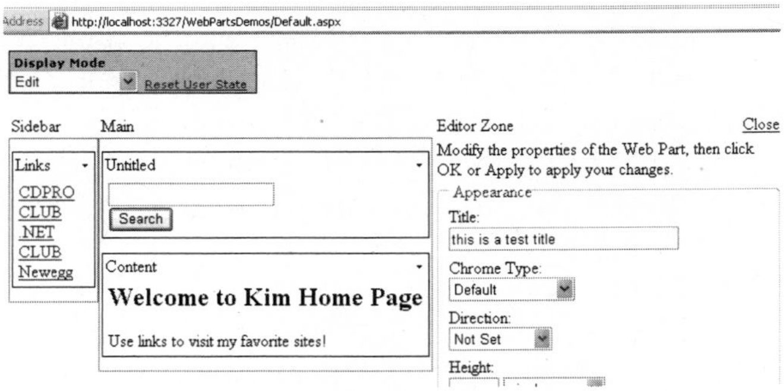

图 2-15

在运行时添加 Web Part，还可以使用户能够在运行时向页面中添加 Web Part 控件，为此我们将使用 Web Part 目录配置页面，该目录包含希望用户可以使用的 Web Part 控件的列表。在本例中，我们将创建一个包含 FileUpload 和 Calendar 控件的模板。这样读者便可以测试目录的基本功能，但是得到的 Web Part 控件将不具有任何实际的功能。读者可以使用自定义 Web Part 或用户控件，来替代静态内容。

01 使用户能够在运行时添加 Web Part，在 default.aspx 页面文件也就是我们的测试页面中，添加以下内容：在表中第三列的<asp:editorzone>元素的下方添加<asp:catalogzone>元素。添加一个<zonetemplate>元素，并在该元素中添加一个 <asp:declarativecatalogpart> 元素和一个 <webpartstemplate> 元素。添加一个<asp:fileupload>元素和一个<asp:calendar>元素。代码如下（EditorZone 和 CatalogZone 控件可以同时位于同一个表单元格中，因为它们并不同时显示）：

```
<asp:CatalogZone ID="CatalogZone1" runat="server" HeaderText="Add Web Parts">
    <ZoneTemplate>
      <asp:DeclarativeCatalogPart ID="catalogpart1" runat="server" Title="My
Catalog">
            <WebPartsTemplate>
                <asp:FileUpload runat="server" ID="upload1" title="Upload
Files" />
                <asp:Calendar runat="server" ID="cal1" Title="Team Calendar" />
            </WebPartsTemplate>
        </asp:DeclarativeCatalogPart>
    </ZoneTemplate>
  </asp:CatalogZone>
```

02 测试 Web Part 目录，在浏览器中加载页。单击"显示模式"下拉菜单，再选择"目录"。将显示名为"添加 Web Part"的目录。效果如图 2-16 所示。

图 2-16

本节提供了在 ASP.NET 网页上使用 Web Part 控件的基本示例。正如在前面所述，Web Part 控件的应用包括三大方面；其中基于 Web Part 控件的 Web 控件开发与创建基于 Web Part 的完整的、可个性化设置的 Web 应用程序是较复杂的应用，在上面的例子中都得到了体现。

2.5 小结

本章包含了 ASP.NET 2.0 中众多知识点的讲解，也附带对 ASP.NET 3.5 的部分特性做了介绍。从站点导航、母版页、主题和皮肤到 Web Parts。在内容安排上，尽量使每个小节的知识点浅显易懂，同时也列举了大量的实例来说明每个新特性的使用方法和思路，以使读者能更加快速地理解和掌握这些新特性，投入到项目实践中去。编程本身的重点不在语言的新旧和实现某一个功能的技巧，而是重点在于编程的思想上。所以我们在前面章节中尽量避免用过多的时间来讲解这一系列的新特性。在后续的章节中我们会逐渐偏向在 Web 开发中的开发框架和设计模式等内容。紧接着下一章我们将讲述在 Web 开发中的数据访问技术，希望读者朋友们能从中获益。

03

Web 开发中的数据访问技术

本章将首先介绍数据访问的一些基本概念和原理，再重点对.NET 下的核心数据访问技术 ADO.NET 的各方面进行介绍，也涉及了 Web 开发中的数据绑定技术和 O/R Mapping 技术，之后介绍了如何使用事务机制来保证数据访问过程中的完整性。

3.1 数据访问概述

数据访问即是通过特定 API，从数据库中获取和检索数据，保存和修改数据库中的数据，删除和清除数据库中的某些数据，以及进行一些额外的操作。一般而言，数据访问就是对数据库中的数据进行 CRUD 操作：Create（创建）、Retrieve（检索）、Update（更新）和 Delete（删除）。

自从数据库技术诞生以来，数据访问技术就成为应用程序开发的一项重要技术。随着数据库技术的不断发展，数据访问技术也在不断进步。

3.1.1 数据访问技术的发展

从数据库技术诞生到现在，已经有了数十年的历史，相应地，从最早的读写磁盘文件开始，数据访问技术也不断地推陈出新，变得越来越丰富。

在数据库出现的早期，开发人员只需要了解正在使用的数据库产品的详尽知识。不同的数据库厂商会提供不同的访问接口——原生底层 API，开发人员需要针对每种数据库学习不同的访问技术，比如 DB2 系统的 CLI Library 或是 Oracle 的 OCI Library，以及 SQL Server 的 SQL-DMO 等。后来，业界意识到，直接使用数据库各自 API 的方式来访问数据，需要针对不同数据库学习不同的 API 写法，对于迁移数据库平台和保证代码复用方面都不够理想。所以，通用的数据访问中间件技术孕育而生。ODBC（Open Database Connectivity：开放数据库连接）是最为著名的一个通用数据访问中间件技术。

类似地，在微软平台下的技术还有：DAO、RDO、OLE DB、ADO 和 RDS，以及和.NET 平台共同推出的 ADO.NET。非微软平台下，著名的有 JDBC。

以上的数据访问技术是随着关系型数据库共同发展起来的。它们的一个显著特征就是这些中间件的 API 和对象模型，都和关系数据库的处理方式保持一致，都具有表、查询和数据集等概念。然而随着软件开发技术的不断发展，尤其面向对象技术的广泛运用，数据和程序之间出现了不协调。为了解决这个所谓的"阻抗匹配"问题，对象数据库被提了出来。对应对象数据库的访问技术实际上就是特定对象数据库产品所带（内置）的对象访问 API。这种模式又有点类似早期的数据库底层 API 的形式了。解决了程序和数据不协调的问题，又出现了老问题——针对不同的对象数据库产品，需要学习不同 API（当然对象数据库访问 API 的学习成本比关系数据库的原生底层 API 要低得多）。

由于关系数据库的性能、稳定性、市场份额和厂商支持都要比对象数据库好得多，很多软件系统也是构建于关系数据库上的。所以，为了既获得面向对象处理数据的优点，又能保持原有数据库平台的稳定，一种新的数据访问技术被提了出来——对象关系映射技术（O/R Mapping，有时候也称作 O/R Mapper）。

但需要注意的是，对象关系映射技术（ORM）只是构建于原有面向关系数据库的数据访问中间件的一种技术，主要目的是用于协调程序代码的对象模型和数据库中数据，但是这种技术本质上还是一种中间件技术。

最后，我们可以得到下面的一个数据访问技术发展图（如图 3-1 所示）。

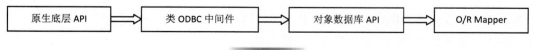

图 3-1

3.1.2　主流数据访问技术的介绍和比较

主流的数据访问技术根据开发平台的不同主要分为两个体系：微软体系和 Java 体系。

1. 微软体系

- ODBC（Open Database Connectivity）：这是第一个使用 SQL 访问不同关系数据库的数据访问技术。使用 ODBC 应用程序能够通过同样的命令操纵不同类型的数据库，而开发人员需要做的仅仅只是针对不同的应用加入相应的 ODBC 驱动。

- DAO（Data Access Objects）：不像 ODBC 那样是面向 C/C++ 程序员的，它是微软提供给 Visual Basic 开发人员的一种简单的数据访问方法，用于操纵 Access 数据库。

- RDO（Remote Data Object）：在使用 DAO 访问不同的关系型数据库的时候，Jet 引擎不得不在 DAO 和 ODBC 之间进行命令的转化，导致了性能的下降，而 RDO（Remote Data Objects）的出现就顺理成章了。

- OLE DB：随着越来越多的数据以非关系型格式存储，需要一种新的架构来提供这种应用和数据源之间的无缝连接，基于 COM（Component Object Model）的 OLE DB 应运而生了。

- ADO：基于 OLE DB 之上的 ADO 更简单、更高级、更适合 Visual Basic 程序员，同时消除了 OLE DB 的多种弊端，取而代之的是微软技术发展的趋势。

- ADO.NET：微软在 .NET 框架中提出的全新的数据访问模型。

- LINQ to SQL 和 ADO.NET EF（Entity Framework）：微软下一代基于 ADO.NET 之上构建的类似 ORM 技术的高层数据访问技术。

2. Java 体系

- JDBC（Java Database Connectivity：Java 数据库连接），其分为如下 4 种规范：

  - Type 1：这类驱动程序将 JDBC API 作为到另一个数据访问 API 的映射来实现，如开放式数据库连通性（Open Database Connectivity，ODBC）。这类驱动程序通常依赖本机库，这限制了其可移植性。JDBC-ODBC 驱动程序就是 Type 1 驱动程序的最常见的例子。

> ➤ Type 2：这类驱动程序部分用 Java 编程语言编写，部分用本机代码编写。这些驱动程序使用特定于所连接数据源的本机客户端库。同样，由于使用本机代码，所以其可移植性受到限制。

> ➤ Type 3：这类驱动程序使用纯 Java 客户机，并使用独立于数据库的协议与中间件服务器通信，然后中间件服务器将客户机请求传给数据源。

> ➤ Type 4：这类驱动程序是纯 Java，实现针对特定数据源的网络协议。客户机直接连接至数据源。目前，有关 JDBC 最新的工业规范是 JDBC 3.0，http://www.jcp.org/en/jsr/detail?id=54 JSR54，这是在 JCP 上的规范。

- Hibernate：Hibernate 是一个开源的数据访问 ORM 中间件，是 Java 应用和关系数据库之间的桥梁，它负责 Java 对象和关系数据之间的映射。Hibernate 内部封装了通过 JDBC 访问数据库的操作，向上层应用提供了面向对象的数据访问 API。

- JDO：Java 数据对象 (JDO) 是一个存储 Java 对象的规范。它已经被 JCP 组织定义成 JSR12 规范，它为 Java Data Object 的简称，也是一个用于存取某种数据仓库中的对象的标准化 API。JDO 提供了透明的对象存储，因此对开发人员来说，存储数据对象完全不需要额外的代码（如 JDBC API 的使用）。这些烦琐的例行工作已经转移到 JDO 产品提供商身上，使开发人员解脱出来，从而集中时间和精力在业务逻辑上。另外，JDO 很灵活，因为它可以在任何数据底层上运行。JDBC 只是面向关系数据库（RDBMS）JDO 更通用，提供到任何数据底层的存储功能，比如关系数据库、文件、XML 及对象数据库（ODBMS）等，使得应用可移植性更强。

下面，重点比较一下在微软体系下的两种重要数据访问技术 ADO 和 ADO.NET：

ADO 以 Recordset 存储，而 ADO.NET 则以 DataSet 表示。Recordset 看起来更像单张数据表，如果让 Recordset 以多表的方式表示就必须在 SQL 中进行多表连接；而 DataSet 可以是多个表的集合。ADO 的运作是一种在线方式，这意味着不论是浏览还是更新数据都必须是实时的；而 ADO.NET 则使用离线方式，在访问数据的时候 ADO.NET 会导入并以 XML 格式维护数据的一份副本，ADO.NET 的数据库连接也只有在这段时间需要在线。

此外，由于 ADO 使用 COM 技术，这就要求所使用的数据类型必须符合 COM 规范，而

ADO.NET 基于 XML 格式，数据类型更为丰富并且不需要再做 COM 编排导致的数据类型转换，从而提高了整体性能。

图 3-2 即描绘了 ADO 技术的体系结构。而图 3-3 则描绘了 ADO.NET 技术的体系结构。

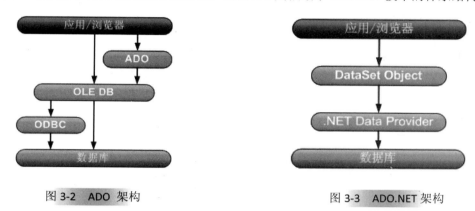

图 3-2　ADO 架构　　　　　　　　图 3-3　ADO.NET 架构

下面的示例代码显示了 ADO 和 ADO.NET 之间的显著差异：

ADO Code

```
<!--#include file="adovbs.inc"-->
<%
Dim connStr, rs
connStr = "Provider=SQLOLEDB.1;Persist Security Info=False;User ID=sa;Initial
Catalog=pubs;Data Source=localhost"
SET rs= Server.CreateObject("ADODB.Recordset")
rs.Open "Authors", connStr, adOpenForwardOnly, adLockOptimistic, adCmdTable
WHILE NOT rs.EOF
response.write rs("au_fname") & "," & rs("au_lname") & "<br>"
rs.moveNext
END
SET rs=nothing %>
```

ADO.NET Code

```
Dim sql AS String = "SELECT * FROM Authors"
Dim conn AS New SqlConnection("server=localhost; uid=sa; password=; database=pubs")
Dim comm AS New SqlCommand(sql, conn)
Dim DataAdapter AS New SqlDataAdapter(comm)
```

```
Dim ds AS New DataSet()
conn.Open()
DataAdapter.Fill(ds, "Authors_table")
conn.Close()
```

3.1.3 数据访问模式

1. 模式 1——在线访问（如图 3-4 所示）

在线访问是最基本的数据访问模式，也是以前在实际开发过程中最常采用的。这种数据访问模式会占用一个数据库连接，读取数据，每个数据库操作都会通过这个连接不断地与后台的数据源进行交互。早期的数据访问技术都使用的是这种模式，如 ODBC，ADO，JDBC 1.0 等。具体表现示意如图 3-4 所示。

2. 模式 2——Data Access Object（如图 3-5 所示）

DAO 模式是标准 J2EE 设计模式之一，开发人员常常用这种模式将底层数据访问操作与高层业务逻辑分离开。一个典型的 DAO 实现通常有以下组件：一个 DAO 工厂类、一个 DAO 接口、一个实现了 DAO 接口的具体类和数据传输对象（有时称为值对象）。这当中具体的 DAO 类包含了特定数据源的访问逻辑。具体表现示意如图 3-5 所示。

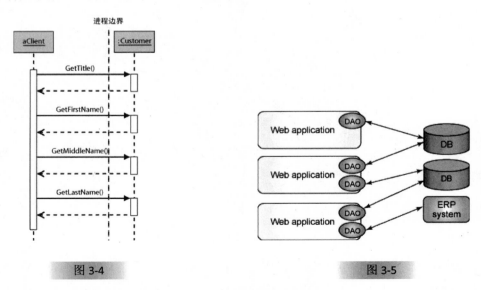

图 3-4   图 3-5

3. 模式 3——Data Transfer Object（如图 3-6 所示）

Data Transfer Object 也是经典 EJB 设计模式之一，用于解决在线访问模式和 DAO 模式中值对象的诸多问题。　DTO 本身是这样一组对象或是数据的容器，它需要跨不同的进程或网络的边界来传输数据。这类对象本身应该不包含具体的业务逻辑，并且通常这些对象内部只能进行一些诸如内部一致性检查和基本验证之类的方法，而且这些方法最好不要再调用其他的对象行为。具体表现示意如图 3-6 所示。

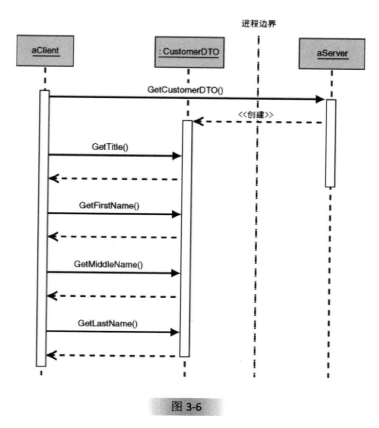

图 3-6

在具体设计这类对象(DTO)的时候，通常可以有两种选择：

（1）使用编程语言内置的集合对象。

（2）通过创建自定义类来实现 DTO 对象。

具体实现中有许多方法试图将上述这两种方法的优点结合在一起。第一种方法是代码生成技术，该技术可以生成脱离现有元数据（如可扩展标记语言（XML）架构）的自定义 DTO 类的源代码；第二种方法是提供更强大的集合，尽管它也是平台内置的一般的集合，但它将关系和数据类型信息与原始数据存储在一起，比如 IBM 提出的 SDO 技术或是微软 ADO.NET 中的 DataSet 就支持这类方法。

无论采用上述的哪种方法，当有了 DTO 对象之后，就需要用数据来填充它。在大多数情况下，DTO 内部填充的数据往往来自于多个其他种类的对象；由于 DTO 对象中很少有具体的数据操作方法，因此它很难从其他对象中直接提取数据。这种设计是有道理的，因为如果不让 DTO 对象知道如何调用其他对象的方法，我们就可以在不同的场合直接重用 DTO 对象，这样一旦其他对象发生更改，我们无须修改 DTO 对象的设计。

4．模式 4——离线数据模式

离线数据模式是这样一种数据访问模式。

- 以数据为中心：数据从数据源获取之后，将按照某种预定义的结构（这种结构可以是 SDO 中的 Data 图表结构，也同样可以是 ADO.NET 中的关系结构）存放在系统中，成为应用的中心。

- 离线：对数据的各种操作独立于各种与后台数据源之间的连接或者事务。

- 与 XML 集成：离线数据集所维护的数据可以方便地与 XML 格式的文档之间互相转换。

- 独立于数据源：离线数据模式的不同实现定义了数据的各异的存放结构和规则，这些都是独立于具体的某种数据源的。

现在，离线数据访问技术有多种实现：

- WebSphere 平台中的实现——SDO。

- 在 JDBC v3.0 规范中支持的 CachedRowSet。

- 微软 .NET 框架下的 ADO.NET 技术。

5．模式 5——对象/关系映射（O/R Mapping: Object/Relation Mapping）

ORM 以一种特殊的访问模式最近流行起来，现在已经成为一种重要的数据访问技术。下面会对 ORM 进行详细介绍。

3.2　ADO.NET

3.2.1　ADO.NET 介绍

Microsoft 在开始设计.NET 框架时，对于数据访问的技术，没有进一步扩展 ADO，而是设计了一个新的数据访问框架 ADO.NET，只是保留了 ADO 这个缩写词。ADO.NET 相对 ADO 来说，具有如下 3 个方面的优点：

（1）提供了断开的数据访问模型，这对 Web 环境至关重要。

（2）提供了与 XML 的紧密集成。

（3）提供了与 .NET 框架的无缝集成（例如，兼容基类库类型系统）。

图 3-7 所示的是 ADO.NET 的构架。

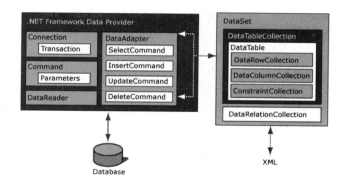

图 3-7

由图 3-7 可知，整个 ADO.NET 由两个部分构成：

（1）.NET 数据提供程序（.NET Data Provider）。.NET 数据提供程序根据需要交互的特定数据库系统实现 ADO.NET 所规定的接口。一个.NET 数据提供程序又包含 4 个主要组件：

- Connection 对象，用于连接数据源。

- Command 对象，对数据源执行命令。

- DataReader 对象，在只读和只写的连接模式下从数据源读取数据。

- DataAdapter 对象，从数据源读取数据并使用所读取的数据填充数据集对象。

（2）目前在.NET 平台中包含如下.NET 数据提供程序：

- SQL Server .NET 数据提供程序。

- OLE DB .NET 数据提供程序。

- ODBC .NET 数据提供程序。

- Oracle .NET 数据提供程序（需要 Oracle client 的支持）。

- SQLite .NET 数据提供程序（非官方，由 sqlite.phxsoftware.com 提供）。

- PostgreSQL .NET 数据提供程序（非官方，由 pgfoundry.org/projects/npgsql 提供）。

- MySQL .NET 数据提供程序（非官方，由 crlab.com/mysqlnet 提供）。

（3）数据集（DataSet）。DataSet 是支持 ADO.NET 的断开式、分布式数据方案的核心对象。DataSet 是数据的内存驻留表示形式，无论数据源是什么，它都会提供一致的关系编程模型。它利用 XML 能够表示多种不同的数据源，并管理数据和应用程序之间的交互过程。DataSet 代表的是整个数据的集合，包括相关的表、约束和表之间的关系。图 3-8 所示的是 DataSet 对象模型图。

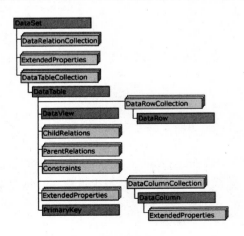

图 3-8

3.2.2　ADO.NET 2.0 的新特性

ADO.NET 2.0 相对 ADO.NET 1.0 和 ADO.NET 1.1 有了很大的进步，主要表现在如下方面：

（1）异步处理：SqlCommand 类，对原有的 ExecuteNonQuery、ExecuteReader 等方法提供了用于异步处理的 Begin+* 和 End+* 方法，如对于 ExecuteNonQuery 来说，就额外有 BeginExecuteNonQuery 和 EndExecuteNonQuery 方法。

（2）针对 Microsoft SQL Server 2005 的新特性：支持 SQL Server 2005 中的新数据类型（varchar(max), nvarchar(max), varbinary(max)），支持 SQL Server 2005 中的用户定义类型（user-defined data types (UDTs)），支持 SQL Server 2005 中的数据库镜像功能，支持修改 SQL Server 2005 中的数据库密码，针对 SQL Server 2005 进行了事务处理的优化。

（3）批处理：从 DataSet 更新数据的时候，使用批处理可以减少到数据库的往返次数。要使用批处理，只需要设置 DataAdapter 类的新属性 UpdateBatchSize 的值。

（4）DataSet 和 DataTable 增强：在 ADO.NET 2.0 对 DataSet 和 DataTable 的功能进行极大的加强。

- DataTableReader：通过 DataTableReader，可以对 DataSet 或 DataTable 中的数据进行只读只写的访问，这样效率更好。要创建 DataTableReader，只需要调用 DataSet 或 DataTable 的 CreateDataReader。

- 新的索引引擎：提高了 DataSet 中数据排序、查找的效率。

- 二进制序列化：在用 Remoting 二进制传输通道传输 DataSet 和 DataTable 的时候实现了真正的二进制序列化，这样提高了传输效率。通过设置 DataSet 的 RemotingFormat 属性为 Binary 就可以启用二进制序列化。

- DataTable 作为独立对象：以前在 DataSet 的一些方法中，现在可以给 DataTable 单独使用。如通过 ReadXml 和 WriteXml 方法，DataTable 可以独立保存为 XML 文件，而无须依赖 DataSet 的存在。

- 从 DataView 创建 DataTable：通过调用 DataView 的 ToTable 方法，可以根据当前 DataView

所具有的数据创建一个新的 DataTable。

- 行状态控制：新的 SetAdded 和 SetModified 方法，可以编辑 DataRow 的行状态，方便更好地处理数据。

（6）提供程序独立模型（Provider Independent Model）：基于工厂模式（Factory design pattern）通过 System.Data.Common 命名空间提供的一系列类，可以编写独立于数据源的通用数据访问代码。创建核心类 DbProviderFactory 的实例后，传入特定的连接字符串信息，DbProviderFactory 的实例可以返回特定的强类型的对象，如 SqlDataAdapter 或者 OracleDataAdapter。

3.2.3　Visual Studio 2005 for ADO.NET 2.0

在 Visual Studio 2005 中提供了很多新特性用于开发应用程序来快捷的访问数据。新特性包括：

- 加强了的数据源窗口（Data Source Window）。现在通过数据源窗口可以轻松地配置数据源连接到数据库、Web Service、对象集合、Access 文件以及本地的 SQL Server Express 数据库文件，支持从数据源窗口中拖放某个表、存储过程和视图到窗体，以自动实现数据到控件的自动绑定。

- 针对 ASP.NET 添加了数据源控件（Data Source Controls）。通过数据源控件可以把 ASP.NET 的控件方便地绑定到 SQL Server 数据库、Access 数据库、对象集合、Xml 文件和站点结构数据（SiteMap）。

- 加强了 DataSet 设计器（DataSet Designer），支持新的 TableAdapter 的设计，TableAdapter 是混合了以前 DataTable 和此 DataTable 相关 CRUD 命令（Command）的组合对象。另外，还能添加单独的查询（Query），从而自动生成访问代码。目前使用.NET 2.0 的新特性分部类（Partial Class），可以把自动生成的代码和手动编写的代码分别存放，利于管理。

- 针对 ASP.NET 的一些额外添加了几个新的数据控件：GridView、DetailsView、FormView、TreeView 和 Menu。这些控件都能很好地和数据源控件协作，能轻易地编写出显示和编辑数据的页面。添加了"App_Data"文件夹用于保存本地的 SQL Server Express 数据库文件或 Access 数据库文件。

3.3　对象关系映射技术

对象关系映射，即 O/R Mapping（Object Relational Mapping）是一种访问数据的规范，是作为应用程序和数据库之间的桥梁，让应用程序开发能更自然地使用面向对象的技术。

3.3.1　什么是 Object Relational Mapping

目前的行业应用程序绝大多数都是构建于关系数据库之上的。随着技术的不断发展，面向对象技术在软件开发中已经应用广泛，但是数据库技术还停留在关系数据库上，由此产生的程序和数据的不匹配，或者说"阻抗匹配"越来越明显。这种"阻抗匹配"表现在两个方面：

（1）数据库的焦点在于表、行、索引和基于键的关系。

（2）对象的焦点在于对象图、继承、多态和属性，及基于对象的关系。

而对象关系映射的出现就是为了解决这个匹配问题。基本功能就是：

（1）提供一种方法自动映射对象到数据库，反之亦然。

（2）可以从简单处理单表到单对象，也可以支持多对象到多表的映射，并提供对象缓存等特性。

O/R Mapping 工具和框架应该具有的一些特性：

- 支持所有的关系类型（1-1，1-n，n-n）。

- 支持事务。

- 支持映射单对象到多表，反之亦然。

- 支持对象继承。

- 支持对象缓存。

- 支持优化查询。

- 支持延后加载。

- 支持多种 RDBMSs。

- 具有管理的图形界面。

- 在内存中支持过滤（避免对数据库的往返操作）。

- 支持对象查询语言。

- 支持混合的键。

- 支持多种类型主键（自增，Guid，等等）。

3.3.2　.NET 下的 O/R Mapping 框架的介绍和简单方法

O/R Mapping 框架首选在 Java 世界流行，随后在.NET 推出后，一些在 Java 上的著名的 O/R Mapping 框架，如 Hibernate 被移植到了.NET 下。另外一些原创的.NET O/R Mapping 框架也被逐步开发出来。下面就来介绍几个重要 O/R Mapping 框架。

1．NHibernate

NHibernate 应该是大家最熟悉的.NET O/R Mapping 框架。它来自 Java 上著名且广泛使用的 Hibernate。NHibernate 采用 XML 文件配置的方式，为每个对象都需要提供一个映射文件。在定义了对象的数据结构和 XML 映射文件后，NHibernate 就自动产生 SQL 语句，并确保对象提交到正确的表和字段中去，大量减少开发时人工使用 SQL 和 ADO.NET 处理数据的时间。NHibernate 可以帮助消除或者包装那些针对特定数据库的 SQL 代码，并且把结果集从表格的表示形式转换到一系列的对象去。

下面是一个映射的例子：

```
（对象结构定义 User.cs）
public class User
{
    public User()
    {
```

```
        }
        private string id;
        private string userName;
        private string password;
        private string emailAddress;
    private DateTime lastLogon;
        public string Id
        {
            get { return id; }
            set { id = value; }
        }
        public string UserName
        {
            get { return userName; }
            set { userName = value; }
        }
        public string Password
        {
            get { return password; }
            set { password = value; }
        }
        public string EmailAddress
        {
            get { return emailAddress; }
            set { emailAddress = value; }
        }
        public DateTime LastLogon
        {
            get { return lastLogon; }
            set { lastLogon = value; }
        }
    }
```

（映射文件定义 User.hbm.xml）

```
<?xml version="1.0" encoding="utf-8" ?>
<hibernate-mapping xmlns="urn:nhibernate-mapping-2.0">
  <class name="NHibernateWebDemo.Model.User, NHibernateWebDemo.Model" table=
"users">
    <id name="Id" column="LogonId" type="String" length="20">
```

```
    <generator class="assigned" />
  </id>
  <property name="UserName" column= "Name" type="String" length="40"/>
  <property name="Password" type="String" length="20"/>
  <property name="EmailAddress" type="String" length="40"/>
  <property name="LastLogon" type="DateTime"/>
 </class>
</hibernate-mapping>
```

在定义了对象和 XML 映射文件后，就可以利用 NHibernate 来持久化对象到数据库了。

得到配置对象：

```
Configuration config=new Configuration();
```

得到会话工厂对象：

```
ISessionFactory factory = config.BuildSessionFactory();
```

得到会话对象：

```
ISession session = factory.OpenSession();
```

如果有必要，就启用事务对象：

```
ITransaction trans = session.BeginTransaction();
```

创建 User 的实例，保存到数据库中，并提交事务：

```
User obj=new User();
obj. UserName="zyg";
session.Save(obj);
trans.Commit();
```

2．Castle ActiveRecord

Castle 是一个混合 IoC（反转控制器）框架、O/R Mapping 框架和 Web MVC 框架的一个开源项目（本书后面章节会详细谈到 Castle）。目前，Castle 已经发布了 RC3，可以到 http://www.castleproject.org/下载。

ActiveRecord 是 Castle 项目基于 NHibernate 开发的一套 O/R Mapping 框架。与 NHibernate 的重要区别在于 ActiveRecord 无须 HBM 映射文件，使用 Attribute 来描述对象到数据库的映射关系，且 ActiveRecord 使用了 Martin Fowler 在《Patterns of Enterprise Application Architecture》中提到的 Active Record 模式来作为中心设计思想。

下面我们看看 ActiveRecord 的一个例子：

```
[ActiveRecord]
public class User : ActiveRecordBase<User>
{
    private int id;
    private string username;
    private string password;
    public User()
    {
    }
    public User(string username, string password)
    {
        this.username = username;
        this.password = password;
    }
    [PrimaryKey]
    public int Id
    {
        get { return id; }
        set { id = value; }
    }
    [Property]
    public string Username
    {
        get { return username; }
        set { username = value; }
    }
    [Property]
    public string Password
    {
        get { return password; }
```

```
        set { password = value; }
    }
}
```

在定义对象的结构后，就可以直接使用了：

初始化 ActiveRecord：

```
XmlConfigurationSource source = new XmlConfigurationSource("appconfig.xml");
ActiveRecordStarter.Initialize( source, typeof(User) );
```

通过 ActiveRecord 自动在数据库中创建对应表：

```
ActiveRecordStarter.CreateSchema();
```

创建一个用户：

```
User user = new User("admin", "123");
user.Create();
```

修改一个用户的信息：

```
user.Username="administrator";
user.Update();
```

3. iBATIS.NET

iBATIS.NET 也是由 Java 中的著名的 iBATIS 框架移植过来的。这个框架有两个主要的组成部分：一个是 SQL Maps，另一个是 Data Access Objects。第一部分就是针对 O/R Mapping 的一种实现。但严格来说，iBATIS.NET 并不算真正的 O/R Mapping 框架，它主要目的是在于系统模型对象与 SQL 之间的映射关系。也就是说，iBATIS.NET 并不会为程序员在运行期自动生成 SQL 执行。具体的 SQL 需要程序员编写，然后通过映射配置文件，将 SQL 所需的参数，以及返回的结果字段映射到指定模型对象中。这种方式相对 NHibernate 更具灵活性，给开发人员更多的自由空间去控制映射的过程。下面我们来看一个例子。

创建一个数据表：

字段名称	数据类型	大　小	是否为空
PER_ID	Long Integer	4	No
PER_FIRST_NAME	nvarchar	40	No
PER_LAST_NAME	nvarchar	40	No
PER_BIRTH_DATE	DateTime	8	Yes
PER_WEIGHT_KG	float	8	Yes
PER_HEIGHT_M	float	8	Yes

定义一个实体类：

```
[Serializable]
    public class Person
    {
        private int id;
        private string firstName;
        private string lastName;
        private DateTime? birthDate;
        private double? weightInKilograms;
        private double? heightInMeters;
        public Person() { }
        public int Id
        {
            get { return id; }
            set { id = value; }
        }
        public string FirstName
        {
            get { return firstName; }
            set { firstName = value; }
        }
        public string LastName
        {
            get { return lastName; }
            set { lastName = value; }
        }
        public DateTime? BirthDate
        {
            get { return birthDate; }
```

```
        set { birthDate = value; }
    }
    public double? WeightInKilograms
    {
        get { return weightInKilograms; }
        set { weightInKilograms = value; }
    }
    public double? HeightInMeters
    {
        get { return heightInMeters; }
        set { heightInMeters = value; }
    }
}
```

编写映射文件，在映射文件中书写 SQL 语句：

```xml
<?xml version="1.0" encoding="utf-8" ?>
<sqlMap namespace="Person" xmlns="http://ibatis.apache.org/mapping"
xmlns:xsi="http://www.w3.org/2001/XMLSchema-instance" >
<alias>
    <typeAlias alias="Person" type="IBatisNetDemo.Domain.Person,IBatisNetDemo" />
</alias>
<resultMaps>
    <resultMap id="SelectAllResult" class="Person">
        <result property="Id" column="PER_ID" />
        <result property="FirstName" column="PER_FIRST_NAME" />
        <result property="LastName" column="PER_LAST_NAME" />
        <result property="BirthDate" column="PER_BIRTH_DATE" />
        <result property="WeightInKilograms" column="PER_WEIGHT_KG" />
        <result property="HeightInMeters" column="PER_HEIGHT_M" />
    </resultMap>
</resultMaps>
<statements>
    <select id="SelectAllPerson" resultMap="SelectAllResult">
    select
    PER_ID,
    PER_FIRST_NAME,
    PER_LAST_NAME,
```

```
    PER_BIRTH_DATE,
    PER_WEIGHT_KG,
    PER_HEIGHT_M
    from PERSON
  </select>
  <select id="SelectByPersonId" resultClass="Person" parameterClass="int">
    select
    PER_ID,
    PER_FIRST_NAME,
    PER_LAST_NAME,
    PER_BIRTH_DATE,
    PER_WEIGHT_KG,
    PER_HEIGHT_M
    from PERSON
    where PER_ID = #value#
  </select>
  <insert id="InsertPerson" parameterclass="Person" >
    <selectKey property="Id" type="post" resultClass="int">
      ${selectKey}
    </selectKey>
    insert into Person
    ( PER_FIRST_NAME,
    PER_LAST_NAME,
    PER_BIRTH_DATE,
    PER_WEIGHT_KG,
    PER_HEIGHT_M)
    values
    (#FirstName#,#LastName#,#BirthDate#, #WeightInKilograms#, #HeightInMeters#)
  </insert>
  <update id="UpdatePerson"
              parameterclass="Person">
    <![CDATA[ update Person set
    PER_FIRST_NAME =#FirstName#,
    PER_LAST_NAME =#LastName#,
    PER_BIRTH_DATE =#BirthDate#,
    PER_WEIGHT_KG=#WeightInKilograms#,
    PER_HEIGHT_M=#HeightInMeters#
    where
```

```
    PER_ID = #Id#  ]]>
  </update>
  <delete id="DeletePerson" parameterclass="Person">
    delete from Person
    where
    PER_ID = #Id#
  </delete>
</statements>
</sqlMap>
```

初始化 SqlMap 对象：

```
DomSqlMapBuilder d=new DomSqlMapBuilder();
SqlMapper sm=d.Configure("SqlMap.config");
```

得到所有数据：

```
sm. QueryForList("SelectByPersonId",null);
```

添加一条数据：

```
Person p=new Person();
p.id=1;
p. FirstName="zyg";
sm.Insert("InsertPerson",p);
```

4. 其他的一些 O/R Mapping 框架

- Nbear 框架中内置的 O/R Mapping 功能。

- Grove Develop Kit（http://www.grovekit.com）。

- Base4.NET 不仅仅是一个 O/R Mapping（http://www.base4.net/）。

- SubSonic 是最近非常流行和一个很特点的框架（http://www.subsonicproject.com/）。

3.3.3 DLINQ 和 ADO.NET 实体框架

LINQ，.NET 语言集成查询（.NET Language Integrated Query），是在语言级别（由语言的编

译器实现）上实现对数据进行查询的一项微软的新技术。LINQ 支持丰富的扩展，所以基于 LINQ 可以实现针对多种数据源的查询，如可以实现 LINQ to SQL，LINQ to XML 等。

LINQ to SQL 又称 DLINQ，是.NET 3.5 提供的一种 O/R Mapping 框架，提供了对事务、视图、存储过程的完全支持，并且 Visual Studio 2008 还提供 O/R 设计器以提供一种简单、可视化的方式来进行数据库到对象的建模。

ADO.NET 实体框架（Entity Framework）是微软的下一代 ADO.NET 的主要特性。ADO.NET 实体框架的主要目的就是通过将抽象级别从逻辑（关系）级别提高到概念（实体）级别来消除应用程序和数据服务（例如，作为 SQL Server 产品一部分提供的报告、分析和复制服务）两方面的阻抗失谐。该框架不是一个全新、独立的基础结构。它只是在我们所了解的传统 ADO.NET 上提供一种新的选择。

ADO.NET 实体框架有如下特性：

- 实体数据模型(The Entity Data Model-EDM)，允许开发人员在高抽象层对数据建模。

- 强大的映射引擎，允许你方便地建立数据模型与数据存储数据定义之间的映射。

- 支持使用实体 SQL 句法和 LINQ 查询 EDM 数据定义。

- 对象服务层，允许你选择是否将查询结果呈现为行/列记录还是.NET 对象。使用.NET 对象的话，系统会透明地决定对象身份(identity)，跟踪对象状态变化，以及处理更新。

- 开放的数据提供器模型，允许其他存储机制接入(plug into)ADO.NET 实体框架。

ADO.NET 实体框架整个构架分为如下层次：

- 存储提供程序(Storage Provider)

- 映射层(Mapping Layer)

- 对象层(Object Service)

- LINQ to Entities

3.4　对象数据库的应用

3.4.1　对象数据库的概念

对象数据库是一种以对象形式表示信息的数据库，直接把对象保存在数据库中，并以特定的对象查询语言来操作数据。对象数据库的数据库管理系统被称为 ODBMS 或 OODBMS。

两个主要原因让用户使用对象数据库技术：

（1）关系数据库在管理复杂数据时显得笨重。

（2）面向对象语言的数据结构和关系数据库的数据存在"阻抗匹配"问题。

所以对象数据库相对关系数据库的使用要便捷得多，尤其自然而直接地解决"阻抗匹配"问题，无须类似 O/R Mapping 的技术。

目前比较流行的对象数据库有 Objectivity、Caché、ObjectDB、DB4O 和 ZODB 等。

3.4.2　DB4O 的使用

DB4O 是一个著名的开源数据库，由纯 Java 和 C#开发，就是说它既能在 Java 平台上使用，也能在.NET 平台上使用，通常在.NET 的开源版本 Mono 上也能运行，甚至于在.NET 的精简版本.NET Compact Edition（CF）上也可以使用。

同时，DB4O 为我们带来了一种全新的面向对象的查询数据的方式：

- **100%** 的原生：查询语言应能用实现语言（Java 或 C#）完全表达，并完全遵循实现语言的语义。

- **100%** 的面向对象：查询语言应可运行在自己的实现语言中，允许未经优化执行普通集合而不用自定义预处理。

- **100%** 的类型安全：查询语言应能完全获取现代 IDE 的特性，比如语法检测、类型检测、重构，等等。

下面我们看一下 DB4O 的简单使用方法。

- 打开数据库：要使用 DB4O 的第一步就是创建一个 IObjectContainer 的实例。

```
IObjectContainer db = DB4OFactory.OpenFile("mydb.yap");
```

- 保存对象：要保存一个对象的实例到数据库，只需简单地调用 IObjectContainer 的 Set 方法。

```
Pilot pilot1 = new Pilot("Michael Schumacher", 100);
db.Set(pilot1);
```

- 读取对象：DB4O 支持 3 中查询数据方式：样本查询（Query by Example ，QBE），原生查询（Native Queries ， NQ） 和 SODA 查询 API。

首先看样本查询方式：

```
Pilot proto = new Pilot(null, 0);
IObjectSet result = db.Get(proto);
```

也可以写成如下的样子：

```
IObjectSet result = db.Get(typeof(Pilot));
```

在.NET 2.0 中甚至可以写成：

```
IList <Pilot> pilots = db.Query<Pilot>(typeof(Pilot));
```

再来看原生查询方式：

```
IList <Pilot> pilots = db.Query <Pilot> (delegate(Pilot pilot) {
return pilot.Points == 100;
});
```

最后来看 SODA 的方式：

```
IQuery query = db.Query();
query.Constrain(typeof(Pilot));
IObjectSet result = query.Execute();
```

- 更新对象：在得到一个对象的实例后，只需要改变这个对象实例的属性值，再次调用 Set 方法，就可以更新了。

```
IObjectSet result = db.Get(new Pilot("Michael Schumacher", 0));
Pilot found = (Pilot)result.Next();
found.AddPoints(11);
db.Set(found);
```

- 删除对象：要删除对象就更简单了，只需要把对象实例作为参数传入 Delete 方法即可。

```
IObjectSet result = db.Get(new Pilot("Michael Schumacher", 0));
Pilot found = (Pilot)result.Next();
db.Delete(found);
```

3.5　Web 页面数据绑定技术

.NET 2.0 和 Visual Studio 2005 为开发数据驱动的 Web 应用程序提供丰富、快捷的工具和方式。核心的功能就是数据绑定技术，通过数据绑定技术无须编写代码仅仅通过声明方式就可以实现如下的功能：

- 读取和显示数据

- 排序、分页和缓存数据

- 更新、添加和删除数据

- 利用运行时参数过滤数据

- 利用参数方便地实现明细表显示

数据绑定技术由两个部分组成：数据源控件（Data Source Controls）和数据绑定控件（Data-bound Controls）。

数据源控件包括如下具体控件：

- ObjectDataSource

- SqlDataSource

- AccessDataSource

- XmlDataSource

- SiteMapDataSource

数据绑定控件包括如下具体控件：

- 列表类控件，通过列表显示一系列数据，有 BulletedList、CheckBoxList、DropDownList、ListBox 和 RadioButtonList 控件。

- AdRotator，显示广告。

- DataList，把数据显示为一个表格。

- DetailsView，把一条数据按照表格方式显示，并能编辑。

- FormView，把一条数据按照自定义的布局显示，并能编辑。

- GridView，支持编辑等功能的表格控件，并能很好地扩展。

- Menu，菜单。

- Repeater，按照自定义的布局显示一个数据的列表。

- TreeView，树形控件。

通过数据绑定技术的这两项重要功能，我们能方便地开发绑定到数据库、XML 数据和自定义对象集合的页面。

3.5.1　绑定到数据库

要绑定到数据库，如 SQL Server，则只需使用 SqlDataSource 和相应的数据绑定控件，就可以轻易实现。如下面的例子就是通过一个 GridView 来显示、更新和删除 NorthWind 示例数据库中的 Customers 表的数据。

```
<%@ Page language="C#" %>
<html>
  <body>
    <form runat="server">
      <h3>GridView Edit Example</h3>
      <!-- The GridView control automatically sets the columns    -->
      <!-- specified in the datakeynames property as read-only.    -->
      <!-- No input controls are rendered for these columns in     -->
      <!-- edit mode.                                              -->
      <asp:gridview id="CustomersGridView"
        datasourceid="CustomersSqlDataSource"
        autogeneratecolumns="true"
        autogeneratedeletebutton="true"
        autogenerateeditbutton="true"
        datakeynames="CustomerID"
        runat="server">
      </asp:gridview>
      <!-- This example uses Microsoft SQL Server and connects   -->
      <!-- to the Northwind sample database. Use an ASP.NET      -->
      <!-- expression to retrieve the connection string value    -->
      <!-- from the Web.config file.                            -->
      <asp:sqldatasource id="CustomersSqlDataSource"
        selectcommand="Select [CustomerID], [CompanyName], [Address], [City],
[PostalCode], [Country] From [Customers]"
        updatecommand="Update Customers SET CompanyName=@CompanyName, Address
=@Address, City=@City, PostalCode=@PostalCode, Country=@Country WHERE (CustomerID
= @CustomerID)"
        deletecommand="Delete from Customers where CustomerID = @CustomerID"
        connectionstring="<%$ ConnectionStrings:NorthWindConnectionString%>"
        runat="server">
      </asp:sqldatasource>
    </form>
  </body>
</html>
```

如果要绑定到 Access 数据库，那么就需要使用 AccessDataSource，对于其数据库，如 Oracle，也需要简单地使用 OracleDataSource。

3.5.2　绑定到 XML 数据

通过使用 XmlDataSource 可以把控件（尤其是层级显示的控件，TreeView 和 Menu 控件等）绑定到特定格式的 XML 文件上。来看下面这个例子，把一个 people.xml 文件绑定到 TreeView 上显示：

```
<%@ Page Language="C#" %>
<!DOCTYPE html PUBLIC "-//W3C//DTD XHTML 1.0 Transitional//EN" "http://www.
w3.org/TR/xhtml1/DTD/xhtml1-transitional.dtd">
<script runat="server">
void SelectRegion(object sender, EventArgs e)
{
  if (RegionDropDownList.SelectedValue == "(Show All)")
    PeopleDataSource.XPath = "/People/Person";
  else
  {
    string selectedValue = "";
    switch (RegionDropDownList.SelectedValue)
    {
      case "CA":
        selectedValue = "CA";
        break;
      case "HI":
        selectedValue = "HI";
        break;
      case "WA":
        selectedValue = "WA";
        break;
      default:
        // Invalid value.
        break;
    }
    PeopleDataSource.XPath = "/People/Person[Address/Region='" + selectedValue
+ "']";
  }
```

```
      PeopleTreeView.DataBind();
    }
  </script>
  <HTML>
    <BODY>
      <form runat="server">
        <table border=0 cellpadding=3>
          <tr>
            <td valign=top>
              <B>Select Region:</B>
              <asp:DropDownList runat="server" id="RegionDropDownList" AutoPost
Back="True"
                            OnSelectedIndexChanged="SelectRegion">
                <asp:ListItem Selected="True">(Show All)</asp:ListItem>
                <asp:ListItem>CA</asp:ListItem>
                <asp:ListItem>HI</asp:ListItem>
                <asp:ListItem>WA</asp:ListItem>
              </asp:DropDownList>
            </td>
            <td valign=top>
              <asp:XmlDataSource
                id="PeopleDataSource"
                runat="server"
                XPath="/People/Person"
                DataFile="~/App_Data/people.xml" />
              <asp:TreeView
                id="PeopleTreeView"
                runat="server"
                DataSourceID="PeopleDataSource">
                <DataBindings>
                  <asp:TreeNodeBinding DataMember="LastName"    TextField="#Inner
Text" />
                  <asp:TreeNodeBinding DataMember="FirstName"   TextField="#Inner
Text" />
                  <asp:TreeNodeBinding DataMember="Street"      TextField="#Inner
Text" />
                  <asp:TreeNodeBinding DataMember="City"        TextField="#Inner
Text" />
```

```
                    <asp:TreeNodeBinding DataMember="Region"        TextField="#Inner
Text" />
                    <asp:TreeNodeBinding DataMember="ZipCode"       TextField="#Inner
Text" />
                    <asp:TreeNodeBinding DataMember="Title"         TextField="#Inner
Text" />
                    <asp:TreeNodeBinding DataMember="Description" TextField="#Inner
Text" />
            </DataBindings>
          </asp:TreeView>
        </td>
      </tr>
    </table>
  </form>
  </BODY>
</HTML>
```

3.5.3　绑定到自定义实体对象

要绑定到自定义实体对象，就需要用到 ObjectDataSource。如：

```
    <%@ Register TagPrefix="aspSample" Namespace="Samples.AspNet.CS" Assembly=
"Samples.AspNet.CS" %>
    <%@ Page language="c#" %>
    <html>
      <head>
        <title>ObjectDataSource - C# Example</title>
      </head>
      <body>
        <form id="Form1" method="post" runat="server">
          <asp:gridview
            id="GridView1"
            runat="server"
            datasourceid="ObjectDataSource1" />
          <asp:objectdatasource
            id="ObjectDataSource1"
            runat="server"
            selectmethod="GetAllEmployees"
```

```
        typename="Samples.AspNet.CS.EmployeeLogic" />
    </form>
  </body>
</html>
```

下面我们结合上面章节提到的 DB4O 对象数据库和 ObjectDataSource 来做一个完整的例子。

01 首先用 Visual Studio 创建一个 Web Site，默认使用 WebSite1 的名称。

02 在 WebSite1 中添加 DB4O 的引用，即在 Bin 文件夹中加入 DB4Objects.DB4O.dll 程序集。

03 在 App_Code 文件夹中添加一个 Author.cs 文件，在这个文件中定义一个 Author 的实体类，代码如下：

```
public class Author
{
public Author()
{
    //
    // TODO: Add constructor logic here
    //
}
    private string _ID;
    public string ID
    {
        get { return _ID; }
        set { _ID = value; }
    }
    private string _Name;
    public string Name
    {
        get { return _Name; }
        set { _Name = value; }
    }
    private string _Phone;
    public string  Phone
    {
```

```
        get { return _Phone; }
        set { _Phone = value; }
    }
}
```

04 在 App_Code 文件夹中添加一个 AuthorManager.cs 文件，在这个文件添加一个 AuthorManager 类，通过 DB4O 来实现数据的访问逻辑：

```
public class AuthorManager
{
    private static IObjectContainer db;
    private String filePath =
            HttpContext.Current.Server.MapPath
                ("~/App_Data/Authors.yap");
public AuthorManager()
{
        if (db==null)
            db= DB4OFactory.OpenFile(filePath);
}
    public IList<Author> GetAuthors()
    {
        IList<Author> lst=db.Query<Author>();
        if (lst == null || lst.Count == 0)
        {
            Author obj = new Author();
            obj.ID = "0";
            obj.Name = "abc";
            obj.Phone = "123";
            db.Set(obj);
            db.Commit();
            lst = db.Query<Author>();
        }
        return lst;
    }
    public void InsertAuthor(string ID, string Name, string Phone)
    {
        Author obj = new Author();
        obj.ID = ID;
        obj.Name = Name;
        obj.Phone = Phone;
```

```
        db.Set(obj);
        db.Commit();
    }
}
```

05 在 Default.aspx 中添加一个 ObjectDataSource 来引用 AuthorManager，并定义 Select 要用的方法为 GetAuthors，Insert 要用的方法为 InsertAuthor，添加步骤如图 3-9~图 3-11 所示。

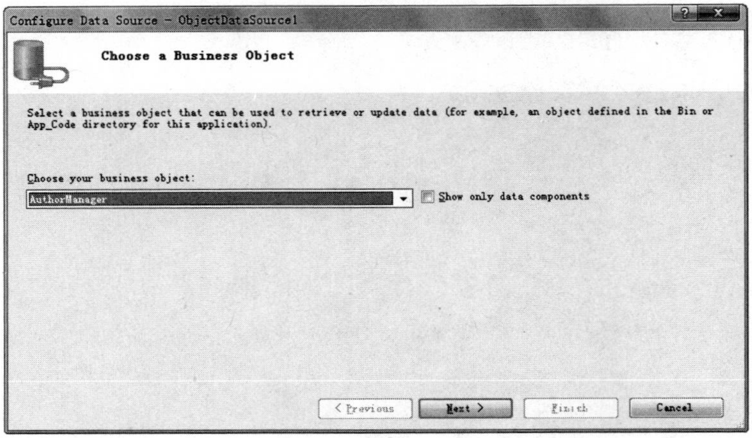

图 3-9

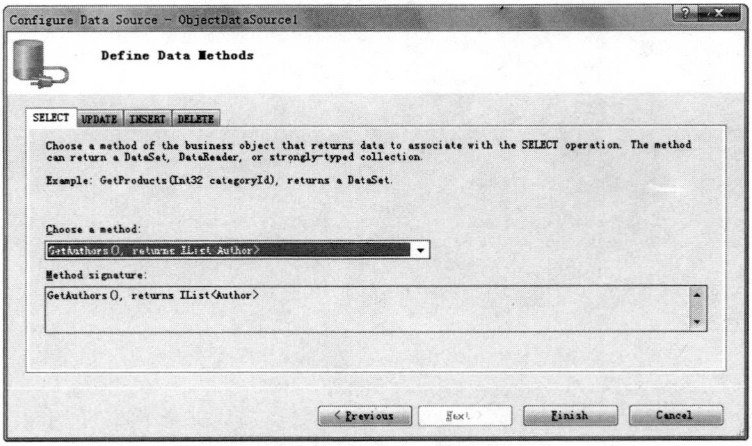

图 3-10

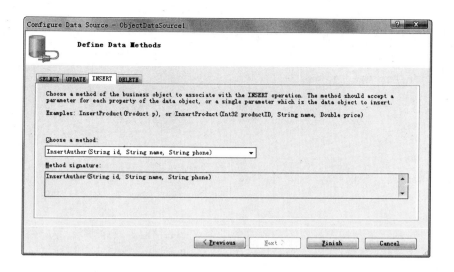

图 3-11

06 在 Default.aspx 中添加一个 GridView 控件用于显示数据，添加一个 DetailsView 控件用于添加数据，其中设置 DetailsView 的 AutoGenerateInsertButton 属性为 true 让其显示出添加数据的按钮，效果图如图 3-12 所示。

图 3-12

07 运行程序，添加一些示例数据。

3.6 通过事务保证数据完整性

3.6.1 .NET 事务基础

在进行数据库操作过程，需要通过一种机制来保证数据的完整性，即事务。事务需要实现ACID 特性。

ACID (atomicity, consistency, isolation, and durability)，即原子性、一致性、不相关性和持久性，简介如下：

- 原子性：在一个操作中涉及两个或两个以上独立的信息，这些信息要么全部提交，要么一个也不提交。

- 一致性：操作要么创建新的有效的数据状态，要么（如果发生任何错误的话）将所有数据返回到初始状态。

- 不相关性：操作在没有提交并不与别的任何操作发生任何关系。

- 持久性：即使发生错误重新启动，保存过的已经提交的数据在正确状态下仍然有效。

.NET 的事务分为两种情况：手动事务和自动事务。

（1）手动事务

手动事务允许显式处理若干过程，这些过程包括：开始事务、控制事务边界内的每个连接和资源登记、确定事务结果（提交或中止）以及结束事务。尽管此模型提供了对事务的标准控制，但它缺少一些内置于自动事务模型的简化操作。例如，在手动事务中数据存储区之间没有自动登记和协调。此外，与自动事务不同，手动事务中事务不在对象间流动。

如果选择手动控制分布式事务，则必须管理恢复、并发、安全性和完整性。也就是说，必须应用维护与事务处理关联的 ACID 属性所需的所有编程方法。

（2）自动事务

ASP.NET 页、XML Web services 方法或 .NET Framework 类一旦被标记为参与事务，它们将

自动在事务范围内执行。您可以通过在页、XML Web services 方法或类中设置一个事务属性值来控制对象的事务行为。特性值反过来确定实例化对象的事务性行为。因此，根据声明特性值的不同，对象将自动参与现有事务或正在进行的事务，成为新事务的根或者根本不参与事务。声明事务属性的语法在 .NET Framework 类、ASP.NET 页和 XML Web services 方法中稍有不同。

　　声明性事务特性指定对象如何参与事务，如何以编程方式被配置。尽管此声明性级别表示事务的逻辑，但它是一个已从物理事务中移除的步骤。物理事务在事务性对象访问数据库或消息队列这样的数据资源时发生。与对象关联的事务自动流向合适的资源管理器，诸如 OLE DB、开放式数据库连接 (ODBC) 或 ActiveX 数据对象 (ADO) 的关联驱动程序在对象的上下文中查找事务，并通过分布式事务处理协调器 (DTC) 在此事务中登记。整个物理事务自动发生。

3.6.2　事务技术

.NET 目前提供了三种事务机制。

1. 方法 1：在 SQL 中使用事务

在存储过程中使用 BEGIN TRANS, COMMIT TRANS, ROLLBACK TRANS 实现。

```
begin trans
declare @orderDetailsError int,@procuntError int
delete from [order details] where productid=42
select @orderDetailsError =@@error
delete from products where productid=42
select @procuntError=@@error
if(@orderDetailsError =0 and @procuntError=0)
COMMIT TRANS
else
ROLLBACK TRANS
```

2. 方法 2：ADO.NET 事务

使用 ADO.NET 里 Transaction 对象来实现。

SqlConnection 和 OleDbConnection 对象有一个 BeginTransaction 方法，它可以返回 SqlTransaction 或者 OleDbTransaction 对象。而且这个对象有 Commit 和 Rollback 方法来管理事务。

```
    SqlConnection sqlConnection = new SqlConnection("workstation id=WEIXIAOPING;
packet  size=4096;user  id=sa;initial  catalog=Northwind;persist  security  info=
False");
    sqlConnection.Open();
    SqlTransaction  myTrans = sqlConnection.BeginTransaction();
    SqlCommand sqlInsertCommand = new SqlCommand();
    sqlInsertCommand.Connection = sqlConnection
    sqlInsertCommand.Transaction=myTrans;
    try{
        sqlInsertCommand.CommandText="insert    into    tbTree(Context,ParentID)
values('北京',1)";
        sqlInsertCommand.ExecuteNonQuery();
        sqlInsertCommand.CommandText="insert   into    tbTree(Context,ParentID)
values('上海',1)";
        sqlInsertCommand.ExecuteNonQuery();
        myTrans.Commit();
    }catch(Exception ex)
    {
     myTrans.Rollback();
    }
    finally
    {
     sqlConnection.Close();
    }
```

其优点:

- 简单性。

- 和数据库事务差不多快。

- 独立于数据库，不同数据库的专有代码被隐藏了。

其缺点:

- 事务不能跨越多个数据库连接。

- 事务执行在数据库连接层上，所以需要在事务过程中维护一个数据库连接。

- ADO.NET 分布事务也可以跨越多个数据库，但是其中一个 SQL SERVER 数据库的话，通过用 SQL SERVER 连接服务器连接到别的数据库，但是如果是在 DB2 和 Oracle 之间就不可以。

3．方法 3：COM+事务（分布式事务），此种方式主要用于自动事务控制情况下

.NET Framework 依靠 MTS/COM+ 服务来支持自动事务。COM+ 使用 Microsoft Distributed Transaction Coordinator (DTC) 作为事务管理器和事务协调器在分布式环境中运行事务。

这样可使 .NET 应用程序运行跨多个资源结合不同操作（例如，将订单插入 SQL Server 数据库，将消息写入 Microsoft 消息队列 (MSMQ) 队列，以及从 Oracle 数据库检索数据）的事务。

COM+事务处理的类必须继承 System.EnterpriseServices.ServicedComponent，其实 Web Service 就是继承 System.EnterpriseServices.ServicedComponent 的，所以 Web Service 支持 COM+事务。

定义一个 COM+事务处理的类：

```
[Transaction(TransactionOption.Required)]
public class DataAccess:System.EnterpriseServices.ServicedComponent
{ }
```

TransactionOption 枚举类型支持 5 类 COM+值：

- Disabled   忽略当前上下文中的任何事务。

- NotSupported   使用非受控事务在上下文中创建组件。

- Required   如果事务存在则共享事务，并且如有必要则创建新事务。

- RequiresNew   使用新事务创建组件，而与当前上下文的状态无关。

- Supported   如果事务存在，则共享该事务。

一般来说 COM+中的组件需要 Required 或 Supported。当组件用于记录或查账时

RequiresNew 很有用，因为组件应该与活动中其他事务处理的提交或回滚隔离开来。

派生类可以重载基类的任意属性，如 DataAccess 选用 Required，派生类仍然可以重载并指定 RequiresNew 或其他值。

COM+事务有手动处理和自动处理，自动处理就是在所需要自动处理的方法前加上 [AutoComplete]，根据方法的正常或抛出异常决定提交或回滚。

手动处理就是调用 ContextUtil 类中 EnableCommit，SetComplete，SetAbort 方法。

在需要事务跨 MSMQ 和其他可识别事务的资源（例如，SQL Server 数据库）运行的系统中，只能使用 DTC 或 COM+ 事务，除此之外没有其他选择。DTC 协调参与分布式事务的所有资源管理器，也管理与事务相关的操作。

这种做法的缺点是，由于存在 DTC 和 COM 互操作性开销，导致性能降低，并且 COM+ 事务处理的类必须强命名。

3.6.3　使用 System.Transaction 命名空间

在.NET 2.0 中新添加了一个名为 System.Transaction 的命名空间，其提供了一个"轻量级"的、易于使用的事务框架，通过这个框架可以大大简化事务的操作。

这个框架提供了如下优点：

（1）在简单(不涉及分布式)事务中也可以使用声明式的事务处理方法，而不必使用 Com+容器和目录注册。

（2）用户根本不需要考虑是简单事务还是分布式事务。它实现一种所谓自动提升事务机制（Promotable Transaction），会自动根据事务中涉及的对象资源判断使用何种事务管理器。简而言之，对于任何的事务用户只要使用同一种方法进行处理。

下面是一个使用 System.Transaction 的简单例子：

```
using(TransactionScope scope = new TransactionScope())
{
```

```
/**//* Perform transactional work here */
//No errors - commit transaction
scope.Complete();
}
```

对于嵌套事务，也可以很好地支持：

```
using(TransactionScope scope1 = new TransactionScope())
//Default is Required
{
using(TransactionScope scope2 = new
TransactionScope(TransactionScopeOption.Required))
{}
using(TransactionScope scope3 = new
TransactionScope(TransactionScopeOption.RequiresNew))
{}
using(TransactionScope scope4 = new
TransactionScope(TransactionScopeOption.Suppress))
{}
}
```

下面是一个对多个数据库进行事务管理的例子：

```
using (TransactionScope transScope = new TransactionScope())
{
    using (SqlConnection connection1 = new
      SqlConnection(connectString1))
    {
      // Opening connection1 automatically enlists it in the
      // TransactionScope as a lightweight transaction.
      connection1.Open();
      // Do work in the first connection.
      // Assumes conditional logic in place where the second
      // connection will only be opened as needed.
      using (SqlConnection connection2 = new
          SqlConnection(connectString2))
        {
```

```
        // Open the second connection, which enlists the
        // second connection and promotes the transaction to
        // a full distributed transaction.
        connection2.Open();
        // Do work in the second connection.
    }
}
// The Complete method commits the transaction.
transScope.Complete();
}
```

3.7   小结

本章介绍了.NET 下的数据访问技术，并结合 Web 应用程序的开发，介绍了数据绑定的方式。

在.NET 下，我们主要通过 ADO.NET 来实现对关系数据库的访问；也可以通过诸多 O/R Mapping 框架来解决面向对象编程和关系数据库数据之间的"阻抗匹配"，其中.NET 3.5 中附带的 DLINQ 是微软官方提供的一种轻量级 O/R Mapping 框架；ADO.NET EF（实体框架，Entity Framework）将是.NET 中的下一代针对企业级开发的数据访问技术；另外，我们也可以通过使用诸如 DB4O 这样的对象数据库来直接存取数据；最后我们可以利用.NET 中的一系列事务机制，尤其可以利用 System.Transaction 命名空间提供的功能来简便地保证数据的完整性。

04

构建安全的 Web 应用程序

安全性涉及多个规则，并且常常被作为评判 Web 应用程序是否成功的标准。安全的 Web 应用程序将通过身份验证准确识别用户，有助于通过授权确保这些用户只能访问所需的内容，通过加密通信和存储保护机密、敏感数据，并遵循编写代码的安全最佳做法，以避免在应用程序逻辑中产生安全风险。但是事实却是这样一种情况，开发人员都希望创建安全的应用程序，而大多数开发人员又不希望花费过多时间来学习如何保护他们的应用程序。他们更愿意编写解决问题的代码和算法，然后直接把程序发布出去，而完全不关心其安全性。基于各个方面的考虑，我们不应该将自己置于危险境地而且完全不顾应用程序的安全性。我们需要了解我们所做的决定中存在的安全隐患。牢记这一点，就可以使创建和提供应用程序的工具更轻松地实现安全的应用程序。在本章中我们将介绍一些在.NET 中如何创建安全、可靠的 Web 应用程序的方法。

4.1 .NET 2.0 中新增安全功能概述

随着时间的推移，微软发布的重量级产品 Visual Studio 2005 由于其自身的优点越来越得到人们的认可，不知不觉它已经成为全球各大软件企业和开发人员首选的重要新工具（与此同时 Visual Studio 2008 也于 2007 年 11 月下旬正式地发布了）。事实上无论是创建小的实用程序还是创建大的关键任务系统，我们都应该最先考虑客户计算机的安全和我们自己所创建的应用程序的安全。使用内置在 Visual Studio 2005 中的新功能，可以更加轻松快捷地创建、测试和部署安全的应用程序。

在.NET 中托管代码本身也带来一套略有不同的安全性问题，但是由于在公共语言运行时

(CLR)中处理该内存的方式,传统的缓冲区溢出问题较少。下面我们介绍一些开发人员在编写托管应用程序时需要注意的问题(部分信息来自微软官方 MSDN 文档),以及在新版本中的变化。

1. 数年来开发人员使用独立的 FxCop 工具来检查程序集,以便与.NET Framework 设计指南一致。现在这个工具已经被内置在.NET 2.0 中了

FxCop 通过解析 MSIL 指令流和分析与用户指定的规则冲突的调用图来执行其分析,这通常依照.NET Framework 设计指南执行。这些规则包括安全性规则、库设计规则,以及全球化规则、互操作性规则、可维护性规则、命名规则、性能规则、可靠性规则、使用规则和其他规则。

我们可以通过托管应用程序的项目属性页上的 Code Analysis 选项卡来访问.NET 2.0 中的 FxCop 功能。图 4-1 显示了某些可以作为分析的一部分查看的安全性规则。

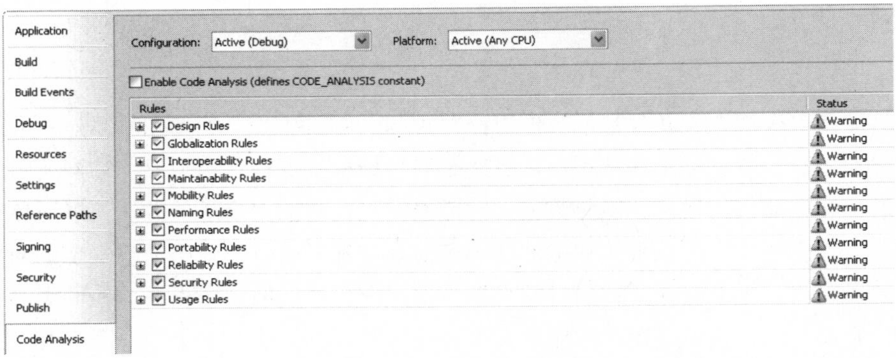

图 4-1

这时可以通过检查托管项目的代码分析属性页上的启动代码分析框来启用代码分析。执行这个操作将在.NET 2.0 错误列表窗口中生成其他警告。可以通过选择只分析读者感兴趣的规则集合(例如安全性规则和可靠性规则)来减少该列表中的项目数。

2. 代码启用安全性/最低权限

.NET Framework 应用程序是在称为代码启用安全性的安全模式下运行的。此模型基于证据,在该模型中根据诸如程序集的位置以及程序集的签名等因素授予安全性权限。这些因素被比作在用户级、计算机级或者域级别设置的策略。与这些不同因素相关的策略允许应用程序使用授予的非常特殊的权限来运行,把这个概念称为部分信任。

部署部分信任应用程序的一个难点是在开发这些应用程序时测试这些应用程序。通常开发人员具有运行其创建的应用程序的完全权限，但是若要查看该应用程序在 Intranet 或 Internet 上的表现方式，需要将该应用程序移动到那些位置才能测试那些条件下的应用程序。.NET 2.0 中通过提供一些工具和功能在这方面来帮助开发人员，开发人员可以使用这些工具和功能从 IDE 测试并调试自己的应用程序，以确保在部署这些应用程序时能够在策略授予的信任级别下正常操作。

3. ClickOnce 部署

ClickOnce 是内置于.NET 2.0 的技术，它使开发人员能够轻松地为以有限权限的账户身份运行的用户创建要部署的应用程序。可以在本地、从 Intranet 共享或 Web 页上的 HTTP 链接上运行这些应用程序。从网络位置运行的应用程序在本地缓存和运行，但可以使用仅为该应用程序实际所在位置授予的权限来完成此操作。如果开发人员将新版本的应用程序部署到网络位置，当最终用户启动该应用程序时，首先检查该位置，并且更新该缓存。

.NET 2.0 中使开发人员可以从 IDE 内测试这些部分信任应用程序的执行。这能够大大节省开发人员使用 CAS 创建和部署应用程序的时间和精力。

要利用 ClickOnce，重要的是，我们的开发人员能够轻松地使用将授予该应用程序的一组权限测试自己的应用程序。在区域中，调试功能允许开发人员指定在设计和调试应用程序时应用程序将需要的信任量，能够在将应用程序以各种信任级别部署到网络位置时对其进行测试。可以通过托管应用程序的项目属性页中的安全性选项卡来访问该功能。要使用此功能，可以打开项目的安全性选项卡，并且指定这是部分信任应用程序。从中就可以选择要安装应用程序的区域，并且可以指定部署应用程序时，应用程序需要哪些权限，如图 4-2 所示。

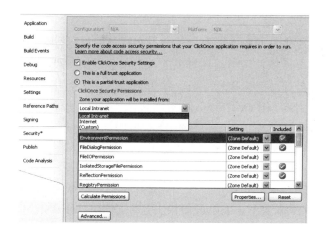

图 4-2

4. PermCalc

PermCalc 是.NET 开发人员使用的独立应用程序，用于分析成功运行托管应用程序所需的权限。现在已经将此功能添加到 Visual Studio 2005 中，只需要在托管应用程序的项目属性窗口的安全性选项卡以外的地方单击即可。

如果要在 IDE 中使用 PermCalc，可以设置应用程序的安装区域，然后单击计算权限按钮。如果应用程序要求的权限多于可用于该区域的权限，读者将会在该页权限表的设置列中看到单词"Include"，如图 4-3 所示。将用警告符号标记这些项目，以指明默认情况下所需权限在所选区域中不可用。如果 PermCalc 实用程序确定该应用程序需要完全信任才能正常运行，将显示一个消息框，以便将这一事实通知给您。

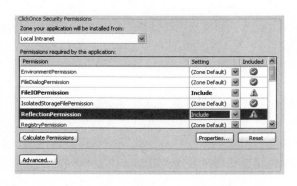

图 4-3

5. 其他安全性增强功能

计算机用户防止恶意软件影响他们系统的一种方式是降低运行它们的权限级别。具有管理员权限的用户所运行的恶意软件能访问计算机的各个部分。从一般的安全性角度而言，避免使用管理员权限运行。此外在运行应用程序时，作为管理员登录的开发人员不能看到以较低权限登录的用户所能看到的问题。例如写入 Program Files 或 System 文件夹的应用程序将为以管理员权限运行的用户无缝地工作；而以 User 身份运行的账户对这些文件夹进行写入访问会受到限制，因此如果尝试使用该应用程序在这些位置保存数据将失败。

在 Visual Studio 以前的版本中，很难使用具有较低权限的账户创建和调试应用程序，因为 Visual Studio 本身在高权限账户下才能以最佳状态运行。使用 Visual Studio 2005 之后，这种情况发生了改变。Visual Studio 2005 完全在用户账户下运行，用这种方式开发和调试应用程序与以前的 Administrator 或 Debugger User 账户一样轻松。

但是请大家注意的是即使在 Visual Studio 2005 中，您也可能遇到加载项需要使用更高权限账户才能运行的问题。遇到这种情况后，让供应商知道他们的加载项需要的权限比可能需要的权限更多。在大多数情况下，将存储区或注册表请求重定向到适当的位置能够使该加载项正常地运行。

另外安全性问题的测试是创建应用程序在连接环境中使用的非常重要的部分。Visual Studio 2005 Team System 提供了很多有助于生成更安全的应用程序的测试工具。比如单元测试，它的一个用途是确保方法的返回值为预期值，给定传递到方法的值。处理用户数据时，重要的是要确保该数据是预期数据。数据的类型和长度，在处理该数据之前应首先验证这两个因素，可以使用单元测试将随机数据发送给函数，并确保应用程序以正确的方式处理数据以及该应用程序表现正常。

此外可以在单元测试中启用代码范围。代码范围有助于确保测试了应用程序中的该代码。这有助于防止丢失很少使用的代码，例如异常处理程序。在应用程序中，不属于常规流程的代码仍然易受攻击。

Visual Studio 2005 中提供了很多允许读者创建单元测试的测试工具。在 Visual C++、Visual C# 或 Visual Basic 中，可以从添加新测试对话框中手动创建单元测试，如图 4-4 所示。

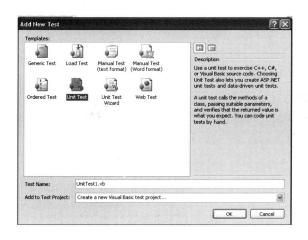

图 4-4

当然除了手动创建单元测试以外，还可以使用单元测试向导创建测试。特别是初级开发人员，这会有助于您了解这类测试的工作方式，并为您自己的测试提供一个起点。在本小节中我

们集中对.NET 2.0 中的一些安全性问题做了详细的概述。接下来的一节将会讨论在 ASP.NET 中身份验证和授权的一些问题。

4.2 身份验证和授权

在任何一种 Web 应用程序开发中，不论规模的大小，每个开发人员都会遇到一些需要保护程序数据的问题，比如涉及用户的 Login ID 和 Password 等需要保护的信息。那么如何执行验证方式更好呢？目前已经有很多方式可以实现。在本节中我们将集中讨论几种常见的验证方法，目的是让您能尽快掌握如何以最简单、最方便的验证方法来完成您遇到的问题。在开始之前我们需要理解一下 ASP.NET 的身份验证和授权的过程，当一个客户端发出请求，将会执行一系列的身份验证和授权事件，其具体流程如下：

- 接收来自请求方的 HTTP/HTTPS Web 请求。

- IIS 对请求方进行身份验证。如果站点的所有或部分内容不需要经过身份验证即可访问，则可以将 IIS 配置为使用匿名身份验证。IIS 为每个已验证的用户创建一个 Windows 访问令牌。如果选择匿名身份验证，则 IIS 为匿名 Internet 用户账户（默认情况下为 IUSR_MACHINE）创建访问令牌。

- IIS 授予请求方访问所请求资源的权限。使用附加到所请求资源的 ACL 定义的 NTFS 权限授权访问。IIS 也可以配置为只接受来自特定 IP 地址的客户端计算机的请求。

- IIS 将已验证的调用方的 Windows 访问令牌传递到 ASP.NET(如果使用的是匿名身份验证，则它可能是匿名 Internet 用户的访问令牌)。

- ASP.NET 对调用方进行身份验证。如果将 ASP.NET 配置为使用 Windows 身份验证，则此时不会发生任何其他的身份验证。ASP.NET 将接受它从 IIS 收到的任何令牌；如果将 ASP.NET 配置为使用表单身份验证，将根据数据存储（通常是数据库）对调用方提供的凭据进行身份验证（使用 HTML 表单）；如果将 ASP.NET 配置为使用 Passport 身份验证，则将用户重定向到 Passport 站点，然后 Passport 身份验证服务对用户进行身份验证。

- ASP.NET 授权访问所请求的资源或操作。UrlAuthorizationModule（系统提供的 HTTP 模块）使用在 Web.config 中配置的授权规则（具体来说就是 <authorization> 元素），确保调用方可以访问所请求的文件或文件夹。在 Windows 身份验证中，FileAuthorizationModule（另一个 HTTP 模块）检查调用方是否具有访问所请求资源的必要权限。将调用方的访问令牌与保护资源的 ACL 进行比较。也可以使用.NET 角色（以声明方式或编程方式）确保给调用方授予访问所请求资源或执行所请求操作的权限。

- 应用程序中的代码使用特定标识来访问本地和/或远程资源。在默认情况下，ASP.NET 不执行模拟，因此配置的 ASP.NET 进程账户提供标识，也可以选择原调用方的标识（如果启用了模拟）或已配置的服务标识。

下面我们将逐一讨论在.NET 中的这几种验证方式。

4.2.1　使用窗体身份验证

窗体身份验证使用用户登录到站点时创建的身份验证票，然后在整个站点内跟踪该用户。窗体身份验证票通常包含在一个 Cookie 中。然而 ASP.NET 2.0 版本支持无 Cookie 窗体身份验证，结果是将票证传入查询字符串中。如果用户请求一个需要经过身份验证的访问的页，且该用户以前没有登录过该站点，则该用户重定向到一个配置好的登录页。该登录页提示用户提供凭据（通常是用户名和密码），然后将这些凭据传递给服务器并针对用户存储（如 SQL Server 数据库）进行验证。在 ASP.NET 2.0 中，用户存储访问可由成员身份提供程序处理。对用户的凭据进行身份验证后，用户重定向到原来请求的页面。窗体身份验证处理由 FormsAuthenticationModule 类实现，该类是一个参与常规 ASP.NET 页处理循环的 HTTP 模块。本小节将阐释 ASP.NET 2.0 中窗体身份验证的工作机制。

在 IIS 身份验证中，ASP.NET 身份验证分为两个步骤。首先，Internet 信息服务(IIS)对用户进行身份验证，并创建一个 Windows 令牌来表示该用户。IIS 通过查看 IIS 元数据库设置，确定应该对特定应用程序使用的身份验证模式。如果 IIS 配置为使用匿名身份验证，则为 IUSR_MACHINE 账户生成一个令牌并用它表示匿名用户。然后 IIS 将该令牌传递给 ASP.NET。其次 ASP.NET 执行自己的身份验证。所使用的身份验证方法由 authentication 元素的 mode 属性指定。以下身份验证配置指定 ASP.NET 使用 FormsAuthenticationModule 类：<authentication mode="Forms" />。但是由于窗体身份验证本身不依赖于 IIS 身份验证，因此如果要在 ASP.NET 应用程序中使用窗体身份验证，则应该在 IIS 中为应用程序配置匿名访问。ASP.NET 窗体身份验证在 IIS 身份验证完成后发生，可以使用 forms 元素配置窗体身份验证。

1. 窗体身份验证配置

以下配置文件片段显示窗体身份验证的默认属性值：

```
<system.web>
        <authentication mode="Forms">
            <forms loginUrl="Login.aspx"
              protection="All"
              timeout="30"
              name=".ASPXAUTH"
              path="/"
              requireSSL="false"
              slidingExpiration="true"
              defaultUrl="default.aspx"
              cookieless="UseDeviceProfile"
              enableCrossAppRedirects="false" />
        </authentication>
    </system.web>
```

loginUrl 指向应用程序的自定义登录页，应该将登录页放在需要安全套接字层(SSL)的文件夹中。这有助于确保凭据从浏览器传到 Web 服务器时的完整性；protection 设置为 All，以指定窗体身份验证票的保密性和完整性。这导致使用 machineKey 元素上指定的算法对身份验证票证进行加密，并且使用同样是 machineKey 元素上指定的哈希算法进行签名；timeout 用于指定窗体身份验证会话的有限生存期。默认值为 30 分钟。如果颁发持久的窗体身份验证 Cookietimeout 属性还用于设置持久 Cookie 的生存期；name 和 path 设置为应用程序的配置文件中定义的值；requireSSL 设置为 false。该配置意味着身份验证 Cookie 可通过未经 SSL 加密的信道进行传输。如果担心会话窃取，应考虑将 requireSSL 设置为 true；slidingExpiration 设置为 true 以执行变化的会话生存期。这意味着只要用户在站点上处于活动状态，会话超时就会定期重置；defaultUrl 设置为应用程序的 Default.aspx 页；cookieless 设置为 UseDeviceProfile，以指定应用程序对所有支持 Cookie 的浏览器都使用 Cookie。如果不支持 Cookie 的浏览器访问该站点，窗体身份验证在 URL 上打包身份验证票；enableCrossAppRedirects 设置为 false，以指明窗体身份验证不支持自动处理在应用程序之间传递的查询字符串上的票证以及作为某个窗体 POST 的一部分传递的票证。

2. 授权配置

在 IIS 中，对所有使用窗体身份验证的应用程序启用异步访问。UrlAuthorizationModule 类用于帮助确保只有经过身份验证的用户才能访问页，可以使用 authorization 元素配置

UrlAuthorization Module，如下所示：

```
<system.web>
    <authorization>
        <deny users="?" />
    </authorization>
</system.web>
```

使用该设置将拒绝所有未经过身份验证的用户访问应用程序中的任何页。如果未经身份验证的用户试图访问某页，窗体身份验证模块将该用户重定向到 forms 元素的 loginUrl 属性指定的登录页。

在 ASP.NET 2.0 中，可以通过成员身份系统执行对用户凭据的验证。Membership 类为此提供了 ValidateUser 方法，如下所示：

```
if (Membership.ValidateUser(userName.Text, password.Text))
        {
            if (Request.QueryString["ReturnUrl"] != null)
            {
                FormsAuthentication.RedirectFromLoginPage(userName.Text,
false);
            }
            else
            {
                FormsAuthentication.SetAuthCookie(userName.Text, false);
            }
        }
        else
        {
            Response.Write("Invalid UserID and Password");
        }
```

3. 角色授权

在 ASP.NET 2.0 中，角色授权已经得到简化。对用户进行身份验证或者将角色细节添加到身份验证 Cookie 时，不再需要检索角色信息。.NET Framework 2.0 包括一个角色管理 API，它使您能够创建和删除角色，将用户添加到角色以及从角色删除用户。该角色管理 API 将其数据存储在一个基础数据存储中，它通过针对该数据存储的适当角色提供程序访问该存储。角色提供程序已为.NET Framework 2.0 所附带，它可以与窗体身份验证一起使用，包括 SQL Server，它是默认的提供程序，用于将角色信息存储在 SQL Server 数据库；授权管理器 (AzMan)。该提供程序使用 XML 文件、Active Directory 或 Active Directory 应用程序模式 (ADAM) 中的一个 AzMan 策略存储作为其角色存储。它通常用于 Intranet 或 Extranet 方案中，其中 Windows 身份验证和 Active Directory 用于进行身份验证。

4.2.2　使用 Windows 验证

如果应用程序使用 Active Directory 用户存储，则应该使用集成 Windows 身份验证。对 ASP.NET 应用程序使用集成 Windows 身份验证时，最好的方法是使用 ASP.NET 的 Windows 身份验证提供程序附带的 Internet 信息服务(IIS)身份验证方法。使用该方法，将自动创建一个 WindowsPrincipal 对象（封装一个 WindowsIdentity 对象）来表示经过身份验证的用户。这是您无需编写任何身份验证特定的代码。ASP.NET 还支持使用 Windows 身份验证的自定义解决方案（避开了 IIS 身份验证）。例如可以编写一个根据 Active Directory 检查用户凭据的自定义 ISAPI 筛选器。使用该方法，我们必须手动创建一个 WindowsPrincipal 对象。本小节将阐释在具有 IIS 6.0 的 ASP.NET 2.0 中 Windows 身份验证的工作机制。

IIS 向 ASP.NET 传递代表经过身份验证的用户或匿名用户账户的令牌。该令牌在一个包含在 IPrincipal 对象中的 IIdentity 对象中维护，IPrincipal 对象进而附加到当前 Web 请求线程。可以通过 HttpContext.User 属性访问 IPrincipal 和 IIdentity 对象。这些对象和该属性由身份验证模块设置，这些模块作为 HTTP 模块实现并作为 ASP.NET 管道的一个标准部分进行调用，其结构如图 4-5 所示。

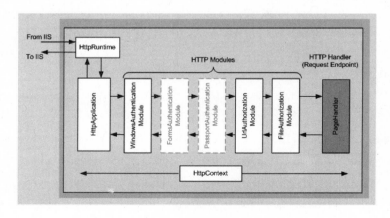

图 4-5　ASP.NET 管道

ASP.NET 管道模型包含一个 HttpApplication 对象、多个 HTTP 模块对象，以及一个 HTTP 处理程序对象及其相关的工厂对象。HttpRuntime 对象用于处理序列的开头。在整个请求生命周期中，HttpContext 对象用于传递有关请求和响应的详细信息。

1．身份验证模块

ASP.NET 2.0 在 machine.config 文件中定义一组 HTTP 模块，其中包括大量身份验证模块，如下所示：

```
<httpModules>
        <add name="WindowsAuthentication"
            type="System.Web.Security.WindowsAuthenticationModule" />
        <add name="FormsAuthentication"
            type="System.Web.Security.FormsAuthenticationModule" />
        <add name="PassportAuthentication"
            type="System.Web.Security.PassportAuthenticationModule" />
    </httpModules>
```

只加载一个身份验证模块，这取决于该配置文件的 authentication 元素中指定了哪种身份验证模式。该身份验证模块创建一个 IPrincipal 对象并将它存储在 HttpContext.User 属性中。这是很关键的，因为其他授权模块使用该 IPrincipal 对象做出授权决定。当 IIS 中启用匿名访问且 authentication 元素的 mode 属性设置为 none 时，有一个特殊模块将默认的匿名原则添加到 HttpContext.User 属性中。因此在进行身份验证之后，HttpContext.User 绝不是一个空引用。如果 Web.config 文件包含<authentication mode="Windows" />元素，则会激活 Windows AuthenticationModule 类。它负责创建 WindowsPrincipal 和 WindowsIdentity 对象来表示经过身份验证的用户，并且负责将这些对象附加到当前 Web 请求。对于 Windows 身份验证遵循以下步骤：

- WindowsAuthenticationModule 使用从 IIS 传递到 ASP.NET 的 Windows 访问令牌创建一个 WindowsPrincipal 对象。该令牌包装在 HttpContext 类的 WorkerRequest 属性中。引发 AuthenticateRequest 事件时，WindowsAuthenticationModule 从 HttpContext 类检索该令牌并创建 WindowsPrincipal 对象。HttpContext.User 用该 WindowsPrincipal 对象进行设置，它表示所有经过身份验证的模块和 ASP.NET 页的经过身份验证的用户的安全上下文。

- WindowsAuthenticationModule 类使用 P/Invoke 调用 Win32 函数并获得该用户所属的

Windows 组的列表。这些组用于填充 WindowsPrincipal 角色列表。

- WindowsAuthenticationModule 类将 WindowsPrincipal 对象存储在 HttpContext.User 属性中。随后授权模块用它对经过身份验证的用户授权。

2. 授权模块

WindowsAuthenticationModule 类在完成处理之后，如果未拒绝请求，则调用授权模块。授权模块也在 machine.config 文件中的 httpModules 元素中定义，如下所示：

```
<httpModules>
  <add name="UrlAuthorization"
       type="System.Web.Security.UrlAuthorizationModule" />
  <add name="FileAuthorization"
       type="System.Web.Security.FileAuthorizationModule" />
  <add name="AnonymousIdentification"
       type="System.Web.Security.AnonymousIdentificationModule" />
</httpModules>
```

调用 UrlAuthorizationModule 类时，它在 machine.config 或应用程序特定的 Web.config 文件中查找 authorization 元素。如果存在该元素，则 UrlAuthorizationModule 类从 HttpContext.User 属性检索 IPrincipal 对象，然后使用指定的动词（GET、POST 等）来确定是否授权该用户访问请求的资源。接下来调用 FileAuthorizationModule 类。它检查 HttpContext.User.Identity 属性中的 IIdentity 对象是否是 WindowsIdentity 类的一个实例。如果 IIdentity 对象不是 WindowsIdentity 类的一个实例，则 FileAuthorizationModule 类会停止处理。如果存在 WindowsIdentity 类的一个实例，则 FileAuthorizationModule 类调用 AccessCheck Win32 函数（通过 P/Invoke）来确定是否授权经过身份验证的客户端访问请求的文件。如果该文件的安全描述符的随机访问控制列表（DACL）中至少包含一个 Read 访问控制项（ACE），则允许该请求继续。否则 FileAuthorizationModule 类调用 HttpApplication.CompleteRequest 方法并将状态码 401 返回到客户端。

事实上 ASP.NET 应用程序还可以使用模拟来执行操作，使用经过身份验证的客户端或特定 Windows 账户的安全上下文来访问资源，这在 Web Service 安全性一节我们将举例加以详细讨论。

4.2.3 使用 Passport 验证

Microsoft .NET Passport 是一种用户身份验证服务，站点用户可使用该服务创建单次登录名和密码，从而方便地访问所有启用 .NET Passport 的网站和服务。启用.NET Passport 的站点依靠.NET Passport 中央服务器来验证用户，而不是主持和维护它们自己的专用身份验证系统。但是.NET Passport 中央服务器并不授权或拒绝特定用户访问单个启用.NET Passport 的站点，而是由网站来控制用户的权限。同时.NET Passport 也可以将用户信息存储在 .NET Passport 服务器上的加密配置文件（也称为"注册"）中。当.NET Passpor 用户注册参与站点时，就会与该站点共享其个人信息以加快注册过程。当.NET Passport 用户再次登录到该站点时，其.NET Passport 配置文件可允许访问该站点上的个人账户或服务。

　　.NET Passport 单次登录服务与当前 Web 上基于表单的常用身份验证模型类似，其网络扩展了这种模型以用于一组分布式的参与站点，同时有助于保留成员的保密性和安全性以及适当自定义和署名登录的功能。特别地，它使用以下方法来扩展基于表单的身份验证模型：

- 登录、注销和注册页面集中主持的，而不是每个单独站点特有的。

- 可以广泛地对.NET Passport 进行共同署名以符合您的站点外观。当在客户端浏览器中显示集中主持的页时，可以从您的站点直接为共同署名材料提供服务，并且共同署名材料包含在这些页中。

- 对于需要额外安全性能以交换凭据或其他信息的集中主持的页，始终使用安全套接字层 (SSL)为这些页面提供服务。

- 所有.NET Passport 登录和核心配置文件 Cookie 均经过严格加密。每个参与网站收到唯一的加密密钥以有助于确保信息的保密性。

- 中央.NET Passport 服务器将加密的登录和配置文件信息返回给您的站点，可随后使用这些信息写入本地 Cookie，从而避免在后续页面查看时重定向回中央.NET Passport 服务器。

- 在站点之间移动时，成员不需要重新键入其登录名称和密码。启用.NET Passport 的站点在.NET Passport 中央服务器的域中发布一组加密的 Cookie，以简化站点间静态和无缝登录的过程。但是站点可能仍然选择始终强制将其成员重定向到.NET Passport 登录，并且在第一次查看其站点时进行身份验证。

- 参与站点从未收到成员的密码。实际上身份验证 Cookie 是一对加密的时间戳（用于声明成员登录的时间）。当其成员通过单击.NET Passport 注销链接选择注销时，就会将它们重定向到一个中心页，该页启用了从成员会话期间访问的所有站点中删除所有.NET Passport Cookie 的操作。

- 参与网站和中央.NET Passport 服务器之间没有服务器到服务器的实时通信。所有信息交换是通过客户端的浏览器进行的（使用 HTTP 重定向、查询字符串上的加密信息以及 Cookie）。仅当.NET Passport 的服务器端对象（在 .NET Passport SDK 中提供）定期下载和本地缓存集中主持的 XML 配置文件时，才进行服务器到服务器通信；此 XML 文件包含所有.NET Passport 服务器的当前 URL 和当前配置文件架构。

虽然过去 Passport 出现了一些问题。在采用这些服务时，发现了很多跨站点脚本执行的弱点，包括影响了 Hotmail 的黑客入侵。然后在发现大量问题后，微软终止了 Passport Wallet 和.NET Passport Express Purchase Service。尽管如此 Passport 作为一项技术正在变得成熟起来而且很多大型在线公司都支持它，包括 Hotmail，eBay，Monster.com，NASDAQ，Starbucks 以及许多其他站点。

4.3　Web Service 安全性

随着 Web 服务由技术概念到实践应用的不断发展，种种迹象表明 Web 服务将是未来应用架构的一个极为重要的模式。当 Web 服务用于试验计划和大规模生产时，拥有一种松散耦合的、与语言和平台无关的、在组织内跨企业、跨因特网链接应用程序的方法的好处正变得愈发明显。我们的客户、业界分析家和新闻界确定了当 Web 服务日益成为主流时要解决的关键问题：安全性。本节中我们将讨论在 ASP.NET 实现 Web 服务的安全性问题，以及讨论认证和授权的安全性解决方案。

Web 服务体系架构的关键是能够交付集成的、可互操作的解决方案。通过应用这个安全模型，确保 Web 服务的完整性、机密性和安全性，这对软件商和它们的客户来说都至关重要。将会出台的 Web 服务基本的安全规范包括：用于整合的 Web 服务描述语言，用于认证和授权的安全性声明标记语言，用于渠道保密的安全槽层（SSL），用于高度机密的 XML 加密标准和用于高级授权的 XML 数字签名。此外，其他几项规范也会陆续出台，包括：Web 服务安全性规范（包括 XML-加密和 XML-数字签名）、XML 密钥管理规范和用于授权的可扩展访问控制标记语言规范等。为 Web 服务提供安全功能和组件的模型需要把现有的流程和技术与将来的应用程序的安全性需求集成起来。统一的安全技术就必须把应用程序对安全的需求从特定的机制中抽象出来。目的是让开发者能够容易地使用异类系统建立可互操作的安全解决方案。成功的 Web 服务安全方法需要一组灵活的、可互操作的基本元素，通过策略和配置，这些安全性基本元素可以使多种安全解决方案成为可行的方案。

4.3.1　基本原理

在 ASP.NET 中，Web 服务本质上也是一个 ASP.NET 应用程序，所以我们可以通过一般角度来入手在 ASP.NET 实现 Web 服务的安全性问题。

ASP.NET 程序的安全性可以通过四个部分来共同保证，其结构如图 4-6 所示。

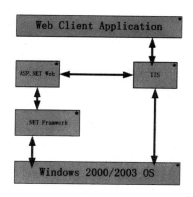

图 4-6　ASP.NET 应用程序的安全框架

IIS 处理请求

客户端的请求首先会被 IIS 拦截住，IIS 对请求解密同时可以验证请求，如果关闭允许匿名访问，则 IIS 需要客户端的身份验证才能通过，即客户端必须提供某些凭证来证明身份。如果验证失败，IIS 将会决绝请求，否则将验证后的客户端信息附加在请求上下文中，并传递给 ASP.NET 程序。如果 IIS 允许匿名访问，则系统不会要求客户端提供任何凭据，这时 IIS 将把一个特殊用户账户(IUSR_Machinename)的信息传递给 ASP.NET 应用程序。通过 IIS 管理器，我们可以配置安全性，图 4-7 所示为 IIS 的目录安全性标签项。

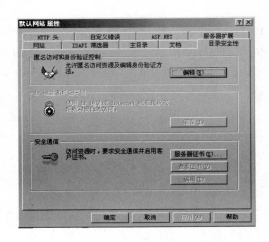

图 4-7　配置 IIS 的安全性

如图 4-7 所示，我们可以设置匿名访问和验证控制，在图 4-8 所示对话框中我们可以设置 IIS 是否启用匿名访问以及匿名访问时 IIS 传递给 ASP.NET 应用的账户标志。

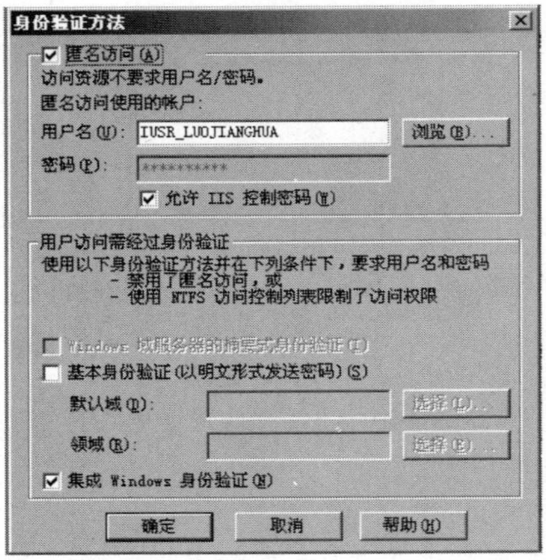

图 4-8

除了上面的设置以外，IIS 还可以对目录或文件级别指定安全性。在 IIS 管理器下选种相应的 IIS 虚拟目录，查看属性就可以设置是否允许读取该目录，浏览该目录了，如图 4-9 所示。

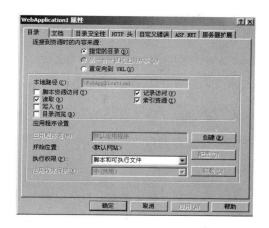

图 4-9 在目录级别设置访问权限

如果我们还需要在文件级别设置安全性，就需要设置文件选项卡的相应属性了，比如可以设置该文件是否是可读，是否可以执行脚本等操作，如图 4-10 所示。

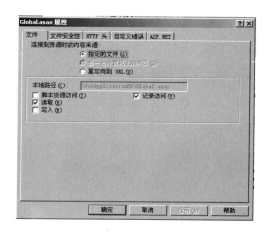

图 4-10 在文件级别设置访问权限

ASP.NET 应用程序

ASP.NET 应用程序通过进一步指定身份验证策略和 URL 授权来保证应用程序的安全性，它可以直接利用 IIS 传递来的客户端信息，这也就是我们前面讲到的 WINDOWS 身份验证，同时还可以为 ASP.NET Web 服务创建自定义的身份验证选项，比如基于 SOAP 标头的验证方案，另外 ASP.NET Web 还可以启用模拟，此时 ASP.NET Web 服务可以通过某些预先建立的凭据来请求资源而不必要求用户提供身份验证凭据。

> **提示** IIS 身份验证和 ASP.NET 应用程序的身份验证是两个独立的模块，前者是保证安全性的第一道关卡，无论 ASP.NET 应用程序采用何种安全措施它总会发生。

授权发生在身份验证之后，它是准许或决绝特定用户访问资源的过程。ASP.NET 应用程序中的授权是 URL 的授权方式，它是根据用户和角色来准许或决绝对特定 URL 资源的访问，而用户及角色是身份验证的产物。

ASP.NET Web 服务的身份验证策略和授权策略是在配置文件 Web.config 中设置的，该文件将对它所在的虚拟目录及其子目录下的所有 Web 服务进行配置。其内容可以参考 Web.config 配置文件。

.NET 框架

.NET 框架提供了代码访问安全性和基于角色的安全性，前者是控制代码对受保护的资源和操作的访问权限的一种机制，后者通过生成可供当前线程使用的用户信息来支持授权，而用户是用关联的标志构造的。标志以基于 Windows 账户，也可以是同 Windows 账户无关的自定义标志。.NET 框架应用程序可以根据用户的标志或角色成员条件作出授权决定。当和 ASP.NET Web 服务一起使用时，主要用到.NET 框架提供的基于角色的安全性。

托管代码可以通过 Principle 对象发现用户的标志和角色，该对象包含对 Identity 对象的引用。Identity 对象封装有关正在验证的用户或实体信息，例如名称和身份验证类型。.NET 框架定义了一个 GenericIdentity 对象和一个更专用的 WindowsIdentity 对象，前者可以用于大多数自定义的登录方案，而后者可以用于在希望应用程序依赖于 Windows 身份验证的情况中。

Principle 对象表示运行代码的安全性上下文。同标识对象类似，.NET 框架提供 GenericPrincipal 对象和 WindowsPrincipal 对象。Principle 对象定义一个属性和方法，前者用于访问关联的 Identity 对象，而后者用于确定 Principle 对象所标识的用户是否为给定角色的成员。

当和 ASP.NET Web 服务一起配合使用时，可以直接在 Web 服务中用编码的方式直接操作 Identity 对象和 Principle 对象以提供更精细的控制，例如动态模拟其他用户以执行特定的操作。

4.3.2 基于 Windows 的身份验证

在基于 Windows 的身份验证中，ASP.NET 直接接收 IIS 传递来的用户标志，默认情况下，

ASP.NET 将依据此标志构造一个 WindowsPrincipal 对象作为 Web 服务执行的安全上下文。为了实现基于 Windows 的身份验证，通常来讲可以通过三个步骤来完成：

- 设定 IIS 的身份验证，可以采用基本身份验证、简要身份验证和集成 Windows 身份验证。

- 设定 ASP.NET Web 服务的配置文件以启用 Windows 身份验证。

- 可选，为目录设定访问权限。

　　上面的验证都可以通过设置 IIS 和修改配置文件来完成。下面我们来讲讲另一种独特的验证方式：模拟。事实上在默认情况下，ASP.NET Web 服务的代码以 ASPNET 用户的身份而不是以登录的用户身份执行。但是在使用过程中有没有别的办法让我们的 ASP.NET 不以 ASPNET 身份而以其他的身份执行呢？如以用户登录的身份来执行？我们可以通过上面提到的模拟来解决这样的问题。实现思路很简单，只需要在配置文件中加入<identity impersonate="true">节点便可以实现。在此我们想要介绍的是一种更灵活的模拟方式：动态模拟。何谓动态模拟呢？就是在执行某个操作时，使程序用管理员的身份（而不是被模拟的用户或 ASPNET 账户）执行，但在完成该操作后（如写日志操作）又恢复到原来的安全上下文去继续执行其他操作。不过我们需要调用非托管 LogonUser 方法并向其传递所需账户的用户名、密码和域信息以检索特定用户的账户标志。由于 LogonUser 方法不包含在.NET 框架基类库中，而在非托管 Advapi32.dll 中，因此我们可以创建一个包装函数使用非托管函数，这样的包装函数是用 DllImport 特性标记的不含任何代码的静态方法。DllImport 特性中包含了非托管函数的信息，此包装函数如下：

```
public class DLLWrap
    {
        [DllImport("c:\\WINDOWS\\System32\\advapi32.dll")]
        public static extern bool LogonUser(string userName,string domain,
            string pwd,int logonType,int logonProvider,out int token);
        [DllImport("c:\\WINDOWS\\System32\\Kernel32.dll")]
        public static  extern int GetLastError();
    }
```

下面以一个 Web 方法实现动态模拟的全部过程：

```
[WebMethod]
public string GetUser()
```

```
    {
        string msg="user:"+User.Identity.Name;
        int token;//待模拟的管理员用户标志
        bool loggedOn;
         //获得超级用户的标志
        loggedOn=DLLWrap.LogonUse("administrator","cdproclub","123456",3,0,out
token);
        int ret=DLLWrap.GetLastError();//错误响应
        if(ret!=0)
        return "动态模拟"+WindowsIdentity.GetCurrent().Name+"错误";
        IntPtr hToken=new IntPtr(token);//生成。NET 平台下的句柄
        //生成要模拟的用户对象
        WindowsIdentity impersonnate=new WindowsIdentity (hToken);
        //创建 WindowsImpersonationContext 类的一个新实例
        WindowsImpersonationContext myImpersonate;
        //模拟，将以超级用户的身份运行程序
        myImpersonate=impersonnate.Impersonate();
        //假如运行本程序需要用户有写的权限
                FileStream fs=new
                FileStream("C:\\log.txt",FileMode.OpenOrCreate,FileAccess.Write);
                StreamWriter st=new StreamWriter(fs);
                st.WriteLine("***"+DateTime.Now.Tostring()+"*****");
                st.WriteLine("user:"+User.Identity.Name);
                st.Close();
                fs.Close();
                //恢复到原来的身份
                myImersonate.Undo();
                string str="用户是否经过验证？"+User.Identity.IsAuthenticated;
                str+=str+"用户名"+User.Identity.Name;
                return str;
    }
```

从上面的演示我们可以看出，通过调用非托管函数创建 Windows 用户标志还是很麻烦的事情。不过最常用的是动态启用对已验证了身份的用户的模拟。在这样的情况下，Web 服务以 ASPNET 用户身份，而在某些特殊时候，让 Web 服务模拟当前用户。此时需要启用窗体验证方式并禁止模拟，关闭配置文件的模拟。下面的演示动态模拟当前用户执行写 C:\LOG.TXT 文件的操作，在返回的字符串中带了执行 Web 服务的进程的用户标志。

```
[WebMothod]
    public string GetUser()
    {
        string msg="user:"+User.Identity.Name; //生成要模拟的用户对象
        WindowsIdentity impersonnate=(WindowsIdentity).User.Identity;
        创建 WindowsImpersonationContext 类的一个新实例
        WindowsImpersonationContext myImpersonate;
        //模拟，将以超级用户的身份运行程序
        myImpersonate=impersonnate.Impersonate();
        //假如运行本程序需要用户有写的权限
FileStream fs=new
        FileStream("C:\\log.txt",FileMode.OpenOrCreate,FileAccess.Write);
        StreamWriter st=new StreamWriter(fs);
        st.WriteLine("***"+DateTime.Now.Tostring()+"*****");
        st.WriteLine("user:"+User.Identity.Name);
        st.Close();
        fs.Close();
        //恢复到原来的身份
        myImersonate.Undo();
        string str="用户是否经过验证？"+User.Identity.IsAuthenticated;
        str+=str+"用户名"+User.Identity.Name;
        str+=str+"\n 当前进程的运行身份："+WindowsIdentity.GetCurrent().Name;
        return str;
    }
```

为了能够正常工作，我们需要禁止匿名访问，并启用 IIS 的基本验证方式。下一小节我们将讨论基于 SOAP 标头的自定义解决方案。

4.3.3　基于 SOAP 标头的自定义解决方案

Windows 身份验证机制（包括用户证书）都依靠 HTTP 传输，而 SOAP 是独立于传输的，它可以用 HTTP 以外的其他协议来传输，比如 FTP，SMTP 等。创建自定义身份验证机制的一个原因就是将身份验证从传输分离，这可以通过在 SOAP 标头中传递身份验证凭据实现来完成。

要传递与 Web 服务的语义无关的数据或信息，SOAP 标头是一种不错的方式。大家应该知道，SOAP 消息有三部分组成：信封、SOAP 标头、SOAP 主体。其中信封为根元素，主体和标头是它的子元素。主体元素包括 Web 服务方法的输入和输出参数，因此该元素由 Web 服务方法处理。与主体元素不同的是，标头元素是可选的，所以可以由基础结构进行处理，也就是由开发用来提供自定义身份验证机制的基础结构进行处理。

下面我们给出一种基于标头的自定义身份验证方案，此方案的核心是通过 HTTP 模块来实现的。

1. HTTP 模块和 ASP.NET 基础结构

对于熟悉 ISAPI 扩展编程的读者来说，HTTP 模块则类似于 IIS ISAPI 筛选器，ASP.NET 已经预先包含了一组可由应用程序使用的 HTTP 模块。例如，ASP.NET 提供了 SessionStateModule 来向应用程序提供会话状态服务。

让我们从一个典型的 ASP.NET Web 请求的生命周期的起点开始，当用户输入一个 URL，单击了一个超链接或者提交了一个 HTML 表单或者一个客户端程序，可能调用了一个基于 ASP.NET 的 WebService(同样由 ASP.NET 来处理)，在 Web 服务器端，IIS 获得这个请求。在最底层，ASP.NET 和 IIS 通过 ISAPI 扩展进行交互，在 ASP.NET 环境中这个请求通常被路由到一个扩展名为.aspx 的页面上，但是这个流程是怎么工作的完全依赖于处理特定扩展名的 HTTP Handler 是怎么实现的，在 IIS 中.aspx 通过"应用程序扩展"(又称为脚本映射)被映射到 ASP.NET 的 ISAPI 扩展 DLL-aspnet_isapi.dll.每一个请求都需要通过一个被注册到 aspnet_isapi.dll 的扩展名来触发 ASP.NET(来处理这个请求)。

依赖于扩展名 ASP.NET 将请求路由到一个合适的处理器(handler)上，这个处理器负责获取这个请求。例如 WebService 的.asmx 扩展名不会将请求路由到磁盘上的一个页面，而是一个由特殊属性(Attribute)标记为 WebService 的类上。许多其他处理器和 ASP.NET 一起被安装，当然也可以自定义处理器。所有这些 HttpHandler 在 IIS 中被配置为指向 ASP.NET ISAPI 扩展，并在 web.config(ASP.NET 中自带的 handler 是在 machine.config 中配置的，当然可以在 web.config 中覆盖配置)被配置来将请求路由到指定的 HTTP Handler 上。每个 handler 都是一个处理特殊扩展的.NET 类，可以从一个简单的只包含几行代码的 Hello World 类，到非常复杂的 handler 如 ASP.NET 的页面或者 WebService 的 handler。当前只要了解 ASP.NET 的映射机制是使用扩展名来从 ISAPI 接收请求并将其路由到处理这个请求的 handler 上就可以了。

2. 实现基于 HTTP 标头的自定义身份验证

启用 VS.NET，然后建立一个 ASP.NET Web 服务项目，通过下面的步骤，我们将为该服务的访问添加认证。

- 实现 IHttpModule 接口。

- 处理 Init 方法并为所需事件进行注册，处理该方法。

- 如果必须进行清理，可以实现 Dispose 方法。

- 在配置文件中注册该模块。

下面讨论 HTTP 模块的实现细节。

（1）定义委托事件

Public delegate void WebServiceAuthenticationEventHandler(Object sender, WebServiceAuthenticationEvent e)事件委托中用到了自定义的事件参数 WebServiceAuthenticationEvent 类型。

（2）定义事件参数类

事件参数类接收用户名和密码，并提供了若干辅助方法以方便事件处理程序进行授权。

```
public class WebServiceAuthenticationEvent : EventArgs
    {
        //用户标志
        private IPrincipal m_Iprincipal;
        private HttpContext m_Context;
        private string m_User;
        private string m_Pwd;
        public WebServiceAuthenticationEvent(HttpContext context)
        {
            m_Context = context;
        }
        public WebServiceAuthenticationEvent(HttpContext context,string user,
string pwd)
        {
            m_Context = context;
            m_User = user;
            m_Pwd = pwd;
        }
```

```csharp
public HttpContext Context
{
    get { return m_Context; }
}
public IPrincipal Principal
{
    get { return m_Iprincipal; }
    set { m_Iprincipal = value; }
}
public void Authentication()
{
    //自定义的用户对象
    GenericIdentity i = new GenericIdentity(User);
    this.Principal = new GenericPrincipal(i, new string[0]);
}
//将用户赋予角色
public void Authenticate(string[] roles)
{
    GenericIdentity i = new GenericIdentity(User);
    this.Principal = new GenericPrincipal(i,roles );
}
public string User
{
    get { return m_User; }
    set { m_User = value; }
}
public string PWD
{
    get { return m_Pwd; }
    set { m_Pwd = value; }
}
//辅助的判断用户是否提供了证据
public bool HasCredentials
{
    get
    {
        if((m_User ==null)||(m_Pwd==null))
        return false ;
```

```
            return true ;
        }
    }
}
```

可能读者们会有疑问，为什么需要在事件参数中包含这么多的属性和方法呢？它们有什么 ？这样定义的目的充分体现了面向对象的好处，通过将数据和操作绑定到一起，简化了事件处理代码编写。

（3）HTTP 模块类的实现

HTTP 模块类将在 Init 方案中为 ASP.NET 应用的 AuthenticationRequest 注册一个处理方法 OnEnter, OnEnter 将分析是否为 SOAP 请求，若是则将从自定义表头中提取用户名和密码，但 OnEnter 并不直接处理授权，反之它会调用私有方法 OnAuthenticate, OnAuthenticate 则会引发自定义的授权事件 Authenticate，最终我们通过在 Global.asax 文件中挂钩该事件来实现授权策略的目的。其代码如下：

```
//can not inherit
 public  sealed  class WebServiceAuthenticationModule : IHttpModule
 {
    //customrize event
    private WebServiceAuthenticationEventHandler _eventHandler = null;
    //read or write customrize event
    public event WebServiceAuthenticationEventHandler Authenticate
    {
        add { _eventHandler += value; }
        remove { _eventHandler -= value; }
    }
    //dispose resource,impletate the dispose method of IHttpModule
    public void Dispose()
    { }
    //impletate the Init method of IHttpModule
    public void Init(HttpApplication app)
    {
        //regester callback event
        app.AuthenticateRequest+=new EventHandler(this.onEnter);
    }
```

```
        //active customrize event
        private void OnAuthenticate(WebServiceAuthenticationEvent e)
        {
            if (_eventHandler == null)
                return;
            _eventHandler(this, e);
            if (e.User != null)
                e.Context.User = e.Principal;
        }
        //deal with requst
        public void onEnter(object source,EventArgs enventArgs)
        {
            HttpApplication app = (HttpApplication)source;
            HttpContext context = app.Context;
            System.IO.Stream httpStream = context.Request.InputStream;
            //save current place
            long posStream = httpStream.Position;
            if (context.Request.ServerVariables["HTTP_SOAPACATION"] == null)
            {
                return;
            }
            //load http message of body to xmldocument
            System.Xml.XmlDocument dom = new System.Xml.XmlDocument();
            string soapUser;
            string soapPwd;
            try
            {
                dom.Load(httpStream);
                httpStream.Position = posStream;
                soapUser = dom.GetElementsByTagName("User").Item(0).InnerText;
                soapPwd = dom.GetElementsByTagName("Password").Item(0).InnerText;
            }
            catch (Exception ex)
            {
                httpStream.Position = posStream;
                System.Xml.XmlQualifiedName name = new System.Xml.XmlQualified
Name("Load");
                SoapException soapException = new SoapException("Can not read soap
```

```
request!", name, ex);
                throw soapException;
            }
            //active customrize event
            OnAuthenticate(new WebServiceAuthenticationEvent(context, soapUser,
soapPwd));
            return;
        }
    }
}
```

本类中用到了自定义事件的方法，实现思路为先定义一个委托类型，然后申明一个委托类型的变量，但在本类中用到了两种申明的方式：第一种为申明为私有变量，然后申明一个公共属性为其添加处理方法；第二种是用 Event 关键字修饰该变量，最后在合适的地方引发自定义事件。

（4）配置

为了使用上面我们定义的 HTTP 模块类，必须用配置文件将其加入到 HTTP 请求的 ASP.NET 基础结构中：

```
<httpModules>
  <add name="WebServiceAuthentication"
      type="SOAPDemo2.WebServiceAuthenticationModule,SOAPDemo2"/>
</httpModules>
</system.web>
```

注意　根据项目生成的程序集的名称和自定义 HTTP 模块的完全限定名相应的修改<Add>子标志 Type 属性。

（5）编写自定义身份验证

ASP.NET 能根据名字将定义在 Global.asax 文件中的方法和模块的事件挂钩，其处理模块事件的方法规则是：模块名字_On 模块自定义事件名。由于我们已经在配置文件中为自定义模块指定了名称，所以在 Global.asax 文件中就可以轻松实现自定义身份验证了：

```
void Session_End(object sender, EventArgs e)
   {
```

```
        // Code that runs when a session ends.
        // Note: The Session_End event is raised only when the sessionstate mode
        // is set to InProc in the Web.config file. If session mode is set to
StateServer
        // or SQLServer, the event is not raised.
    }
    void WebServiceAuthentication_OnAuthenticate(object sender, WebServiceAuth-
enticationEvent e)
    {
        if (!e.HasCredentials) return;
        if (e.User == "kim" && e.PWD == "123")
            e.Authenticate(new string[] { "Manager" });
        else if (e.User == "kim" && e.PWD == "456")
            e.Authenticate(new string[] { "Developer" });
    }
```

（6）实现 Web 服务

如果需要使用自定义 SOAP 标头的身份验证，Web 服务必须完成两件事情：指定它需要包含身份验证凭据的 SOAP 标头并授予客户端对该 Web 服务的访问权限。下面提供了一个 Web 服务方法，作用是返回当前用户的标志信息：

```
    public Authentication authentication;
    [WebMethod]
    [SoapHeader("authentication")]
    public string ValidUserInfo()
    {
        string values="";
        if (User.IsInRole("Developer"))
        { values = "User is " + User.Identity.Name + "Role"; }
        else if (User.IsInRole("Manager"))
        { values = "User is " + User.Identity.Name + "Role"; }
        return values;
    }
    public delegate void WebServiceAuthenticationEventHandler(Object sender, Web
ServiceAuthenticationEvent e);
    //customrize header
    public class Authentication : SoapHeader
```

```
    {
        public string User;
        public string Pwd;
    }
```

> **注意**　ValidUserInfo 方法中调用了 IPrincipal 的 IsInRole 方法来判断特定的用户是否是特定的角色。

4.3.4　自定义基于 Windows 的身份验证

虽然直接编写插入 ASP.NET 基础结构的 HTTP 模块可以实现任意复杂的自定义安全方案，但是读者可能已经发现需要额外编写很多代码。有时候，我们可能需要一种简单的轻型的自定义解决方案，比如在现有的 Windows 身份验证基础上进行扩展，这样可以大大简化我们的代码封装工作量，同时也节省了大量的时间，为保证项目进度起到关键作用。

从原理上来讲，Windows 身份验证本质上仍然是由一个 HTTP 模块生成实现的。这个模块我们可以称它为：WindowsAuthenticationModule，此类又存在于.NET 框架类库中。对于每个 ASP.NET WEB 服务应用程序，当第一个请求到来时，ASP.NET 框架将创建 WindowsAuthenticationModule 实例，同时将该实例的引用加入 ASP.NET 应用程序的模块集合中，然后 ASP.NET 框架将自动把全局文件中定义的名称为 WindowsAuthenticationModule_OnAuthenticate 方法附加到 Authenticate 事件上。当 ASP.NET 的 Windows 身份验证发生时，就会触发该事件。到此读者应该明白通过在 Global.asax 文件中编写 WindowsAuthenticationModule_OnAuthenticate 方法就可以实现 Windows 身份验证了。

接着我们来看看如何编写 WindowsAuthenticationModule_OnAuthenticate 方法，因为该方法用来处理 WindowsAuthenticationModule 的 Authenticate 事件，所以它必须符合定义该事件的 WindowsAuthenticationEventHandler 委托：

```
[Serializable]
    Public  delegate  void  WindowsAuthenticationEventHandler(object sender, Win-
dowsAuthenticationEventArgs e);
    这样定义 WindowsAuthenticationModule_OnAuthenticate 的方法格式如下：
    void Session_End(object sender, EventArgs e)
        {
            // Code that runs when a session ends.
            // Note: The Session_End event is raised only when the sessionstate mode
```

```
        // is set to InProc in the Web.config file. If session mode is set to StateServer
        // or SQLServer, the event is not raised.
    }
    void WindowsAuthenticationModule_OnAuthenticate(object sender, Windows
AuthenticationEventArgs e)
    {
        //
    }
```

在自定义 Windows 身份验证的过程中，将利用事件参数 e 的数据，e 为 Windows AuthenticationEventArgs 类型的，也即当此方法被调用的时候，e 的 Identity 的属性中已经包含了经过 IIS 身份验证获得的 Windows 标志，我们需要解决的就是根据该属性设置 e 的 User 属性。

接下来我们实现一种对 Windows 身份验证的自定义解决方案，该方案将超级用户映射到一组（group1），将普通用户映射到另一组（group2）：

```
    void WindowsAuthenticationModule_OnAuthenticate(object sender, WindowsAuthen-
ticationEventArgs e)
    {
        if (e.Identity == null)
            return;
        if (!e.Identity.IsAuthenticated)
            return;
        System.Security.Principal.GenericIdentity a = new
        System.Security.Prin- cipal.GenericIdentity(e.Identity.Name);
        System.Security.Principal.GenericPrincipal principal = null;
        if (e.Identity.Name.ToUpper == @"admin")
        { principal=new System.Security.Principal.GenericPrincipal(a,new string
[]{"group1"});}
        else if (e.Identity.Name == @"user")
        { principal = new System.Security.Principal.GenericPrincipal(a, new
string[] { "group2" }); }
        else
        { principal = new System.Security.Principal.GenericPrincipal(a, new
string[0]); }
        e.User = principal;
    }
```

最后就可以在 WEB 服务中添加方法来测试我们建立的安全解决方案了。由于实现思路和上一节基本一样，在此省略。

4.3.5　代码级别的安全访问

除了利用 IIS、OS、ASP.NET 基础结构提供的安全措施以外，还可以从.NET 框架提供的基于角色的安全性中获得解决方案。

在运行时，.NET 框架可以检查附加在当前线程上的用户信息来支持授权，就像我们在前面看到的一样，其实用户是根据关联的标志构造的，标志可以根据 Windows 账户，也可以是同 Windows 账户无关的自定义标志，在.NET 框架中用户是用 Principal 对象表示的，而标志则用 Identity 对象表示。Principal 对象中包含了 Identity 对象的引用，除此以外，它还将角色跟所引用的 Identity 对象相关，通过调用其 IsInRole 方法可以判断它代表的用户是否为特定的组的成员。

在 ASP.NET Web 服务中，经过 ASP.NET 身份验证的表示请求用户的用户被附加到执行 Web 服务的当前线程，这是 ASP.NET WEB 服务的 User 属性和 Thread.CurrentPrincipal 都引用同样的用户对象: ASP.NET 基础框架传过来的请求用户，当然根据不同的验证方式,该用户可能是 Windows 账户或自定义的一般 Principal 对象。在运行时，.NET 框架可以根据当前线程的 CurrentPrincipal 所表示的用户标志或角色决定授权，通过代码控制如下:

```
If (Thread.CurrentPrincipal.IsInRole("role1"))
{
 // nothing to do
}
Else
{
  //reject do somthing
}
```

> **提示**　在 ASP.NET Web 中，可以用 User 代替 Thread.CurrentPrincipal ，因为它们都引用自同一个对象。

在上面的演示中只能保证请求用户属于特定的角色时，才能执行代码。所以更好的方式也许是通过简单的申明来指定这种代码级别的安全策略。.NET 框架提供了 PrincipalPermission 特性，利用它就可以用申明方式要求运行代码的用户属于指定的角色或已通过身份验证。

借用前面的场景，对 Web 方法做如下修改：

```
[WebMethod]
    [PrincipalPermission(SecurityAction.Demand, Role = "Developer")]
    public string SecurityDemo()
    {
        return System.Threading.Thread.CurrentPrincipal.Identity.Name + "invoke
success!";
    }
```

最后将 IIS 设置为禁止匿名访问，并采用基本身份验证方式，修改配置文件，授权所有用户能访问该服务：

```
        <authorization >
            <allow users ="*"/>
        </authorization>
```

4.4 数据操作安全性

数据访问一直是开发 Web 应用程序的一个关键问题。几乎每个商业应用程序都需要数据驱动的 Web 页面。由于数据访问如此普遍，开发人员不断地为简单的数据库任务重新生成复杂的代码就显得毫无意义了。比如从格式各异的不同数据源中快速访问数据。幸运的是 ASP.NET 2.0 中新增的数据访问控件和 ADO.NET 2.0 解决了这一问题。对于传统的 ASP 和 ASP.NET 1.1 应用程序而言，开发人员不得不创建代码访问和更新数据库，将检索到的数据转换为浏览器识别的 HTML 格式，大大降低了开发效率，浪费了不少时间。然而随着数据访问越来越便利，同时数据存储（如 Microsoft SQL Server 2000/2005）和访问在大多数分布式 Web 应用程序中又均扮演着重要的角色，对开发人员来说，如何保证数据的读写安全性将是一项重要的职责。通常来讲数据存储可以包含所有类型的数据，包括用户应用程序首选项、机密的人事记录与医疗记录、审核日志与安全日志，甚至还包括用户访问应用程序时所需的凭据。显而易见，在存储这类数据以及对其执行读/写操作时都需要保证它们的安全，以确保只有具备相应授权权限的用户才能对其进行访问。本节将介绍与访问数据相关的一些重要安全问题的解决方案，数据访问其他相关内容详见第 3 章。

4.4.1 阻止 SQL 注入

所谓 SQL 注入式攻击，就是攻击者把 SQL 命令插入到 Web 表单的输入域或页面请求的查询字符串，欺骗服务器执行恶意的 SQL 命令。在某些表单中，用户输入的内容直接用来构造（或者影响）动态 SQL 命令，或作为存储过程的输入参数，这类表单特别容易受到 SQL 注入式攻击。常见的 SQL 注入式攻击过程类如：某个 ASP.NET Web 应用程序有一个登录页面，这个登录页面控制着用户是否有权访问应用，它要求用户输入一个名称和密码。登录页面中输入的内容将直接用来构造动态的 SQL 命令，或者直接用作存储过程的参数。下面是 ASP.NET 应用程序构造查询的一个例子：

```
System.Text.StringBuilder query = new System.Text.StringBuilder ("SELECT * from
Users WHERE login = '")
            .Append (txtLogin.Text)
.Append ("' AND password='")
.Append (txtPassword.Text)
.Append ("'");
```

攻击者在用户名字和密码输入框中输入 "'" 或 "'1'='1'" 之类的内容；用户输入的内容提交给服务器之后，服务器运行上面的 ASP.NET 代码构造出查询用户的 SQL 命令，但由于攻击者输入的内容非常特殊，所以最后得到的 SQL 命令变成：SELECT * from Users WHERE login = ' or '1'='1' AND password = ' or '1'='1'；服务器执行查询或存储过程，将用户输入的身份信息和服务器中保存的身份信息进行对比；由于 SQL 命令实际上已被注入式攻击修改，已经不能真正验证用户身份，所以系统会错误地授权给攻击者。

如果攻击者知道应用程序会将表单中输入的内容直接用于验证身份的查询，他就会尝试输入某些特殊的 SQL 字符串篡改查询改变其原来的功能，欺骗系统授予访问权限。系统环境不同，攻击者可能造成的损害也不同，这主要由应用程序访问数据库的安全权限决定。如果用户的账户具有管理员或其他比较高级的权限，攻击者就可能对数据库的表执行各种他想要做的操作，包括添加、删除或更新数据，甚至可能直接删除表。

要防止 ASP.NET 应用程序被 SQL 注入式攻击闯入并不是一件特别困难的事情，只要在利用表单输入的内容构造 SQL 命令之前，把所有输入内容过滤一番就可以了。过滤输入内容可以按多种方式进行。

- 对于动态构造 SQL 查询的场合，可以使用下面的技术：替换单引号，即把所有单独出现的单引号改成两个单引号，防止攻击者修改 SQL 命令的含义。再来看前面的例子，"SELECT * from Users WHERE login = ' or '1'='1' AND password = ' or '1'='1'" 显然会得到与 "SELECT * from Users WHERE login = ' or '1'='1' AND password = 'or '1'='1'" 不同的结果；删除用户输入内容中的所有连字符，防止攻击者构造出类如 "SELECT * from Users WHERE login = 'mas' -- AND password ='" 之类的查询，因为这类查询的后半部分已经被注释掉，不再有效，攻击者只要知道一个合法的用户登录名称，根本不需要知道用户的密码就可以顺利获得访问权限；对于用来执行查询的数据库账户，限制其权限。用不同的用户账户执行查询、插入、更新、删除操作。由于隔离了不同账户可执行的操作，因而也就防止了原本用于执行 SELECT 命令的地方却被用于执行 INSERT、UPDATE 或 DELETE 命令。

- 用存储过程来执行所有的查询。SQL 参数的传递方式将防止攻击者利用单引号和连字符实施攻击。此外，它还使得数据库权限可以限制到只允许特定的存储过程执行，所有的用户输入必须遵从被调用的存储过程的安全上下文，这样就很难再发生注入式攻击了。

- 限制表单或查询字符串输入的长度。如果用户的登录名字最多只有 10 个字符，那么不要认可表单中输入的 10 个以上的字符，这将大大增加攻击者在 SQL 命令中插入有害代码的难度。

- 检查用户输入的合法性，确信输入的内容只包含合法的数据。数据检查应当在客户端和服务器端都执行——之所以要执行服务器端验证，是为了弥补客户端验证机制脆弱的安全性。在客户端，攻击者完全有可能获得网页的源代码，修改验证合法性的脚本（或者直接删除脚本），然后将非法内容通过修改后的表单提交给服务器。因此，要保证验证操作确实已经执行，唯一的办法就是在服务器端也执行验证。你可以使用许多内建的验证对象，例如 RegularExpressionValidator，它们能够自动生成验证用的客户端脚本，当然你也可以插入服务器端的方法调用。如果找不到现成的验证对象，你可以通过 CustomValidator 自己创建一个。

- 将用户登录名称、密码等数据加密保存。加密用户输入的数据，然后再将它与数据库中保存的数据比较，这相当于对用户输入的数据进行了"消毒"处理，用户输入的数据不再对数据库有任何特殊的意义，从而也就防止了攻击者注入 SQL 命令。System.Web.Security.FormsAuthentication 类有一个 HashPasswordForStoringInConfigFile，非常适合于对输入数据进行消毒处理。

- 检查提取数据的查询所返回的记录数量。如果程序只要求返回一个记录，但实际返回的记录却超过一行，那就当做出错处理。

4.4.2　编写安全 SQL 代码

在开发过程中，可能大家都着迷于使用具有 sysadmin 或 dbo SQL Server 权限的账户，直到部署之前才转换为一个权限更低的账户。使用这种方法存在着一个问题：将设计人员的权限集还原为最低的所需权限集与在开发应用程序过程中编写这些权限集相比，前者要困难得多。鉴于部署应用程序之前您要决定可以取消哪些权限，所以请不要使用 SQL sysadmin 账户开发 T-SQL 代码。如果使用 SQL sysadmin 账户，可能会造成这样的结果，即应用程序会以比所需权限更多的特权账户运行。因此开发时请改为使用具有最低权限的账户。使用这样的账户进行开发时，你会逐渐地升高授予的特定权限，以执行一些必需的存储过程、从某些表进行选择等。请编写这些 GRANT 语句，以便可以将同样的最低权限轻松部署到生产环境中，而不会出现任何基于猜测的操作。

这种理念同样适用于测试。执行临时测试以及结构更加复杂的测试时，所使用账户拥有的权限集和用户权限应该与在生产环境中所使用账户拥有的权限集和用户权限完全相同。在开发过程中使用最低权限账户的另一个优点在于，您可以避免不小心编写出需要危险权限或过高权限的代码。例如假设您需要在 T-SQL 中与第三方 COM 组件进行交互。为此一种方法是发送一个 SQL 批处理命令，它直接调用 sp_OACreate 和 sp_OAMethod 来操纵该 COM 对象。在应用程序使用 sysadmin 账户连接 SQL Server 的开发环境中，上述方法效果很好。但是当你尝试将已经开发完成的应用程序准备用于生产部署时，您就会发现如果使用权限较低的账户，那么该方法不会奏效。为了让该应用程序能够使用非 sysadmin 账户在生产环境中正常运行，您必须针对 sp_OACreate 显式授予 EXECUTE 权限。请考虑一下，如果某个用户最终找到了一个方法，可以使用该应用程序登录执行任意代码，并利用此权限针对 SQL Server 实例化一个类似 Scripting.FileSystemObject 的 COM 对象，将会产生怎样的安全隐患？

有一些 T-SQL 命令和扩展，它们具有自己独特的安全考虑事项。其中一个是 sp_OACreate 及其相关的系统过程系列（例如 sp_OAMethod、sp_OAProperty 等）。以前我们曾经研究过一个潜在的安全问题，通过授予应用程序登录直接访问这些过程的权限，会带来该安全问题。为了避免此问题的发生，请绝对不要编写直接调用 sp_OA 过程的应用程序代码，而要将对这些过程的所有引用都打包在您自己的 T-SQL 存储过程中，并只授予访问这些包装存储过程的权限。

另外请不要允许应用程序代码将 COM 对象或方法的名称作为可由包装过程无条件调用的字符串进行传递。另一个具有独特安全风险集的内置 SQL Server 扩展为 xp_cmdshell。这个系统存储过程可以运行任何可执行文件或系统命令。由于一些很显然的原因，xp_cmdshell 上的 EXEC 权限默认情况下仅为 sysadmin 用户，必须显式地为其他用户授予该权限。如果您需要应用程序在 SQL Server 上运行某个特定的命令或实用程序，则请注意，不要在应用程序中构建一个 xp_cmdshell 直接访问的相关内容。这样的风险与直接访问 sp_OACreate 的风险相似。一旦为某个账户授予了 xp_cmdshell 的 EXEC 权限，该账户不但能够执行您希望其访问的特定命令，而且能够执行成百上千个操作系统命令和其他可执行文件。与 sp_OACreate 相似，始终将 xp_cmdshell 调用打包在另一个存储过程中，避免直接在 xp_cmdshell 上授予 EXECUTE 权限。您还应该避免将任何用户提供的字符串参数或者应用程序提供的字符串参数与将要通过 xp_cmdshell 执行的命令进行串联。如果无法达到上述要求，则必须了解，有一个专门针对 xp_cmdshell 的潜在的代码注入式攻击（至少在 SQL Server 中）。以下面的存储过程为例：

```
CREATE PROCEDURE usp_DoFileCopy @filename varchar(255) AS
DECLARE @cmd varchar (8000)
SET @cmd = 'copy \\src\share\' + @filename + ' \\dest\share\'
EXEC master.dbo.xp_cmdshell @cmd
GO
GRANT EXEC ON usp_DoFileCopy TO myapplogin
```

通过将 xp_cmdshell 调用打包在您自己的存储过程中并只针对该 usp_DoFileCopy 存储过程授予 EXEC 权限，你已经阻止了用户直接调用 xp_cmdshell 以执行任意命令。然而以下面的 shell 命令插入为例：

```
EXEC usp_DoFileCopy @filename = ' & del /S /Q \\dest\share\ & '
```

使用这个 @filename 参数，将要执行的字符串为 copy\\src\share\ & del /S /Q \\dest\share\ & \\dest\share。和号(&)被操作系统命令解释器处理为命令分隔符，因此该字符串将被 CMD.EXE 视为三个互不相关的命令。其中第二个命令(del /S /Q \\dest\share\)将尝试删除 \\dest\share 中的所有文件。通过利用该存储过程中某个 shell 命令插入漏洞，用户仍然可以执行任意操作系统命令。针对此类攻击进行防御的一种方法是将命令字符串打包在一个 T-SQL 函数中，如下所示。这个用户定义的函数会添加 shell 转义符 (^)，对出现的任何 & 字符或其他具有特殊意义的字符进行转义。

```
CREATE FUNCTION dbo.fn_escapecmdshellstring (
      @command_string nvarchar(4000)) RETURNS nvarchar(4000) AS
BEGIN
  DECLARE @escaped_command_string nvarchar(4000),
      @curr_char nvarchar(1),
      @curr_char_index int
  SELECT @escaped_command_string = N'',
      @curr_char = N'',
      @curr_char_index = 1
  WHILE @curr_char_index <= LEN (@command_string)
  BEGIN
    SELECT @curr_char = SUBSTRING (@command_string, @curr_char_index, 1)
    IF @curr_char IN ('%', '<', '>', '|', '&', '(', ')', '^', '"')
    BEGIN
      SELECT @escaped_command_string = @escaped_command_string + N'^'
    END
    SELECT @escaped_command_string = @escaped_command_string + @curr_char
    SELECT @curr_char_index = @curr_char_index + 1
  END
  RETURN @escaped_command_string
END
```

下面是消除了命令 shell 插入漏洞之后的存储过程：

```
CREATE PROCEDURE usp_DoFileCopy @filename varchar(255) AS
DECLARE @cmd varchar (8000)
SET @cmd = 'copy \\src\share\'
  + dbo.fn_escapecmdshellstring (@filename)
  + ' \\dest\share\'
EXEC master.dbo.xp_cmdshell @cmd
```

第三个具有独特安全考虑事项的 T-SQL 命令集为那些允许执行动态构建的查询的命令：
EXEC()和 sp_executesql。SQL 注入式攻击的风险并不是避免动态 SQL 的唯一理由。任何通过这
些命令动态执行的查询都将在当前用户的安全上下文中运行，而不是在该存储过程所有者的上
下文中运行。这就意味着，使用动态 SQL 可能会强制您授予用户直接访问基表的权限。以下面
的存储过程为例：

```
CREATE PROC dbo.usp_RetrieveMyUserInfo AS
SELECT * FROM UserInfo WHERE UserName = USER_NAME()
```

此过程会限制当前用户，使其无法查看其他任何用户的数据。但是，如果此过程中的 SELECT
语句是通过动态 EXEC()或通过 sp_executesql 执行的，你则必须授予用户对 UserInfo 表的直接
SELECT 权限，这是因为这个动态执行的查询是在当前用户的安全上下文中运行的。如果用户能够
直接登录服务器，他们则可以使用此权限跳过该存储过程提供的行级安全，查看所有用户的数据。

4.5 小结

本章首先介绍了.NET 2.0 中新增安全功能的概述，接着对 ASP.NET 2.0 中身份验证和授权的
相关问题进行了探讨并列举相关实例。让读者更加快速地掌握这些技术点。然后重点讲解了
ASP.NET 中实现 WEB 服务的安全性问题，最后讲述在开发过程中如何编写高效的，安全性较强
的 T-SQL 语句编写，接下来的一章我们将讲述在 Web 开发中，如何提高客户端体验，采用最新
AJAX 技术实现无刷新效果的 Web 程序。

05

Ajax 技术应用

谈到 Ajax 技术相信很多人都不会陌生，Ajax 技术已经由一股热潮演变成为了一种主流的 Web 应用技术。相信大多数人都感受到过 Ajax 优秀的用户体验和独特的魅力。现今网络中 Ajax 应用也越来越多，各种新的应用理念与方式也层出不穷，如 Google Map 的兴起，掀起了 Ajax 应用热潮的旋风，Gmail 的成功应用，证明了 Ajax 技术大规模应用的可靠性与可行性，在国内优秀的 Ajax 应用也为数众多，如超越传统电子地图的"e 都市"电子地图让我们看到了国内开发人员优秀理念与高超的设计能力。对于一个刚接触 Ajax 的读者来说，似乎 Ajax 技术比起其他技术更显得高深莫测，应该怎么理解和学习这种技术呢？下面即将带你一步一步走近 Ajax 技术。

5.1　什么是 Ajax

Ajax 一个奇怪的单词，对于一个初接触到这门技术的读者来说不免地产生疑惑。下面将解析这一让人费解的单词。

Ajax 其实是一个缩写词，其全称是"Asynchronous JavaScript and XML"即异步 JavaScript 和 XML。从字面上来看 Ajax 至少包含了三个部分。

- **Asynchronous 异步**：说明 Ajax 的交互方式是异步的。传统的网页交互方式都是通过用户填写表单（form），通过用户提交表单时向远端 Web 服务器发送一个请求，服务端接收表单，并从请求对象（Request）中取出用户提交的表单的信息并处理然后返回结果并呈现，至此用户在网页上完成一次网页刷新。而 **Ajax** 采用的异步交互技术，是浏览器使用内置

JavaScript 对象 XmlHttpRequest（这是一个非常重要的对象，在后面将会对它做详细阐述）向服务器端发起一个异步的请求，在请求发起于返回期间并不刷新页面，用户在当前页面的一切操作并不会受到阻塞，用户可以在此期间操作页面上的一切元素，这样使许多以前不能实现的应用得以实现，如 Google Map 的地图拖动后的地图异步加载。假想如果每拖动一次页面将会刷新一次来加载地图，可以预见得到的用户体验将是难以忍受的。

- **JavaScript**：此处的 JavaScript 指的是应用于浏览器上的客户端脚本。JavaScript 作为一种主流的浏览器客户端脚本技术，具有良好的开放性、易用性及灵活性，因此也奠定了它在 Ajax 技术中的核心地位，这也使得好多人觉得 Ajax 技术实际上是 JavaScript 脚本技术的一种拓展。实际上 Ajax 技术正是许多 Web 技术揉合的结果，JavaScript 正是其中一项占有核心地位的应用技术。要学习 Ajax 首先了解和学习 JavaScript 是很重要的。

- **XML**：作为近年来热门技术之一，在众多领域发挥了其巨大的优势与潜能。同样在 Ajax 技术中 XML 占有至关重要的作用，浏览器在使用 XmlHttpRequest 向服务端发送和返回请求的时候正是使用了 XML 来包裹和传送数据。Ajax 的提出者 Jesse James Garrett 在最初提出此概念的时候希望 XML 能作为标准的 Ajax 数据传输方式，但在实际运用中人们发现后来提出的 JSON（JavaScript Object Notation）在 Ajax 应用中比 XML 更为易用和高效，特别是 JSON 在 JavaScript 中的灵活使得人们在实际应用中更为乐于使用 JSON 来传送数据。

Ajax 技术除了主要包括这三方面外还包括许多重要的重要的技术，如 DOM（Document Object Model），XHTML+CSS 等在此就不一一列举。可以说 Ajax 技术是集多种技术为一体的综合性技术解决方案，提出了一种 Web 技术应用的新方式，利用它我们可以从一个新的角度来看待 Web 应用程序，能向一个新的方向去发展 Web 应用。

5.1.1 Ajxa 的工作方式

对于一个初学者来说，了解 Ajax 的工作方式是很有必要的，前面已经叙述了 Asynchronous（异步）是 Ajax 的基本工作方式。但具体来说 Ajax 在浏览器和服务端之间是怎么样个异步法，和传统的 synchronous（同步）交互方式又有怎么样的区别呢？

首先我们通过一个图来说明两种交互方式的区别（图 5-1）对于传统模式来说客户端在浏览器中进行了一系列的操作以后通过提交表单向服务端发起请求，此时客户端网页刷新等待服务端返回结果，在这期间客户端浏览器存在一个"空白期"，即等待服务端返回页面数据的时间，在此期间用户除了等待之外不能进行任何操作，直到服务端处理完逻辑返回结果，用户才能继续操作。这样的模式是在万维网服务和浏览器诞生之初就已确定的标准交互模式，对于简单的 Web 应用，如注册用户是填写提交表单，这样的模式能很好达到目的并完成业务，对于用户来说短暂的等待和并不频繁的提交动作也是合理并且能够接受的。但对于需要频繁与为服务端交互数据的情况，如前面所说的电子地图拖动加载图片的情况，传统的刷新方式就显得笨拙而低效，此时 Ajax 就有了用武之地。在 Ajax 的异步交互模式中，我们看到在客户端除了用户能看得见 Browser UI 元素外，还存在一个 Ajax engine 的层级，Browser UI 将用户的操作提交给 Ajax engine 处理，Ajax engine 将用户的数据和操作分析后再与远端服务器交互，并得到远端服务器返回的数据，Ajax engine 将这些返回的数据处理以后再将这些数据呈现在 Browser UI 上。在整个过程中可以看到客户端浏览器并没有存在一个"空白期"，这样用户并没有感觉到在交互的整个过程中有任何的等待期，用户可以在交互过程中浏览页面上的任何信息，或者对页面元素进行任何操作，这样对于用户来说具有较好的体验。相比之下两种交互方式，Ajax 只是在客户端多了一个 Ajax engine 的层级，只是在客户端计算机多了一些额外的资源消耗。实际上 Ajax 技术对于节约服务端、客户端以及网络带宽资源都有重要意义。

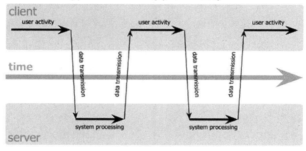

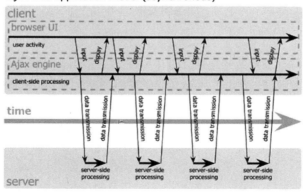

图 5-1

5.1.2　Ajax 的优势

对于 Ajax 技术来说，它的优越性不仅来源于它优秀的用户体验，同样它对于提高 Web 程序的性能，提高可靠性也有着相对于传统 Web 交互方式有着巨大的优势。

Ajax 对提高程序性能的优势来源于何处？我们可以通过下面这个图来分析（图 5-2）：

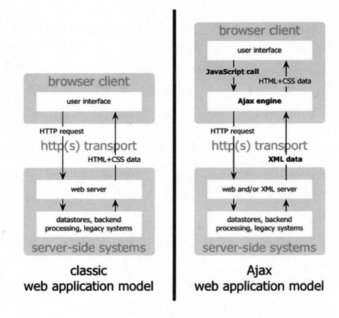

图 5-2

传统模式相对于 Ajax 模式在性能上的最大区别就在于传输过数据的方式，在传统模式中，数据提交是通过表单（form），获取数据是整页的 HTML+CSS，而 Ajax 模式只是通过 XMLHttpRequest 向服务端提交希望提交的数据，并通过 XML 返回需要的少量数据或者 HTML Text 片段，这样相对于传统模式来说无疑节约了很多资源。下面我们从三方面分析 Ajax 对资源的节约。

首先我们谈谈服务端处理数据，在传统交互模式中，服务端对客户端的数据处理都是以页面为单位的，客户端提交页面表单以后，服务器分析提交数据后会将整个页面重新生成为 HTML+CSS 发回给客户端呈现。很多时候程序其实只是希望提交很小一部分数据，并改变一小部分的数据显示，如投票时为赞成加上一票并将原来的"4 票"显示为"5 票"，这时却不得不将整个表单提交，并在服务器端处理整个页面并回传，这极大地浪费了宝贵的服务器资源。

借助于 Ajax 技术，我们有了一种新的选择，我们只回传用户对赞成投了一票这个信息，可能这个信息只包含几个字节，返回时我们也只返回投票成功这个信息，返回结果也只包含一个状态位，通过 Ajax engine 改变页面并显示数据，在服务端只是执行了一个简单的业务逻辑，并没有处理页面显示回传的问题，这样对于服务端来说减少了很多数据处理压力。

我们再来看看网络带宽的情况，前面其实已经提到，使用 Ajax 的方式处理和传输的数据量都相对于传统方式小很多。我们可以简单算一算，通常我们一个页面的 HTML Text 大小在 30KB 到 100KB 的样子，如果控件多一些，页面的大小会大得让你吃惊，特别在 ASP.NET 中一个页面控件多一点，并且控件都打开了 ViewState，页面文本的大小是延迟 Web 相应得罪魁祸首，曾经笔者帮助朋友调整一个业务页面，这个页面是一个 GridView，单元格里都是 DropDownList，需要用户频繁地选择项并回传数据，开发人员觉得回传和刷新页面都非常困难，响应变得十分缓慢。经过笔者的分析发现回传的 HTML Text 大小高达 1MB 多，这是服务器响应缓慢的主要原因，用户实际上只是想回传一个控件的数据，但是不得不把所有控件的数据回传并又一次加载基本上相同的数据。这样的用户体验当然是无法让人忍受的。经过笔者引入 Ajax 技术并调整以后，整个页面执行效率变得很高，页面在最终转跳之前的数据获取都没有刷新页面，使之得到了较好的用户体验。以前通常需要刷新几十次页面，与服务器之间上传下载近百兆数据才能完成的业务，变成在仅仅交互几百 KB 就完成了业务，这样对带宽的节约得到的显著的性能提高在很多地方都得以一见。

最后我们再看看客户端的情况，通常我们觉得在客户浏览器端多维护了一个 Ajax engine 会比传统方式消耗更多的客户端资源，但是我们细想一下，在传统方式中回传加载页面时呈现页面需要消耗处理机资源，在刷新完成后保存前进后退的锚点数据同样需要消耗客户端的内存资源，相对于这些资源来说一个小小的 Ajax engine 对象所耗费的资源是可以忽略不计的。相反地使用 Ajax 技术后避免了页面的频繁刷新，反而能较好地避免浏览器因加载分析 HTML 引起的假死而长期占用处理机资源的情况。

从这三点可以看出，Ajax 相对于传统的交互方式在各方面都有着很大的优势，因此 Ajax 在现今有着越来越广泛的应用，我们在越来越多的地方能看见 Ajax 的身影，Ajax 也带给我们越来越优秀的用户体验。

但是，为什么 Ajax 相对于传统模式有着那么多优越性却没有完全取代传统模式，成为最优开发模式呢？这不得不让我们提起 Ajax 的不足，以及它与生俱来的缺陷，世界上并没有完美的事物，同样 Ajax 也并不是一项完美的技术。

5.1.3 Ajax 的缺陷

事物都会有它的两面性，既然 Ajax 有着那么多优势，相应地它也会有很多不足之处。其实 Ajax 的不足大多数来自于外部，相信随着 Ajax 技术的发展，这些不足在有一天会消失。

首先，Ajax 碰到最大的问题就来自于浏览器。对于 XMLHttpRequest 对象的支持，Internet Explorer 是在 5.0 版本才支持的，Mozilla、Netscape 等浏览器支持 XMLHttpRequest 则更在其后，如果说使用较老版本的浏览器访问 Ajax 页面是不可能得到正确结果的。如果说要使得老版的浏览器能够正确访问，我们不得不多写一个传统方式版本，并嗅探浏览器版本来显示相应的内容，无疑这样大大增加了开发难度及成本。另外一个问题就是在 Internet 历史长河中一直存在并一直没能解决的问题——浏览器之争。对于各个浏览器阵营来说，各行其道已经不是一年两年了，程序员在客户端脚本开发中顾此失彼也是常有的事，为了兼顾 Ajax 应用能在各个浏览器中都能正常运行，程序员必须花费大量的精力来比较各个浏览器之间的差别来使得 Ajax 应用能够很好地兼容各个浏览器。这本来是浏览器兼容客户端脚本的问题，但谁让 JavaScript 是 Ajax 的重要组成部分呢。这使得 Ajax 开发的难度高出普通 Web 开发很多，也是许多程序员对 Ajax 望而生畏的原因之一。

其次，Ajax 改变了我们通常的 Web 浏览习惯。最显著的一个改变就是在 Ajax 中前进和后退按钮的失效，虽然可以通过一定的方法来添加锚点使得可以使用前进和后退（Gmail 在这一点上似乎做得不错），但相对于传统的方式却麻烦了很多，对于大多数的程序员来说宁可放弃前进后退的功能，也不愿意在繁琐的逻辑中去处理这个问题。对于用户来说经常会碰到这种情况，当点击一个按钮触发一个 Ajax 交互后又觉得不想这样做，接着就去习惯性地点击后退按钮，结果发生了最不愿意看到的结果，浏览器后退到了先前的一个页面，通过 Ajax 交互得到的内容完全消失了。其次用户经常在点击一个按钮后对页面没有刷新而感到奇怪，在多次点击后才观察到页面微小的变化或出现的提示。如果用户想在 Ajax 应用的页面上通过拷贝链接来与朋友分享资源，相信你朋友看到的内容和你看到的并不是一回事。用户对于 Ajax 技术的不适应相信随着 Ajax 应用的增多会慢慢改善。

再次，对于互联网上搜索引擎的支持也是 Ajax 的一块心病。通常搜索引擎都是通过爬虫程序来对互联网上的数以亿计的海量数据来进行搜索整理的，可惜与 Flash 应用在搜索爬虫上遇到的问题类似，爬虫程序现在还不能理解人们那奇怪的 JS 代码和因此引起的页面内容的变化，这使得应用 Ajax 的站点在网络推广上相对于传统站点明显处于劣势。但是相信随着 Ajax 技术的大面积应用，Web 2.0 标准的推广，以及新的搜索引擎技术的发展，Ajax 一定能够在今后发展得更好。

最后，我们就要谈谈关于开发的问题。因为 Ajax 是一个综合的技术，是集多种技术为一体的边缘技术，这无疑为对其基础库支持相对于其他 Web 技术滞后很多，长期以来 Ajax 的开发人员从事着刀耕火种的工作，或者不得不自己开发大量的基础类来应对自己大量的开发工作，毕竟 Ajax 在开发上的灵活很难让像 ASP.NET 那样提供一个很好的基础库来支持开发工作。随着 Ajax 的发展现今国外很多公司都相继推出自己的针对 ASP.NET 的 Ajax 控件或者基础库产品。国外比较完善的 Ajax 成套控件有 Telerik r.a.d Ajax，这套控件提供了大量的 Ajax 控件以及丰富的 Ajax 应用，在稳定性和应用效果上都是一流的，但可惜是非开源的收费软件，并且效能不敢恭维。同样微软也不为人后地推出了针对 ASP.NET 的 Ajax 框架代号为 Atlas（后更名为 ASP.NET Ajax Extensions），目的是简化 Ajax 在 ASP.NET 中的应用，但是由于 Atlas 在实现方式上较为累赘，并且自身 Bata 版本频出漏洞，使得人们对它不感不冒，现在大规模应用它的项目少之又少。对于 ASP.NET 的 Web 应用人们找到了一个更好的选择 Ajax.NET。

5.1.4　Ajax.NET 简介

Ajax.NET（AjaxPro）是由 Google group 推行的一个精简的 Ajax For ASP.NET 1.1/2.0 的框架，现在最新的版本已经到了 AjaxPro 7.7.31.1，读者可以在这个网址找到自己想要的东西 http://www.codeplex.com/。AjaxNET 作为一个优秀的 Ajax 框架在执行效率和易用性方面都做得很出色，此外它还是一个开源的框架，在网上很容易能下载到源码，如果你有耐心可以细细分析一下 Ajax 的处理方式，主要就是靠处于/ajax/目录下的*.ashx 文件发起的 Ajax 的回传请求被 IHttpHandlerFactory 类拦截并处理之，在 Ajax 回传处理时并不涉及页面元素，有较高的执行效率和可复用性，在返回数据时支持常见的服务端对象，如 string、Array 甚至 DataSet 这一类的大型对象，并且能很好地支持被标记为"[Serializable()]"（可序列化）的自定义类型。可以说 Ajax.NET 在现今针对 ASP.NET 的框架中是最优的解决方案之一。

Ajax.NET 封装了隐藏了 XMLHttpRequest 的具体实现方式，用户只用在想要在客户端调用的函数上加上标记，就能像在服务端调用函数一样在客户端 JS 脚本中调用服务端函数。实际上用户一旦给任意 Public 函数作上标记，页面在第一次被加载的时候，Ajax 会给这个函数在客户端脚本中生成一个代理，用户就通过这个代理调用服务端的函数并返回结果。Ajax.NET 在一定程度上实现了编写脚本的自动化，使程序员告别了刀耕火种的 Ajax 开发，使程序开发者更能专注于业务逻辑。

使用 Ajax.NET，我们可以惊奇地发现编写一个 Ajax 应用将变得如此简单。

5.2　Ajax 基础

在进行 Ajax 开发以前，我们必须先对一些基本的知识进行了解。虽然 Ajax.NET 已经将 Ajax 实现细节封装起来，并大大简化了我们的操作，但是了解基本的 Ajax 实现方式对于帮助我们在开发中能更好理解和实施，以及更有效地优化和排错是至关重要的。此外，虽然我们不必编写具体的 Ajax 调用代理，但是在调用代理前获取数据，以及返回数据后怎样使数据能够正确显示，这两部分工作都需要我们具有基本的 JavaScript 操作 DOM 模型的能力。接下来我们将来对这几方面的知识进行讨论。

5.2.1　XMLHttpRequest 对象

对于 Ajax 技术的基础和核心，XMLHttpRequest 对象应该是我们必须要了解的一个对象，Ajax 实现的关键发送异步请求并接收响应执行回调都是通过它来完成的。XMLHttpRequest 最早是在 Microsoft Internet Explorer 5.0 以 ActiveX 组件中被引入的，之后各大浏览器厂商都以 JavaScript 内置对象的方式实现了 XMLHttpRequest 对象。虽然大家对它的实现方式有所区别，但是绝大多数浏览器都提供了类似的属性和方法，在实际脚本编写方法上区别不大，并且实现得到的效果也基本相同，目前 W3C 正致力于将 XMLHttpRequest 对象制定一个统一的标准使各个浏览器厂商遵照执行，以利于 Ajax 技术的推广与发展。

XMLHttpRequest 提供了一个相对精简易用的 API，下面我们就将简单地介绍一下它所提供的属性和方法以及怎么利用这些属性和方法完成一次 Ajax 的请求和响应处理。

1．readyState 属性
当一个 XMLHttpRequest 对象被创建后，此属性标识了此对象正处于什么状态，我们可以通过对此属性的访问，来判断此次请求的状态是什么然后做出相应的操作。具体此属性的值代表的意义见表 5-1。

表 5-1

值	说　明
0	未初始化状态；此时，已经创建一个 XMLHttpRequest 对象，但是还没有初始化此对象的属性
1	准备发送状态；此时，已经调用了 XMLHttpRequest 对象的 Open()方法，并且已经准备好将一个 XMLHttpRequest 请求发送到服务端
2	已发送状态；此时，已经调用了 XMLHttpRequest 对象的 Send()方法，但是并没有收到任何响应
3	正在接收状态；此时，已经开始接收 HttpResponse 响应信息但还没有完成接收
4	完成响应状态；此时，已经完成了 HttpResponse 响应的接收

2．responseText 属性

此属性描述的是一个 HttpResponse 中的全部文本内容，通过访问它，可以得到一次 XMLHttpRequest 得到响应回传的全部文本内容。只有当 ReadyState 的值为 3 或 4 时此属性才会有部分或者全部值，否则此属性只会是空字串。

3．responseXML 属性

只有当 ReadyState 属性为 4，并且响应头部的 Content-Type 的 MIME 类型被指定为 XML（text/xml 或者 application/xml）时，此属性才会有值并且被解析为一个 XML 文档，否则此属性为 Null。若是回传的 XML 文档结构不良或未完成响应回传，此属性也会为 Null，由此可见，此属性用来描述被 XMLHttpRequest 解析后的 XML 文档的属性。

4．status 属性

用于描述服务器 Http 请求的状态值，通过此属性值我们可以判断服务器的响应状态，如我们通常通过判断 status==200 来判断服务器是否正常返回。但是注意，必须是日 readyState 为 3 或 4 时才能对此属性进行访问。

5．status 属性

用于描述服务器 Http 请求的状态文本，通过此属性我们可以得到服务器响应的状态的描述文本，与 status 属性同样，必须在 readyState 为 3 或 4 时才能对此属性进行访问。

6．onreadystatechange 事件

每当 readyState 发生改变时触发此事件，我们一般都通过此事件来触发回传处理函数。

7．open()方法

XMLHttpRequest 对象是通过 open(method，uri，async，username，password)的方法来进行初始化工作的,通过调用此方法将得到一个可以用来进行发送(send()方法)的对象。其中 method

参数是用来指定发送请求的 HttpRequest 类型，其值类型为字串，值可以为 get、post、put、delete 等；uri 参数是用来指定请求被发送到的服务器地址，该地址会被自动解析为绝对地址，所以在这里可以用相对地址来表示；async 是一个类型为 boolean 类型的参数，默认情况下为 true，此时表示为异步提交，如果希望发送一个同步请求可以将此值设为 false；在服务器需要验证访问用户的情况，我们可以设置 username 以及 password 两个参数。

当 open()方法被调用时，XMLHttpRequest 对象将会把 readyState 属性设为 1，且初始化其他属性，如果此时一个请求正在被发送或者响应正在被接收，则前一请求的数据和内容将会丢失，请求将会被取消。

8．send()方法

当调用 open()方法后，我们就可以通过调用 send()方法按照 open()方法设定的参数将请求进行发送。当 open()方法中 async 参数为 true 时，在 send()方法调用后立即 return，否则将会中断直到请求返回。需要注意的是，send()方法必须在 readyState 为 1 时，即调用 open()方法以后调用。在调用 send()方法以后到接收到响应头之前，readyState 的值将被设为 2，一旦开始接收到响应消息，readyState 将会被设为 3，直到响应接收完成，readyState 的值才会被设为 4。

9．abort()方法

该方法可以暂停一个 HttpRequest 的请求发送或是 HttpResponse 的接收，并且将 XMLHttpRequest 对象设置为初始化状态。

10．setRequestHeader()方法

该方法用于在调用 open()方法后，设置 HttpRequest 头的信息，setRequestHeader（header,value）方法包含两个参数，前一个是 header 键名称，后一个是其值。

11．getResponseHeader()方法

此方法在 readyState 为 3 或 4 时，用于获取 HttpResponse 的头部信息，此外我们还可以通过 getAllResponseHeaders()获取所有的 HttpResponse 的头部信息。

在搞清楚了 XMLHttpRequest 的这些基本属性方法以后，我们就可以开始编写我们的第一个 Ajax 程序了。我们准备通过点击一个按钮然后通过 Ajax 的方式到服务端取回一个 Hello world! 的字符串显示在界面的一个文本框里。

我们在一个配置好的站点工程里面新建一个名为 AjaxTest.aspx 页面。首先我们在 cs 文件中

的 **page_load** 事件函数中写下如下代码：

```
AjaxTest.aspx.cs:
    protected void Page_Load(object sender, EventArgs e)
    {
        if (Request.QueryString["s"] == "1")//使用查询字串来指示这个请求是通过 Ajax 发出的
        {
            Response.Write("hello world!");//向 HttpResponse 中输出 hello world!
            Response.End();//将页面缓冲发送向客户端浏览器 并中止该页输出
                        //如果去掉这句 会得到多余的 HTML 代码
        }
    }
```

相对来说，我们在前台页面中书写的代码将会多一些，慢慢地你会发现这也许是 Ajax 的一个惯例：

```
AjaxTest.aspx:
<%@ Page Language="C#" AutoEventWireup="true" CodeFile="AjaxTest.aspx.cs"
Inherits= "AjaxTest" %>
<!DOCTYPE html PUBLIC "-//W3C//DTD XHTML 1.0 Transitional//EN" "http://www.w3.org/
TR/xhtml1/DTD/xhtml1-transitional.dtd">
<html xmlns="http://www.w3.org/1999/xhtml">
<head runat="server">
    <title>测试</title>
    <script language="javascript" type="text/javascript">
<!--
function GetInfo(){//我们就是通过这个函数来异步获取信息的
        var xmlHttpReq = null;//声明一个空对象用来装入 XMLHttpRequest
        if (window.XMLHttpRequest){//除 IE5 IE6 以外的浏览器 XMLHttpRequest 是 window
的子对象
            xmlHttpReq = new XMLHttpRequest();//我们通常采用这种方式实例化一个
XMLHttpRequest
        }
        else if (window.ActiveXObject){//IE5 IE6 是以 ActiveXObject 的方式引入
XMLHttpRequest 的
            xmlHttpReq = new ActiveXObject("Microsoft.XMLHTTP");
                            //IE5 IE6 是通过这种方式
        }
```

```
    if(xmlHttpReq != null){//如果对象实例化成功 我们就可以干活啦
        xmlHttpReq.open("get","AjaxTest.aspx?s=1",true);
                                    //调用 open()方法并采用异步方式
        xmlHttpReq.onreadystatechange=RequestCallBack; //设置回调函数
        xmlHttpReq.send(null);//因为使用 get 方式提交，所以可以使用 null 参调用
    }
    function RequestCallBack(){//一旦 readyState 值改变，将会调用这个函数
        if(xmlHttpReq.readyState == 4)
        {
            document.getElementById("iptText").value                                =
xmlHttpReq.responseText;
            //将 xmlHttpReq.responseText 的值赋给 iptText 控件
        }
    }
}
-->
</script>
</head>
<body>
<form id="form1" runat="server">
    <div>
        <input id="iptText" type="text" value="" />
        <input type="button" id="" value="Ajax 提交" onclick="GetInfo();" />
        <!--点击这个按钮调用-->
    </div>
</form>
</body>
</html>
```

如果你在点击按钮的瞬间发现文本框内闪电般地出现了"Hello world!"，那么恭喜你，你已经完成了一个 Ajax 调用。如果你还对前台页面中那些和 C#貌似神离的代码觉得不太明白，没关系，接下来我们就将来简单学习一下 Ajax 另外一个重要的部分——JavaScript。

5.2.2　JavaScript 基础

大多数人看见 JavaScript 的第一感觉就是它和 Java 有关系，但实际上 JavaScript 是一种脚本语言，最初是由网景公司在 LiveScript 的基础上改进而来。它在很多地方都有应用，当然应用最

广泛的地方当然还是浏览器上，大多数浏览器对 JavaScript 的支持都很好。相对于 C#、Java 来说，JavaScript 更具灵活性，这也正是很多程序员觉得 JavaScript 难学的原因之一。此外 JavaScript 运行的平台是浏览器，各个浏览器对 JavaScript 的支持程度也不尽相同，程序员很多时候需要编写许多冗余的代码来适应各个浏览器不同的情况，一直以来这是最让 Web 程序员头疼的事情。在大多数情况下，JavaScript 无疑是易用强大的，下面我们就从最基础的东西来认识这种语言。

我们通常在网页中使用 JavaScript 是将其写在成对的<script></script>标签之中，下面给出一个例子：

```
<script language="javascript" type="text/javascript">
<!--
    alert("OK");//这句话的作用是弹出一个写有 OK 的警告框
-->
</script>
```

language="javascript"和 type="text/javascript"两个属性都标示了这个脚本类型是 JavaScript，区别在于前面一个可以兼容老版本的浏览器，后面一种是 W3C 的推荐标准写法。我们可以把<script>标签放在整个文档的任何位置，其中的脚本都会起作用，但是通常情况下我们都把脚本写在<head>标签中，对于控制显示页面的脚本必须要写在<body>标签之内的，我们最好在<script>之间加上<!--和-->标记，这样在一些老版本不支持脚本的浏览器上，或是在页面加载不完整的时候才不会把你的脚本当做文本打印在页面上。

另外我们还可以将脚本写在一个后缀名为.js 的单独的文件中，然后通过下面这种方式在网页中引用它：

```
<script language="javascript" type="text/javascript" src="ajax.js"></script>
```

这样写的好处是可以将一些公共的脚本都写在一个文件里面，然后通过给页面添加一个引用就可以在页面中使用了。

1．数据类型

JavaScript 是一种弱类型的语言，在声明变量的时候不确定其类型，而通过赋值来确定变量的类型，并且我们可以对同一个变量赋不同类型的值，同时这个变量的类型也得以改变。在 JavaScript 中主要有四种数据类型，分别是数值型、字串型、布尔型和空，下面将简要介绍一下这四种类型：

数值型：数值型分为整型和实型，我们可以用八进制、十进制以及十六进制来表示一个整数，但是只能用十进制来表示一个小数。我们通常使用 0 作为前导来表示八进制数，如 02435 表示十进制的 88，需要注意的是八进制数只能是 0~7 的数来表示；使用 0x 作为前导可以表示十六进制的数，如 0x3e2d 表示的是十进制的 88343，十六进制使用 0~9 和 a~e 来表示 0~15；我们可以使用 parseInt(num,[radix])将八进制和十六进制数值转换成十进制的数，参数 radix 就是进制的值可以是 8 或 16。对于实型，我们只能用十进制来表示，此外我们可以使用科学计数法表示一个实数，如 3.456e2 表示的是 345.6，e 后面的数字是表示这个数 10 的幂值，再如-7.89e-2 表示-0.0789。

字串型：通常通过使用"符号或者'符号将一段字符括起来表示字串，比如"abc"，'this is string'，"和'在使用上没什么区别，只是我们在一些时候需要嵌套使用，比如需要在一个字串中使用引号时，则可以使用"he say'hello!'"这种形式。此外还可以使用字符串转义符 \ 来对特殊字符进行表示，如"he say \"nothing\"."，这样在字符串中就能显示"符号。同样地和 C#类似，可以通过转义符表示在字符串中表示回车换行等特殊字符，如\n、\r。

布尔型：布尔型的值只能是 true 和 flase，表示真和假，相对 C#来说，JavaScript 对布尔型的数值转换更灵活一些，在做判断的时候会自动将当前数值转化为布尔型，如果你定义一个没有赋值的便变量 a，并且做判断 if(a)，解释器会自动将 a 的值 null 转化为布尔型并返回 false，同样解释器会将 0 转化为 flase，将 0 以外的数转化为 true，这样使得我们在编写代码过程中有了很大的灵活性，并精简 JavaScript 代码量，降低页面大小加快了浏览速度。

空类型：一般来说对于没有定义的或未付值变量和未引用对象的值为 null；此外对于数值类型计算错误（如除以一个字符）会返回一个 NaN（Not a Number），这个值比较特殊一些，这个值表示不是数字，所以它和任何数字都不相等，有趣的是，NaN 和自身也不相等，在判断的时候要注意。此外在访问一个未定义对象或者对象的一个未定义的属性时，会返回一个 undefined 来表示未定义。在判断时需要注意区分这几种空的不同情况，做相应的判断，不然很多时候会得到与我们预想相反的运行结果。

2．变量

我们已经知道 JavaScript 是一种弱类型的语言，在声明变量时不确定其类型，我们是通过关键字 var 声明一个变量，也可以在声明的同时给这个变量赋值。注意和其他脚本如 VBScript 不同，这里的变量命名是要区分大小写的。下面是一些例子：

```
var a;//定义了一个null变量
var b = 1;//定义了一个整形变量
var C = "abc";//定义了一个字串型变量
var d = true;//定义了一个布尔型变量
var e = function(s) {alert(s)};//定义了一个函数型变量
```

这里需要说明的是变量 e，它指向的是一个带参的函数，我们可以像调用函数一样调用这个变量，如 e("123")运行后会发现弹出了一个警告框并显示了"123"，这也是 JavaScript 灵活性的表现之一。我们定义的变量可以赋以任何可引用到的值，不管是数值、对象还是函数。

我们声明一个变量的作用域和 C#类似，在函数体外声明的变量在整个页面都能访问，包括在不同的<script>块，在函数体内部声明的局部变量只能在函数内可见。不同的是 JavaScript 对分支语句的变量作用域检测更为灵活一些，只要是在上文 if 语句、for 语句中声明了的变量在下文中都能访问，如：

```
for(var i=0;i< 2;i++)
{
    if(1==1)
        var a = "123";
}
alert(a);
```

最后在弹出框里会显示出 123，说明 JavaScript 与 C#不同的是，对于分支语句中声明的对象其作用于不仅限于分支语句中。

3. 运算符

JavaScript 的运算符和 C# 类似，在这里将各类运算符按照运算优先级的从高到低列举出来作为参考：

- **单目运算符**：-取反、~取补、++自增、--自减；

- **双目运算符**：+加、-减、*乘、/除、%取余、|按位或、&按位与、^按位异或、<<按位左移、>>按位右移、>>>按位右移填充零；

- **比较与算符**：<小于、>大于、<=小于等于、>=大于等于、==等于；

- **布尔运算符**：!取反、&&与、||或；

- **三目运算符**：?: 如 a= a>b?a:b; 这是取 a、b 之间较大的数赋值给 a；

- **赋值、复合运算符**：=赋值、+=加后赋值、-=减后赋值、*=乘后赋值、/=除后赋值、%=求余后赋值、&=求与后赋值、|=求或后赋值、^=求异或后赋值。

4. 语句

语句是程序的灵魂，JavaScript 的语句和 C 系的语句风格大体一致，但由于其作用的特殊位置和极佳的灵活性又自成风格。

注释：与 C 一样，JavaScript 支持两种注释方式，使用//对单行代码进行注释，从//开始直到行尾都为注释内容，使用/*和*/对多行进行注释，解释器对从/*开始直到*/结束之间的内容都会忽略为注释内容。

- **if 语句**：与 C#也非常类似地，if 也可以使用多级的条件判断。我们用几个例子来说明：

```
if(a==b)
    alert("a 等于 b");
else//如果条件不成立
    alert("a 不等于 b");
//下面是多级判断的情况
if(a==b)
{
    c=a;
    alert("a、b、c 都相等");
}
else if(b==c)//如果 a==b 不成立将会执行下一个 else if
{
    c++;
    alert("a、b、c 都不相等");
}
```

if 语句后的 else 块在不需要的时候是可以不写的，当有多个判断条件的时候，if 语句后可以跟连多个 else if 做多级判断，但是太多的 else if 会使得程序的可读性降低，此时最好的方式使用 switch 语句。

- **switch 语句**：和 if 语句多级判断最大的不同点是，switch 语句将会用值去匹配 case 后的值，找到相等的值后会从这个值往下执行，直到遇见 break 语句或是 switch 末端的}；如果没有找到匹配的值会执行 defalut 分支中的代码，如果没有 defalut 分支那么将会不执行任何操作，下面是一个例子。

```
switch(weekday)
{
    case 1:
    case 2:
    case 3:
    case 4:
    case 5:
        alert("工作日");
        break;
    case 6:
    case 0:
        alert("假日");
        break;
    default:
        alert("输入数据有误!");
        break;
}
```

这是一个通过输入周数判断是工作日还是假日的代码段，在这里我们将等于 1~5 的分支都定义为工作日，周 6 和周日为休息日，对于超出 0~6 范围的值我们进入默认执行的语句并定义为数据错误，这样比我们写一连串的 if 和 else if 来得更清楚和简单一些。

循环体：JavaScript 提供了两种循环体，for 和 while 两种循环的效果都是一样的，主要是在适应的场合使用相应的循环体，for 主要用于比较确定循环次数或是对循环次数比较肯定的场合，而 while 主要用于不确定循环次数或需要某一偶然因素来结束循环的情况，但这也不是绝对的，使用哪种循环体还是看个人的编码习惯。for 的循环体包括下面几个部分 for(<变量>=<初始值>;<循环条件>;<变量改变方法>){<执行语句块>}，下面是一个使用 for 循环读取数组的例子：

```
var ar = new Array("a","b","c","d");//声明一个有四个字串的数组
for(var i=0;i<ar.length;i++)//循环执行条件是小于数组的长度
{
    document.write(ar[i]);//将数组里的值打印在页面上
}
```
同样我们也可以用 while 来完成这一循环：
```
var ar = new Array("a","b","c","d"), i = 0;//声明一个有四个字串的数组和计数器 i
while(i < ar.length)//执行条件
{
    document.write(ar[i++]);//在访问后一定要 i++ 不然就死循环啦
}
```

在这两个循环中只有一句语句，那么前后的{}就可以省去啦，这样又可以为页面节约几个字符的数据量，这是在编写 JavaScript 的时候的一个好习惯。

此外对于 for 循环还有用于遍历一个对象中所有属性的循环方法 for(...in...)，这个我们在后面将会提到，对于 while 循环也有另外一种方式 do{}while()，区别在于这种写法是先执行循环体，再进行是否继续循环的判断。

在循环中还有两个不得不提及的关键字 break 和 continue，和 C#相同的 break 是跳出循环体，continue 是结束本次循环进入下一次循环。

5. 函数

在 JavaScript 中声明一个函数的方法是使用语句 function <函数名> (<参数列表>){}。关键字 function 不但可以用来声明一个函数，也可以用来声明一个类，稍后我们将提到。下面给出声明一个函数的两种方式：

```
function fun1()//声明一个无参函数 fun1
{
    alert("this is fun1");
}
var fun2 = function()//声明一个变量指向一个匿名函数
{
    alert("this is fun2");
}
```

这两种声明方式虽然调用方式相同，都可以通过 fun1()的方式调用，但是在访问规则上有

着区别。第一种可以在该访问层级范围的上下文任何地方调用函数，但是第二种只能在声明变量的下文才能对该函数进行调用，通常情况我们采用第一种方式声明函数。

如果函数要带参数，也可以使用带参的函数声明，下面就是一个例子。

```
function fun1(a,b)//声明一个带有两个参数 a,b 的函数 fun1
{
    alert(a+b);//打印出 a+b 的和
}
fun1(2,3);//这是调用
```

也可以不确定函数传入参数的个数，而随意传入参数调用函数：

```
function fun2()//没有定义参数列表
{
    var sum = 0;
    for(var i=0;i< arguments.length;i++)//循环 arguments 属性集合
        sum+=arguments[i];//获取参数并相加
    alert(sum);
}
fun2(2,3,4);
```

在这里我们使用了 arguments 属性，这是函数的一个成员属性，用于返回调用时传入的参数列表，就可以通过这个属性获取到传入的全部参数，这个属性在很多地方是十分有用的。

函数的返回值是用 return 关键字，对于没有使用 return 的函数，我们对该函数获取值将会得到 undefined。下面是一个返回值的例子：

```
function fun1(a,b)
{
    return a+b;//返回 a+b 的和
}
alert(fun1(2,3));
```

可见，在 JavaScript 中对函数的操作是相当灵活的，这也表现出了 JavaScript 的灵活性和易用性，但是对于习惯了严格格式的程序员来说，这反而让人觉得有些无所适从，其实只要明白了函数的本质，我们就能更好地运用 JavaScript。

6．函数的本质与对象

为了能更好地认识函数的本质，首先来看一个例子：

```
var fun1 = new Function("a","b","return a+b");
alert(fun1(2,3));
```

运行后发现，得到了结果 5，这说明使用 new Function 方法实例出了一个函数，并运行得到了正确的结果。这也是我们声明一个函数的另外一种方式，虽然这种方式基本上并不使用，但是它揭示了函数的本质——函数也是一种 JavaScript 内置对象实例化以后得到的，只是通常的编码方式让我们察觉不到而已。

JavaScript 除了 Function 这个内置对象之外还提供了一下几种内置对象：

Array 数组：可以通过 var ar = new Array() 的方法得到一个实例化以后的数组对象，和上面的类似使用了 new 关键字，这个关键字是为对象分配内存并返回这个对象的实例。JavaScript 为我们的数组对象提供了许多有用的内置函数，能够通过这些方法方便地对数组进行各种操作，这些操作在很多时候都是十分有用的，下面用一个例子来解析这些常用的方法：

```
var ar = new Array();//实例一个空数组
ar = new Array(3);//实例一个长度为 3 的空数组
ar = new Array("a","b","c");//实例一个包含三个元素的数组
ar = ["a","b","c"];//和上面的效果相同
ar.push("d");//在数组末尾添加元素 d
var tin = ar.pop();//将末尾的元素 d 弹出并赋值给 tin
tin = ar.shift();//将头部的元素 a 弹出并赋值给 tin
//此时数组为 ["b","c"]
ar.unshift("e");//在数组头部添加元素 e
//此时数组为 ["e","b","c"]
ar = ar.concat(ar);//将数组 ar 自身与自身连接
//此时数组为 ["e","b","c","e","b","c"]
ar = ar.slice(2);//将数组从位置 2 开始(包含 2)取出子数组
//这个方法还可以包含 2 个参数 ar.slice(1,4) 表示取出从 1 到 4
//参数为负时表示从末尾开始倒数
//此时数组为 ["c","e","b","c"]
ar = ar.reverse();//将数组反序
//此时数组为 ["c","b","e","c"]
var ar1 = ar.splice(1,2,"1","2","3")//这个方法比较复杂一些
```

```
//这一句表示把 ar 从位置 1 开始长度为 2 的两个元素替换为"1,2,3"
//并把删除的两个元素赋值给 ar1 位置可以为负 长度不可以
//此时数组 ar 为 ["c","1","2","3","c"]
//此时数组 ar1 为 ["b","e"]
tin = ar.toString();//将数组转化为字符串
//tin 的值为"c,1,2,3,c"
tin = ar.join('_');//将数组转化为_连接的字符串
//tin 的值为"c_1_2_3_c"
```

Date 日期：作为 JavaScript 的一个十分重要的内置对象，它提供了关于日期时间的大多数操作，可以使用这个对象来表示从 0001 年到 9999 年之间的任意时间，实际上 Date 对象是使用一个整型变量存储时间的，1970 年 1 月 1 日之前为负，以后为正。如果没有指定时区，那么这个时间的使用是 UTC 世界时间，也就是格林威治时间。Date 对象的每个 get 方法都会有一个对应的 set 方法，并且每个方法都有一个对应的存取 UTC 时间的方法。如 getMonth()是获取月份的方法，对应的有设置月份的方法 setMonth()，另外也有 getUTCMonth()和 setUTCMonth()的方法。下面是一些例子：

```
var dt = new Date();//实例一个以当前时间为值得日期对象
dt = new Date(2008,8,1,18,5,20,300);//实例一个以 2008 年 8 月 1 日为值得日期对象
var mt = dt.getMonth();//获取 dt 的月份值为 8
var hr = dt.getHours();//获取 dt 的小时为 18
var utchr = dt.getUTCHours();//获取 UTC 小时为 10 本机的时区为北京+8
/*此外还有类似的方法
getYear() 获取年份
getDate() 获取日期
getMinutes() 获取分钟
getSeconds() 获取秒
getMilliseconds() 获取毫秒数
下面是一些设置时间的方法*/
dt.setYear(2007);//设置年份为 2007 另外还有一个相同的方法 setFullYear
dt.setYear(99);//这样会自动在前面添加 19 使用 setFullYear(99)会得到 0099
dt.setDate(15);//如果设置的日期超出了本月的最大限度 会在月份上累加
//相应地 set 方法也有对应的各种方法
```

最后还有几个方法需要提及一下，get/setTime()是获取/设置从 1970 年 1 月 1 日与此时间相差的毫秒数，这个用来进行时间差计算十分有用。另外 Date 对象还提供了几个方法用于将日期

转换为字串进行显示

```
        document.write(dt.toString());//直接显示当前日期 如 "Wed Sep 15 18:05:20
UTC+0800 1999"
        document.write(dt.toLocaleString());//按照本地格式显示 如 "1999 年 9 月 15 日
18:05:20 "
        document.write(dt.toGMTString());//用 GMT 格式显示 如 "Wed, 15 Sep 1999
10:05:20 UTC "
        document.write(dt.toUTCString());//用 UTC 格式显示 如"Wed, 15 Sep 1999 10:05:20
UTC"
```

RegExp 正则表达式：正则表达式的方便易用促使了它在较为广泛的领域内运用，在 Web 客户端，最常见的应用就是验证匹配字符串。下面我们简要介绍一下正则表达式的一些应用。

我们通常有两种方式声明正则表达式：第一种实例 RegExp 对象创建正则表达式，具体语法为 var reg = new RegExp(表达式,传入参数)；第二种是直接声明对象方式，这种方式看起来更为简洁一些 var reg = /表达式/传入参数。其中传入参数有 g、i、m 三个值，g 代表全字符串匹配，i 代表不区分大小写匹配，m 代表进行多行匹配，下面是一些例子：

```
    var reg = new RegExp("abc");
    var reg = new RegExp("abc","g");
    var reg = /abc/;
    var reg = /abc/i;
```

正则表达式可以通过+、*、?、.、^、$等特殊符号与字符串的组合达到复杂匹配的效果，但此内容不在本书讨论范围以内，有兴趣的读者可以在网上查一查相关的信息。下面我们将着重讲一讲正则表达式在 JavaScript 中的应用。

● exec(str)，这个方法是将正则表达式匹配一个字符串，并以数组的形势返回匹配字符串，如果正则表达式里面有捕捉字符串的()，那么在返回结果中将会一并返回。

```
    var regx=/\d+/;
    var rs=regx.exec("3432ddf53");//返回的值为：{3432}
    var regx2=new RegExp("ab(\d+)c");
    var rs2=regx2.exec("ab234c44");//返回的值为：{ab234c,234}
```

- test(str)，这个方法返回一个布尔值，以表示字串中是否匹配了正则表达式。

```
var regx=new RegExp("abc");
var rs=regx.test("ab234c44");//返回的值为 false
var rs2=regx.test("abc234");//返回值为 true
```

此外对于字符串（string）也有几个与正则表达式相关的方法。

- str.match(reg)返回字符串的中与 reg 正则表达式相匹配的一个字符串，如果表达式中有参
  数 g，则返回所有匹配的字符串

```
var regx=new RegExp("abc");
var str="abc11abc";//返回 abc
var str1 = str.match(regx);
var str2 = str.match(/abc/g);//返回{abc,abc}
```

- str.replace(reg,s)将字符串 str 中与表达式 reg 相匹配的字符串替换为 s，如果表达式中含
  有参数 g，则对整个字符串进行匹配并替换，否则只会替换第一个字符串。

```
var str = "zzabc234abc456";
var str1 = str.replace(/abc/,"0");//返回值为 zz0234abc456
var str2 = str.replace(/abc/g,"0");//返回值为 zz02340456
```

- str.split(reg)将根据与表达式相匹配的字符串为分隔符对字串 str 进行分割成字符数组。这
  个方法不管是否添加参数 g，所得结果都是相同的。

```
var str = "zzabc234abc456";
var str1 = str.split(/abc/);//返回值为{zz,234,456}
var str2 = str.split(/abc/g);//返回值为{zz,234,456} 可见此方法与参数 g 无关
```

- str.search(reg)返回字符串中与表达是相同的第一个字符串在整个字符串中的索引位置。
  这个方法与表达式中的参数 g 无关。

```
var str = "zzabc234abc456";
var idx = str.search(/abc/);//返回值为 2
```

这里我们简单介绍了 JavaScript 的一些基础类型，运算符以及几个主要对象的部分属性和方

法以及简单的引用，主要的作用还是抛砖引玉，希望了解更为深入的读者可以参考一些 JavaScript 方面的书籍，或者在网络上搜索一些专题文章，相信会有更多帮助。

5.2.3　DOM 模型基础

DOM 的全称是 Document Objet Module 即文档对象模型，在 Web 上把页面的 HTML 表现看作一个有树型结构的对象模型，可以通过一些操作接口来对 Document 的每一个子对象节点进行访问和操作，这就为 Ajax 在不刷新页面的情况下改变页面显示数据成为了可能。

先来看一个简单的 HTML 片段：

```
<html xmlns="http://www.w3.org/1999/xhtml" >
<head>
    <title>DOM 模型</title>
</head>
<body>
    <label title="title1">DOM 模型节点</label>
</body>
</html>
```

在这个 HTML 页面中，只有一个 Label 控件，可以根据节点的层次画出这个页面的层次结构图。

通常来说，在 HTML 文档中的每一个标签都表示一个对象节点。而像上面<Lable>这样的标签是我们的 HTML 元素节点，而标签中的 title="title1"是一个属性节点，而"DOM 模型节点"这样的文本构成了一个文本节点。

那么，怎么才能对 DOM 模型中的一个节点进行操作呢，首先要做的是对这个节点进行引用。

1．对文档节点的引用

下面列举一些常用的对文档元素节点的引用方法。

- document.GetElementById()方法直接引用节点，这个是我们在实际应用中最常用的一种方法，在 HTML 文档中每一个元素节点都可以定义一个唯一的 id 属性，然后使用 GetElementById 方法就可以准确地得到对这个节点的引用。

```
<html xmlns="http://www.w3.org/1999/xhtml" >
<head>
    <title>DOM 模型</title>
</head>
<body>
<div id="Div1">
    <label title="title1">Dom 模型节点</label>
</div>
</body>
</html>
<script language="javascript" type="text/javascript">
<!--
    var _div1 = document.getElementById("Div1");
    alert(_div1.innerHTML);//弹出警告框显示了标签 div 中的 HTML 内容
                        //<label title="title1">Dom 模型节点</label>
-->
</script>
```

HTML 文档中每一个元素节点都有 innerHTML 这个属性，我们通过对这个属性的访问可以获取或者设置这个元素节点标签内的 HTML 内容，自 IE4.0 以来越来越多的浏览器支持了这一属性，通过使用这一属性使许多繁杂的动态生成 HTML 的工作变得简单。需要注意的是，我们如果对单标记标签，如<img>这一类标签的 innerHTML 属性读取会得到一个空字符串，而写将会得到一个错误。

此外 document 对象还有一个类似的方法 GetElementByName，我们可以通过 form 标签的 name 属性对表单元素节点进行引用，但返回的通常是一个数组，因为表单中的节点 name 属性的值不是唯一的，可以通过索引器得到每一个元素的引用。

- document.getElementByTagName()

可以得到一个指定标记名称节点引用的数组集合，可以通过索引器对每个节点的引用进行访问。

```
<html xmlns="http://www.w3.org/1999/xhtml" >
<head>
    <title>DOM 模型</title>
```

```
</head>
<body>
    <div id="Div1">节点 1</div>
    <div id="Div2">节点 2</div>
</body>
</html>
<script language="javascript" type="text/javascript">
<!--
    var _divs = document.getElementsByTagName("div");
    for(var i = 0; i < _divs.length;i++)
        alert(_divs[i].innerHTML);//依次显示了"节点 1"和"节点 2"
-->
</script>
```

这个方法通常在要对整个文档的某一类元素节点进行操作时用到，比如说为全部的图片添加一个鼠标掠过时发生位移的效果，这时就可以通过这个方法对文档所有的节点进行引用。

- parentNode 和 childNodes，可以通过访问这两个属性获得当前节点的父节点和子节点集合的引用。

```
<html xmlns="http://www.w3.org/1999/xhtml" >
<head>
    <title>DOM 模型</title>
</head>
<body>
    <div id="Div1">
        <span id="sp1">节点 1</span>
        <span id="sp2">节点 2</span>
    </div>
</body>
</html>
<script language="javascript" type="text/javascript">
<!--
    var _nod = document.getElementById("sp1");//得到对 sp1 的引用
    var _pNod = _nod.parentNode;//得到对 Div1 的引用
    alert(_pNod.innerHTML);//显示父节点内容
    for(var i = 0; i < _pNod.childNodes.length;i++)//循环子节点
        alert(_pNod.childNodes[i].innerHTML);//依次显示了每一个节点的内容
```

```
-->
</script>
```

在这里问题出现了，我们发现在 IE 和 FF 下面对属性 _pNod.childNodes.length，即子节点的数量解释不同，在 IE 中为 4，而在 FF 中为 5。得到这样的结果是因为两种浏览器对文档中换行产生的文本节点的解释不统一造成的，IE 没有把父节点与子节点之间那个换行作为一个文本节点，如果要使用这个属性就不得不在 HTML 文档编写的时候避免出现换行，可以将上面的结构改为下面的形式：

```
<div id="Div1"
><span id="sp1">节点 1</span
><span id="sp2">节点 2</span
></div>
```

虽然这样写以后 FF 和 IE 都能很好地统一解释为两个子节点，但是损失了文档的美观性和易读性，所以一般都不推荐使用访问子节点的方法来引用节点。

类似的 previousSibling 和 nextSibling 也存在类似的问题。这两个属性是用来引用上一个或者下一个兄弟节点的，使用这两个属性时也存在空白文本节点的问题，我们也应该尽量避免使用这两个属性。

2. 文档元素节点的操作

得到一个文档元素节点的引用之后，就可以对这个节点进行一些控制和操作，以达到对 HTML 显示进行更新的目的。

（1）DOM 标准操作，在 DOM 模型中定义了一套能够对文档结构进行更新的方法，我们可以通过这些方法创建文档节点，并将节点添加到文档中或者从文档中删除。

- document.createElement(elmName) 根据标记名称创建一个节点。

- document.createTextNode(text) 根据一段文本创建一个文本节点。

- node.appendChild(childNode) 将节点添加到一个节点下子节点的末尾。

- node.insertBefor(newNode,oldNode) 将节点插入到指定节点之前，newNode 为新节点，

oldNode 为指定的节点，此节点必须为 node 的已经存在的一个子节点。

- node.Replace(newNode,oldNode) 用新节点取代一个旧节点，与上面方法类似，oldNode 必须为 node 的一个已近存在的子节点。

- node.cloneNode(cloneChild) 复制一个节点，参数 cloneChild 是一个布尔值，表示是否复制子节点。

- node.removeChild(childNode) 删除一个子节点，需要注意的是该方法将返回被删除节点的引用。

下面我们用一个例子来说明这些方法的使用：

```
var _div1 = document.getElementById("div1");//获取 Div1 节点
var _sp3 = document.createElement("span");//创建一个<span>元素节点
_sp3.id="span3";//将新节点的属性 id 设为"span3"
var _txt1 = document.createTextNode("节点 3");//创建一个文本节点
_sp3.appendChild(_txt1);//将文本节点添加到新元素节点下
_div1.appendChild(_sp3);//将元素节点添加到节点 Div1 下
//此时界面显示 节点 1 节点 2 节点 3
var _sp4 = _sp3.cloneNode(true);//将元素节点复制
_sp4.id="span4";//为新复制的节点设置 id 属性
var _txt2 = document.createTextNode("节点 4");//新建一个文本节点
_sp4.replaceChild(_txt2,_sp4.childNodes[0]);//将节点_sp4 的文本节点替换
_sp3.parentNode.insertBefore(_sp4,_sp3);//将节点_sp4 添加到节点_sp3 之前
//此时界面显示 节点 1 节点 2 节点 4 节点 3
_sp4.parentNode.removeChild(_sp4);//删除节点_sp4
```

（2）Table 的操作

我们发现如果通过以上的方法对表格对象<table>进行操作的话，在 IE 下将得不到正确的结果，在 IE 下必须使用 DOM1 的方法对表格进行操作。

- tab.insertRow(idx) 在表格指定索引位置添加一行空行，idx 为索引位置。

- tab.deleteRow(idx) 在表格指定索引位置删除一行。

- row.insertCell(idx) 在行的指定索引位置添加一个空单元格。

- row.deleteCell(idx) 在行的指定位置删除一个单元格。

可以通过 document.createElement("table")创建一个表格，通过索引器可以访问 talbe 的各个行和单元格，如 tab.rows[1].cells[3]，这样我们就能得到表格的第二行第四列的引用，我们可以向操作普通节点一样来对这个单元格对象进行操作。下面是一个表格操作的例子，假定这个表格原来有 2 行 2 列。

```
var tab = document.getElementById("tab");//得到对表格的引用
var row2 = tab.insertRow(2);//新增第三行
var cell20 = row2.insertCell(0);//为第三行添加第一个单元格
cell20.innerHTML = "20";//
var cell21 = row2.insertCell(1);//为第三行添加第二个单元格
cell21.innerHTML = "21";
tab.rows[1].deleteCell(1);//删除第二行第二列
tab.deleteRow(1);//删除第二行
```

（3）innerHTML 的灵活使用

在 IE 4.0 以后，elm.innerHTML 这个属性得到大部分浏览器的广泛支持，其易用性使得我们对文档的操作得到了很大程度的简化，下面来看一个操作文档节点的例子，假设要对一个节点添加两个子节点，并设置一些属性，下面是 DOM 标准创建方法：

```
var _div1 = document.getElementById("div1");//得到父节点
var _sp1 = document.createElement("span");//创建 span 节点
_sp1.id="span1";
var _txt1 = document.createTextNode("节点 1");//创建文本节点
_sp1.appendChild(_txt1);//将文本加入到 span 节点下
_div1.appendChild(_sp1);//将 span 节点加入到父节点下
```

这样写我们通过六行代码完成了功能的实现，下面来看使用 innerHTML 的情况：

```
var _div2 = document.getElementById("div2");
_div2.innerHTML = "<span id='span1'>节点 2</span>";
```

运行后发现，只使用了两行代码而得到了完全相同的效果，并且这种方法还更为直观一些，可读性还更强。可见使用 innerHTML 属性，可以更为方便高效地改变文档结构，这使得在大多数情况下都使用 innerHTML 来操作文档，但是标准的 DOM 方法在特定的环境下也有不可取代的作用，在编码时要灵活判断，选择合适的方法解决问题。

5.2.4　XML 与 JSON

XML 的全称是 eXtensible Markup Language ，即可扩展标记语言，作为一种广泛推广的数据传输的标准手段，在 Ajax 设想之初就被确定为 **XMLHttpRequest** 传输数据的方式，了解 XML 技术的本质对于我们更好地运用 Ajax 也是很有意义的。

对于所熟悉的超文本标记语言，XML 也是一种类似的标记语言，不同的是，在 HTML 的标记是在标准中已经规定了有些什么标记，各种标记代表什么意义，如<p>代表一个段落，它控制着文档在浏览器中应该如何显示；而在 XML 中，标记以及标记的值是由我们自己定义的，但是，XML 不像 HTML 那样会控制浏览器的显示，它其实只是用来封装数据，并不关心界面的显示如何，实际上我们最后控制界面的显示还是由 HTML 来控制的，在很长一段时间内我们还是会使用 HTML 来展示数据，而 XML 提供了一种可以使页面显示与数据分离的方法，这样为我们面向对象的模块化编程提供了方便。下面是一段 XML 文档。

```xml
<?xml version="1.0" encoding="utf-8" ?>
<person>
  <name>Dr Li</name>
  <sex>male</sex>
  <age>24</age>
</person>
```

看到我们为文档的根节点定义为 person，之下有 name、sex、age 三个子节点，从这一点可以看出，我们定义了一个 XML 文档之后，通过对文档标签的自定义，可以得到一个很具结构化并具有一定意义的数据文档，这为我们提供了一种很便捷的方式来包裹和交换数据。

```javascript
var xmlDoc = new ActiveXObject("Microsoft.XMLDOM");//声明一个 XML 对象
xmlDoc.async="false";//是否与数据源同步
xmlDoc.load("XML 文档.xml");//读取 XML 文档
nodes = xmlDoc.documentElement.childNodes;//获取节点对象
document.getElementById("name").innerText = nodes.item(0).text;//为 DOM 节点赋值
document.getElementById("sex").innerText = nodes.item(1).text;
document.getElementById("age").innerText = nodes.item(2).text;
```

在使用 XMLHttpRequest 发出请求以后，在服务端可以使程序返回一个 XML 文档，然后在前端脚本中解析 XML，并使用 DOM 方法改变界面显示。

JSON：它的名字看起来似乎很亲切，全称为 JavaScript Object Notation，可以看出它和 JavaScript 的关系非常密切。JSON 是一种与 JavaScript 自然匹配的对象，它实际上是一种名称与值的集合，我们使用 JavaScript 中通常的对象访问方法就能对对象进行访问。

```
var jobj = {"person":{"name":"Dr Li","sex":"male","age":"24"}}//声明一个JSON对象
document.getElementById("name").innerText = jobj.person.name;//为DOM节点赋值
document.getElementById("sex").innerText = jobj.person.sex;
document.getElementById("age").innerText = jobj.person.age;
```

通过大括号、冒号、逗号、引号等符号实例了一个 JSON 对象，每个冒号左边的是键，右边是值，JSON 对象实际上就是一个键值对的集合。可以方便地通过类似 jobj.person.name 的方式访问对象中的每一个键对应的值。

还发现 JSON 对象相对于 XML 更为简洁，XML 必须是封闭的标签对，而 JSON 只需要用一个打括号或者逗号就能说明元素的作用范围。这一点对于需要高效运行的 Ajax 是很重要的，一般来说使用 JSON 要比 XML 更节约带宽一些。

JSON 在 JavaScript 中的灵活性与易用性，使得大多数 Ajax 编程人员都更愿意使用 JSON 作为 Ajax 传输数据的方法。在 Ajax.NET 提供的程序包里，我们会发现一个 JSON 版本的 dll，使用这个 dll 回传数据使用的就是 JSON。

5.2.5　xHTML 和 CSS

xHTML 的全称是 The Extensible HyperText Markup Language，即可扩展超文本标记语言，从名称上可以看出它似乎和 XML 有着什么联系。事实上的确如此 XHTML 实际就是 XML，只不过它是用来代替 HTML 的一种 XML，它实际上也是一种过渡语言，它和 HTML 基本上类似，但是有一些重要的区别，XHTML 比 HTML 更为严禁，要求更为严格，因为 XML 本来就是一种要求严格的语言。

在使用 VS 建立页面的时候，发现 VS 自动在 HTML 页首添加了如下的一行代码：

```
<!DOCTYPE html PUBLIC "-//W3C//DTD XHTML 1.0 Transitional//EN" "http://www.w3.
org/TR/xhtml1/
    DTD/xhtml1-transitional.dtd">
```

这个实际上就是为 XHTML 文档添加的一个 XML 文档标准化验证，默认添加的是 XHTML 1.0 的过渡标准，这个是现在主流浏览器执行的 W3C 推荐 XHTML 标准。要如何才能编写出符合 XHTML 标准的页面文档呢？通过 VS 自带的文档验证工具就能让我们编写出符合标准的文档，如图 5-3 所示。

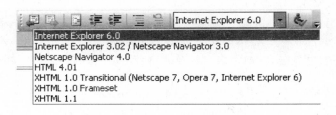

图 5-3

我们打开工具栏中的"HTML 源编辑"工具条，在"验证目标框架"中选取我们希望验证的文档框架，编辑器就能随时提示我们在编写代码过程中没有符合标准或不能够兼容的地方。

在 XHTML 中已经不推荐使用 Table 标签来定位文档，现在流行的适用"Div+CSS"定位也就是 XHTML 的一种典型应用，使用 CSS 来定位文档，在很多时候会显得非常烦琐，我们不得不手工编写大量代码来控制界面的显示，毕竟现在大多数界面编辑器都不能很好地理解错综复杂的 CSS 定位，但是使用 CSS 定位对于文档结构的优化有着很重要的意义。使用"Div+CSS"定位并不是只是在字面上的意义，它不仅仅只是放弃 Table，而只使用 Div 和 CSS 编码，更重要的是它提供了一种能将页面结构和样式控制分离开来，这样很有利于我们结构化和模块化的程序设计，使得我们在控制文档的时候更能专注于结构或者样式的控制。下面是一个简单的例子：

```
<!DOCTYPE html PUBLIC "-//W3C//DTD XHTML 1.0 Transitional//EN" "http://www.w3.
org/TR/xhtml1/DTD/xhtml1-transitional.dtd">
<html xmlns="http://www.w3.org/1999/xhtml">
<head>
    <title>Div+CSS 实践</title>
    <style>
        .style1 {font-size:12pt; font-weight:bold;}
```

```
        .style1   div    {font-size:9pt;font-weight:normal;display:block;border:
solid 1px #eee;}
        .style1 div div{border:none;display:inline;}
    </style>
</head>
<body>
    <div class="style1">
        员工列表
        <div>
            姓名：老张
            <div>
                <div>
                    性别：男</div>
                <div>
                    年龄：30</div>
                <div>
                    职位：经理</div>
            </div>
        </div>
        <div>
            姓名：小李
            <div>
                <div>
                    性别：女</div>
                <div>
                    年龄：24</div>
                <div>
                    职位：秘书</div>
            </div>
        </div>
        <div>
            姓名：小王
            <div>
                <div>
                    性别：男</div>
                <div>
                    年龄：25</div>
                <div>
```

```
                    职位：职员</div>
          </div>
        </div>
    </div>
</body>
</html>
```

可以看出文档结构中没有出现繁杂的样式控制标记,而样式控制都在 Title 标签里简短的 CSS 段落里实现了。这种分离样式的方法在数据页面，特别是具有大量繁杂数据的列表页面中更能够体现出它的优势。这对于 Ajax 的意义也是很大的，我们在 DOM 模型操作时，如果能很好地将文档结构和样式分离，将能减少很多样式控制的脚本，使逻辑更为清晰，脚本更为简洁。

如果读者对"Div+CSS"的内容有兴趣可以到网上找一找相关的文章，或者到网上一些相关的社区获取一些资料，相信将对你 Web 前端编码的认识有所加深。

5.3   使用 Ajax.NET 进行开发

经过前面的介绍，我们对 Aajx 可能会用到的知识有了一个大致的准备，现在就能很轻松地使用 Ajax.NET 来进行 Ajax 开发。

我们会发现，使用 Ajax.NET 进行开发的时候，并没有感到在进行复杂的 Ajax 编码，甚至连 XMLHttpRequest 都没有用到。Ajax.NET 在很大程度上已经为封装好了大多数需要重复编写的代码，只需要专注于服务端的逻辑处理和客户端的显示控制的代码编写。

先来看看在一个 Web 工程里面怎么配置 Ajax.NET。

5.3.1   配置及安装

在 http://www.codeplex.com/这个站点上可以下载到最新的 Ajax.NET 的最新的发布包，发布包里面包含了多个文件，要使用的是里面的 dll 文件，dll 文件一共有 5 个，其中后面有 2, 的是供.NET2.0 使用的，而有 JSON 指的是使用的 JSON 框架。这里选用 AjaxPro.2.dll 这个 dll 文件。

首先右键单击 Web 工程，在弹出的菜单中选择添加引用。

在弹出的对话框中，选择浏览选项卡，并且选中将要引用的 dll 文件，然后单击"确定"按钮添加引用如图 5-4 所示。

图 5-4

这里需要说明的是，在早期发布的版本中会有带有（including webevent）的 dll 文件（如图 5-4 所示），这个 dll 是为了方便调试 Ajax.NET 的 bug，使用这个 dll 会将调试信息写到一个日志文件中，而在新近发布的版本中已经没有这个 dll 了。

在安装包里面还有一个 webconfig 文件，在里面是在配置使用 Ajax.NET 的方法，其中有一句使用时是必不可少的。

```
<httpHandlers>
    <add verb="*" path="*.ashx" type="AjaxPro.AjaxHandlerFactory,AjaxPro.2"/>
</httpHandlers>
```

这一句必须加在<configuration>节点的<System.web>子节点下，它的功能主要是拦截从后缀名为".ashx"的文件回传的请求，并交由 AjaxPro.AjaxHandlerFactory 处理。这是实现 Ajax.NET 自动处理的关键所在。

这样配置完成以后，就能使用 Ajax.NET 来进行开发了，是不是看起来很简单？下面我们编写一个 hello world!来对配置进行测试。

这是我们页面的编码：

```
<%@ Page Language="C#" AutoEventWireup="true" CodeFile="Ajax_NET_Test.aspx.cs"
Inherits="_5_3_5_3_1_Ajax_NET_Test" %>
<!DOCTYPE    html    PUBLIC    "-//W3C//DTD    XHTML    1.0    Transitional//EN"
"http://www.w3.org/TR/xhtml1/DTD/xhtml1-transitional.dtd">
<html xmlns="http://www.w3.org/1999/xhtml" >
<head id="Head1" runat="server">
    <title>Ajax.NET 测试</title>
    <script language="javascript" type="text/javascript">
        function LoadData()
        {
            var _txt1 = document.getElementById("txt1");
            var result = _5_3_5_3_1_Ajax_NET_Test.Test();
            if(result.error == null)
                _txt1.value = result.value;
            else
                alert(result.error.Message);
        }
    </script>
</head>
<body>
    <form id="form1" runat="server">
    <input id="txt1" type="text" value="" />
    <input type="button" value="获取数据" onclick="LoadData()" />
    </form>
</body>
</html>
```

这是服务端代码：

```
public partial class _5_3_5_3_1_Ajax_NET_Test : System.Web.UI.Page
{
    protected void Page_Load(object sender, EventArgs e)
    {
        AjaxPro.Utility.RegisterTypeForAjax(typeof(_5_3_5_3_1_Ajax_NET_Test));
```

```
    }
    [AjaxPro.AjaxMethod]
    public string Test()
    {
        return "hello world!";
    }
}
```

运行后我们单击页面上的按钮，文本框中立即显示了"hello world！"的文本，说明我们已经配置 Ajax.NET 成功了。但是有读者会问代码中的好多莫名其妙的东西是什么啊？别急，下面就来详细解释这些代码代表的是什么意思，具体实现的是什么功能。

5.3.2　编写服务端代码

首先要在页面中使用 Ajax.NET，必须对这个页面生成 Ajax 代理，下面这句代码就是实现其功能的：

```
AjaxPro.Utility.RegisterTypeForAjax(typeof(_5_3_5_3_1_Ajax_NET_Test));
```

这句代码实际上是调用了一个静态方法，这个方法的作用是为页面自动生成 Ajax 代理脚本，如果把页面另存后会发现，这个方法实际上就是为这个页面生成了 ashx 文件，而处理 Ajax 请求都是由这几个文件处理的。通常每刷新一次页面都要求为这个页面生成 Ajax 代理，所以这段代码可以添加在 Page_Load 方法里，每当页面刷新后都为页面生成一次 Ajax 代理。

通常都是声明一个方法，然后让前台页面来调用，感觉就像在服务端调用方法一样，但是怎么声明一个这样的方法呢，关键在于为一个非静态的公共方法添加一个标记：

```
[AjaxPro.AjaxMethod]
```

只要是添加了这个标记的方法，Ajax.NET 在运行 RegisterTypeForAjax 时都会为这个方法添加客户端的代理脚本代码。这个方法可以是有返回值或者没有返回值的方法，但是必须是 public 方法，并且不能是静态方法。

看起来很简单吧？对使用 Ajax.NET 进行 Ajax 编程就是那么简单。

5.3.3 编写客户端调用

服务端的代码编写完成过后，我们就可以在客户端直接调用服务端的方法啦。

在服务端执行了 RegisterTypeForAjax 以后，在客户端会生成一个以页面类型名为名称的对象。在上面的例子中，在客户端就生成了一个名称为 **_5_3_5_3_1_Ajax_NET_Test** 的对象，这个对象包含了服务端声明了的 Ajax 方法的所有代理方法，通过代理方法就可以像调用服务端方法一样在客户端调用 Ajax 方法。下面就是调用服务端 Test()：

```
var result = _5_3_5_3_1_Ajax_NET_Test.Test();
```

这样一旦上面的代理方法 Test()返回后，temp 就是我们所得到的返回值对象，这个对象一共有三个属性。

- result.error：这个属性描述的是访问服务端发生错误后抛出的错误信息，如果正常返回，则这个值为空；如果有错误 result.error. Message 包含了错误信息文本，result.error. Type 描述的是错误类型。

- result.value：这个属性描述的是服务端方法的返回值，这个值可以是一段文本也可以是简单对象，可以通过对象的访问方法对这个属性进行访问。

- result.json：这个属性是获取 JSON 对象的文本，并且提供几个用于处理对象文本的方法，如 trim()、trimLeft()、trimRight()。

在通常情况下在值返回以后都需要进行出错判断，如果 result.error 不为空就说明服务端返回了错误，就需要采取一定的错误处理措施。

我们发现执行到 Test()方法时，JavaScript 会中断在这里等待服务端返回，这和我们直接使用 XMLHttpRequest 的情况不同，有没有让调用异步执行的方法呢？答案是肯定的，下面我们就将上面的例子改写为异步调用的方式：

```
function LoadDataAsyn()
{
    _5_3_5_3_1_Ajax_NET_Test.Test(CallBackLoadData);
}
```

```
function CallBackLoadData(result)
{
    var _txt1 = document.getElementById("txt1");
    if(result.error == null)
        _txt1.value = result.value;
    else
        alert(result.error.Message);
}
```

没怎么看明白么？将原来的一个方法拆分为了两个，LoadDataAsyn()是调用 Ajax 代理，与上面不同的是我们为 Test()方法增加了一个参数，这个参数就是返回值的时候需要处理信息的函数 CallBackLoadData()的名称。而处理函数带一个参数 result，这个参数就是函数的返回对象，处理方式和上面一种方法也就一样了。使用这种方式在请求以后并不会中断在那里，在结果返回之前用户还是可以操作页面中的各种元素，包括再一次发起请求。两种编写方式在不同的环境会有不同的用处。

5.3.4　处理类型

在客户端与服务端之间传输数据，必然存在数据类型转换的问题。这一点 Ajax.NET 已经为我们做得很好了，它将各种返回类型转化成 JSON 对象，供我们访问，现在支持的返回数据类型包括：所有数据类型、Array、DataSet、Collection，以及一些我们自己定义的简单对象。需要注意的只是在传入参数时注意与服务端的方法的参数类型相匹配，不然我们在发出请求后服务端找不到相对应的方法是不会得到响应的。有人会问，C#是强类型语言，它的类型要比 JavaScript 多得多，我们怎么能一一对应呢？表 5-2 给出结果。

表 5-2

JavaScript 类型	C#类型
string 字串型	string 字串类型
	char 字符类型
number 数字型	int 整数型　（包括 long 等整型）
	floot 浮点型(包括 double 等浮点型)
boolean 布尔型	boolean 布尔型
array 数组型	System.Collections.ArrayList

另外，Ajax.NET 也为了方便我们对应类型，为我们提供了几个类型来对应 JavaScript 的类型，

也可以用这些类型方便地定义我们服务端的参数类型。

```
AjaxPro.JavaScriptArray al;//声明一个js的数组类型
AjaxPro.JavaScriptBoolean bl;//声明一个js的布尔类型
AjaxPro.JavaScriptNumber nb;//声明一个js数值类型
AjaxPro.JavaScriptObject ob;//声明一个js对象类型
AjaxPro.JavaScriptString st;//声明一个js字串类型
```

上面列举的是一些常用的 JavaScript 类型在 C#里 Ajax.NET 所提供的对应的强类型对象，这样就能够很清晰方便地对应每一种类型。

5.4 基于 Ajax 的 MVC 方案实现

现在将要使用 Ajax.NET 开发一个留言板作为例子来进一步学习 Ajax.NET 怎么作为一个很好的程序构架来设计我们的 Ajax 程序。

5.4.1 背景描述

留言板作为一个比较基础的交互应用，相信读者能够很快地使用标准的 ASP.NET 方法构建起来。但是我们要是使用 Ajax.NET 来进行程序设计，应该怎么考虑并实现呢？下面就一起来讨论这个问题。

应该来说 Ajax 只是前端展现的内容，并不涉及数据访问的内容，如果在分层结构的体系中，与传统 ASP.NET 构建的程序的区别实际上也就是我们表现层的内容，而数据访问层也无非也是相同的增、删、查、改；而界面上也就是由原来的触发服务端事件而改为触发客户端事件来调用服务端的方法。

这样看来，似乎使用 Ajax.NET 来进行 Ajax 开发和原来的方法没有改变多少，只是把许多原来刷新提交到服务端处理的事情，现在放在了客户端使用 JavaScript 来处理。

现在使用 Ajax 实现，提交留言并保存，分页显示并刷新留言列表，遇到错误时适当的错误处理等。下面我们就来分析程序的实现。

5.4.2 分析解决

由于留言板的逻辑比较简单，我们忽略掉逻辑层，而采用两层结构来处理这个问题，分为页面层和数据访问层，页面层通过调用数据访问层的方法实现数据功能。

我们使用 Access 数据库，表 5-3 是数据库表设计。

表 5-3

字　段	类　型	说　明
id	自动编号	主键
content	备注	留言内容
name	文本	留言人
addtime	日期/时间	添加时间

数据库设计比较简单，我们的任务就是围绕这个表的添加和查询功能。

现在需要两个方法，添加和查询，至于编辑和删除，读者在实现了前面两个功能以后可以自己试着自己编写。

添加方法较为简单，从界面的两个控件上取得留言内容和留言人的内容后传入后台方法添加到数据库，而查询将会复杂一点，将实现分页显示留言的内容，在查询数据的时候就要考虑到数据库分页查询的问题。

5.4.3　代码实现

下面我们来看看具体的代码是怎么实现功能的。

首先在 APP_Code 中新建一个名为 GuestBook.cs 的类，作为数据承载对象，其代码如下：

```
using System;
using System.Data;
/// <summary>
/// GuestBook 的摘要说明
/// </summary>
public class GuestBook
{
    public GuestBook() { }
    private string _id = string.Empty;
    private string _content = string.Empty;
```

```
private string _name = string.Empty;
private string _addtime = string.Empty;
/// <summary>
/// 主键 Id
/// </summary>
public string Id
{
    get { return _id; }
    set { _id = value; }
}
/// <summary>
/// 留言内容
/// </summary>
public string Content
{
    get { return _content; }
    set { _content = value; }
}
/// <summary>
/// 留言人姓名
/// </summary>
public string Name
{
    get { return _name; }
    set { _name = value; }
}
/// <summary>
/// 留言添加时间
/// </summary>
public string AddTime
{
    get { return _addtime; }
    set { _addtime = value; }
}
}
```

这个类用于装载和传送数据。

在 web.config 文件中的< appSettings>节点添加如下内容：

```
    <add    key="SQLConnString"    value="provider=microsoft.jet.oledb.4.0;data
source="/>
    <add key="dbPath" value="~/App_Data/database.mdb"/>
```

这里记录了数据库连接字符串以及数据库文件路径的信息，数据操作类就通过这个生成数据库连接。

下面来看看数据操作类 DataOperator.cs，同样将它添加到 App_Code 文件夹中，它只包含了三个方法，其中一个是构造函数，在构造函数里面获得数据库连接字符串，并把它放在操作类的一个静态变量里面，这个变量在 Application 生命周期中都会保持这个值，供我们访问。其他两个就是查询数据和添加数据的两个数据操作方法。

```csharp
using System;
using System.Data;
using System.Data.OleDb;
using System.Configuration;
using System.Collections;
using System.Collections.Generic;
/// <summary>
/// DataOperator 的摘要说明
/// </summary>
public class DataOperator
{
    protected OleDbConnection conn;
    protected static string DBCONNSTR;

    public DataOperator(string dbParth)
    {
        //获取连接字符串
        if(DataOperator.DBCONNSTR == null || DataOperator.DBCONNSTR
                                        == string. Empty)
          DataOperator.DBCONNSTR = dbParth;
        //实例操作类时实例数据库连接对象
        conn = new OleDbConnection(DataOperator.DBCONNSTR);
    }
```

```
    /// <summary>
    /// 分页取得留言
    /// </summary>
    /// <param name="currentPage">当前页</param>
    /// <param name="rowsPerPage">每页行数</param>
    /// <param name="maxPage">总行数</param>
    /// <returns></returns>
    public List<GuestBook> GetGuestBookList(int currentPage, int rowsPerPage,ref
int rowsCount )
    {
        //声明数据操作对象
        OleDbCommand comm = new OleDbCommand();
        //下面是实现分页查询的语句
        comm.CommandText = string.Format(@"
            SELECT b.*
            FROM gb b,
                (SELECT TOP {0} a.id, a.addtime
                  FROM (SELECT TOP {1} id, addtime
                      FROM gb
                      ORDER BY addtime DESC) a
                  ORDER BY a.addtime) c
            WHERE b.id = c.id
            ORDER BY c.addtime DESC
        ", rowsPerPage, (currentPage) * rowsPerPage);
        comm.CommandType = CommandType.Text;
        comm.Connection = conn;
        //声明数据适配器
        OleDbDataAdapter sda = new OleDbDataAdapter(comm);
        DataSet ds = new DataSet();
        sda.Fill(ds);//填充数据
        sda.Dispose();
        //获取总记录数
        comm.CommandText = @"select count(*) from gb";
        //打开连接前要判断连接状态
        if (conn.State != ConnectionState.Open)
            conn.Open();
        rowsCount = Convert.ToInt32(comm.ExecuteScalar());
        conn.Close();
```

```
    comm.Dispose();
    if (ds.Tables.Count > 0)//如果取得数据
    {
        //将数据装入自定义的数据容器内
        List<GuestBook> gbs = new List<GuestBook>();
        for(int i = 0; i < ds.Tables[0].Rows.Count;i++)
        {
            GuestBook tin = new GuestBook();
            if (ds.Tables[0].Rows[i]["addtime"] != DBNull.Value)
                tin.AddTime    =    Convert.ToDateTime(ds.Tables[0].Rows[i]
["addtime"]).ToString("yyyy 年 MM 月 dd 日");
            tin.Content = ds.Tables[0].Rows[i]["content"].ToString();
            tin.Id = ds.Tables[0].Rows[i]["id"].ToString();
            tin.Name = ds.Tables[0].Rows[i]["name"].ToString();
            gbs.Add(tin);
        }
        return gbs;
    }
    else
        return null;
}
/// <summary>
/// 添加一个新的留言
/// </summary>
/// <param name="gb">留言对象</param>
/// <returns></returns>
public int AddGuestBookInfo(GuestBook gb)
{
    OleDbCommand comm = new OleDbCommand();
    //添加记录语句
    comm.CommandText = string.Format(@"insert into gb (content,name,addtime)
        values ('{0}','{1}','{2}')",gb.Content,gb.Name,gb.AddTime);
    comm.CommandType = CommandType.Text;
    comm.Connection = conn;
    if (conn.State != ConnectionState.Open)
    conn.Open();
    int temp = comm.ExecuteNonQuery();
    conn.Close();
```

```
        return temp;
    }
}
```

为 GetGuestBookList 方法传入了三个参数：currentPage 当前要取得的页数；rowsPerPage 每页行数；rowsCount 以及一个返回值型的参数，这个用于回传总记录数为多少，这个数在计算分页的时候需要用到。我们取得数据后是将数据添加在一个泛类型的 List 中，使用我们自定义的 GuestBook 类来装载数据以返回给页面调用。

在添加留言的方法 AddGuestBookInfo 中，传入的参数正是我们自己定义的一个 GuestBook 对象，这样在界面上只要将对象组装完成传给数据操作层处理就行了；返回值是执行语句后得到的影响行数。

下面再来看看页面是怎么实现的，先看服务端处理：

```
using System;
using System.Data;
using System.Configuration;
using System.Collections;
using System.Collections.Generic;
using System.Web;
using System.Web.Security;
using System.Web.UI;
using System.Web.UI.WebControls;
using System.Web.UI.WebControls.WebParts;
using System.Web.UI.HtmlControls;
public partial class _5_4_GuestBook : System.Web.UI.Page
{
    protected DataOperator dto;
    protected const int rowsPerpage = 5;
    protected void Page_Load(object sender, EventArgs e)
    {
        AjaxPro.Utility.RegisterTypeForAjax(typeof(_5_4_GuestBook));
        //下面是加载页面时初始化的页面信息
        ArrayList al = GetList(1, rowsPerpage);
        DivList.InnerHtml = al[0].ToString();
        DivPagination.InnerHtml = al[1].ToString();
```

```
            hdnMaxPage.Value = al[2].ToString();
            hdnRowsPerPage.Value = rowsPerpage.ToString();
        }
        /// <summary>
        /// 读取留言列表
        /// </summary>
        /// <param name="currentPage">当前页</param>
        /// <param name="rowsPerPage">每页记录数</param>
        /// <returns></returns>
        [AjaxPro.AjaxMethod]
        public ArrayList GetList(int currentPage,int rowsPerPage)
        {
            ArrayList al = new ArrayList();//声明一个数组用于返回值
            int rowsCount = 0;
            dto = new DataOperator(ConfigurationManager.AppSettings ["SQLConnString"]
.ToString() + Server.MapPath(ConfigurationManager.AppSettings["dbPath"].ToString()));
            List<GuestBook> gbs = dto.GetGuestBookList(currentPage, rowsPerPage, ref
rowsCount);
            HtmlGenericControl list = GetListUI(gbs);
            //下面的代码是将一个控件转化为字符串输出
            System.Text.StringBuilder sb = new System.Text.StringBuilder();
            System.IO.StringWriter sw = new System.IO.StringWriter(sb);
            HtmlTextWriter htw = new HtmlTextWriter(sw);
            list.RenderControl(htw);
            //将控件转化的字符串添加到数组
            al.Add(sb.ToString());
            //将分页信息添加到数组
            al.Add(LoadPaginationList(currentPage,rowsPerPage,rowsCount));
            //计算最大页数
            int Maxpage = rowsCount / rowsPerPage;
            if (rowsCount % rowsPerPage != 0)
                Maxpage++;
            al.Add(Maxpage);
            return al;
        }
        /// <summary>
        /// 根据数据生成当前页的列表
        /// </summary>
```

```
        /// <param name="gbs">数据</param>
        /// <returns></returns>
        protected HtmlGenericControl GetListUI(List<GuestBook> gbs)
        {
            if (gbs != null)
            {
                HtmlGenericControl ul = new HtmlGenericControl("ul");
                //循环数据中的项为 ul 添加 li 项
                for (int i = 0; i < gbs.Count; i++)
                {
                    HtmlGenericControl li = new HtmlGenericControl("li");
                    HtmlGenericControl divBlank = new HtmlGenericControl("div");
                    divBlank.Style[HtmlTextWriterStyle.BackgroundColor] = "#ddd";
                    divBlank.Style[HtmlTextWriterStyle.Height] = "5px;";
                    li.Controls.Add(divBlank);
                    HtmlGenericControl divContent = new HtmlGenericControl("div");
                    divContent.InnerHtml = gbs[i].Content;
                    divContent.Style[HtmlTextWriterStyle.BackgroundColor] = "#f4f4f4";
                    li.Controls.Add(divContent);
                    HtmlGenericControl divInfo = new HtmlGenericControl("div");
                    divInfo.InnerHtml = string.Format("留言者：{0}   
留言时间：{1}",
                        gbs[i].Name, gbs[i].AddTime);
                    li.Controls.Add(divInfo);
                    ul.Controls.Add(li);
                }
                return ul;
            }
            else
            {
                HtmlGenericControl temp = new HtmlGenericControl("div");
                temp.InnerHtml = "暂无数据";
                return temp;
            }
        }
        /// <summary>
        /// 生成分页条信息
        /// </summary>
```

```csharp
        /// <param name="currentPage">当前页</param>
        /// <param name="rowsPerPage">每页记录数</param>
        /// <param name="rowcount">总记录数</param>
        /// <returns></returns>
        protected string LoadPaginationList(int currentPage, int rowsPerPage, int
rowCount)
        {
            int Maxpage = rowCount / rowsPerPage;
            if (rowCount % rowsPerPage != 0)
                Maxpage++;
            System.Text.StringBuilder sb = new System.Text.StringBuilder();
            if (currentPage == 1)
            {
                sb.Append("最前页 ");
                sb.Append("前一页 ");
            }
            else
            {
                sb.Append("<a href='javascript:gotoPage(1)'>最前页</a> ");
                sb.AppendFormat("<a href='javascript:gotoPage({0})'>前一页</a> 
", currentPage - 1);
            }
            sb.AppendFormat("  第 {0} 页    共 {1} 页   ",
currentPage, Maxpage);
            if (currentPage == Maxpage)
            {
                sb.Append("下一页 ");
                sb.Append("最末页 ");
            }
            else
            {
                sb.AppendFormat("<a  href='javascript:gotoPage({0})'> 下 一 页 </a>
 ", currentPage + 1);
                sb.AppendFormat("<a  href='javascript:gotoPage({0})'> 最 末 页 </a>
 ", Maxpage);
            }
            return sb.ToString();
        }
```

```
/// <summary>
/// 添加留言
/// </summary>
/// <param name="Content">内容</param>
/// <param name="Name">名称</param>
/// <returns></returns>
[AjaxPro.AjaxMethod]
public string AddItem(string content, string name)
{
    //验证信息
    if (content == string.Empty || name == string.Empty)
        return "传入参数出错";
    dto = new DataOperator("");
    GuestBook gb = new GuestBook();
    gb.AddTime = DateTime.Now.ToString();
    gb.Content = content;
    gb.Name = name;
    if (dto.AddGuestBookInfo(gb) > 0)
        return null;
    else
        return "添加失败";
}
}
```

服务端总共包含 5 个函数，有两个是 Ajax 函数，这两个就是直接供客户端调用的函数。GetList 有两个传入参数，这两个是客户端传入的请求当前页面和每页的行数，返回值是一个 ArrayList，在函数里有三个项，分别是留言列表的 HTML 文本，分页功能的 HTML 文本，以及我们根据总记录数计算出的最大页数，这个返回到界面后我们就能直接使用 innerHTML 对页面控件负值，而不需要再进行繁杂的 DOM 操作。

AddItem 是供客户端直接调用的添加新留言的方法，传入两个字串分别就是留言内容和留言人，返回值是错误信息，如果为 null 就说明操作成功了。

代码中有部分服务端生成 HTML 代码的方法，可以通过这种方式在服务端生成如列表，具有客户端功能的按钮等代码，然后返回给客户端直接展示，这样省去了客户端繁杂的 DOM 操作，而且在浏览器兼容性方面也表现得更好。

我们完成了服务端的工作以后前台的代码又是怎样的呢？

```
<%@ Page Language="C#" AutoEventWireup="true" CodeFile="GuestBook.aspx.cs"
Inherits="_5_4_GuestBook" %>
<!DOCTYPE html PUBLIC "-//W3C//DTD XHTML 1.0 Transitional//EN"
"http://www.w3.org/TR/xhtml1/DTD/xhtml1-transitional.dtd">
<html xmlns="http://www.w3.org/1999/xhtml" >
<head runat="server">
    <title>Ajax 留言板</title>
    <script language="javascript" type="text/javascript">
    <!--
        var maxPage;
        var rowsPerPage;
        var currentPage = 1;

        //初始化页面
        function initPage()
        {
            maxPage = parseInt(document.getElementById("hdnMaxPage").value);
            rowsPerPage = parseInt(document.getElementById("hdnRowsPerPage").
value);
        }
        //获取留言列表
        function GetList()
        {
            //调用 Ajax 代理
            _5_4_GuestBook.GetList(currentPage,rowsPerPage,CallBackGetList);
        }
        function CallBackGetList(result)
        {
            if(result.error == null)
            {
                //将回传得到的值赋给相应的控件
                document.getElementById("DivList").innerHTML = result.value[0];
                document.getElementById("DivPagination").innerHTML = result.
value[1];

                document.getElementById("hdnMaxPage").value = result.value[2];
            }
```

```
        else
            alert("查询出错:"+result.error.Message);
}
//跳转页面
function gotoPage(page)
{
    if(page > maxPage) page = maxPage;
    currentPage = page;
    GetList();
}
//添加新留言
function AddItem()
{
    var content = document.getElementById("txtContent").value;
    var name = document.getElementById("txtName").value;
    //验证信息
    if(content == "")
    {
        alert("留言内容不能为空!");
        return;
    }
    if(name == "")
    {
        alert("姓名不能为空!");
        return;
    }
    _5_4_GuestBook.AddItem(content,name,CallBackItem);
}
function CallBackItem(result)
{
    if(result.error == null)
    {
        if(result.value == null)
        {
            GetList();
            document.getElementById("txtContent").value = "";//清空内容
        }
        else
```

```
                    alert("添加出错:"+result.value);
            }
            else
                alert("添加出错:"+result.error.Message);
        }
    -->
    </script>
    <style type="text/css">
        body { margin:0px;font-size:9pt; }
        #TitleName {font-size:16pt; font-weight:bold; background-color:#aaa;
height:30px;padding:10px;}
        #DivList ul{list-style:none; width:100%;}
        #DivList ul li{list-style:none; border:solid 1px #eee;}
        #DivList ul li div{padding:5px;}
        #DivPagination {padding-left:50px;}
        #SubPanel{padding:10px;padding-left:50px;}
    </style>
</head>
<body onload="initPage()">
    <form id="form1" runat="server">
    <div>
        <div id="TitleName" style="">Ajax 留言板</div>
        <div id="DivList" runat="server">
        </div>
        <div id="DivPagination" runat="server">
        </div>
        <div id="SubPanel">
            <div>姓名: <input type="text" id="txtName" /></div>
            <div>内容: <textarea id="txtContent" rows="4" cols="60"></textarea></div>
            <div style="padding-left:150px;"><input type="button" value="提交"
onclick="AddItem()" />
            <input type="reset" value="清空" /></div>
        </div>
    </div>
    <input type="hidden" id="hdnMaxPage" runat="server" />
    <input type="hidden" id="hdnRowsPerPage" runat="server" />
    </form>
```

```
</body>
</html>
```

可以看出使用 Ajax 加"Div+CSS"布局的方式控制页面，我们的页面变得非常清晰，而且 HTML 代码量变得非常少，而大量的代码在 JavaScript 和 CSS 中，从而实现了把 HTML 结构、界面样式、业务逻辑三块分离开来的目的。

就此，已经实现了一个具有基本功能的 Ajax 留言板，其实使用 Ajax.NET 实现起来是很轻松的，回避了 Ajax 中间比较繁杂的 Ajax 请求接口烦琐的脚本编码，让我们更为专注于业务逻辑和错误处理上，并且使我们代码变得清晰易读。

5.4.4　分析总结

编码完成以后，我们运行程序，发现程序运行得非常迅速，而且各个浏览器下的兼容性都是很好的，得到了很完美的 Ajax 应用效果。相对于传统的刷新方式，使用 Ajax 以后得到了更好的系统效能，以及更节约了服务端的带宽，毕竟每次提交的只是我们需要的那几个字节的内容，同时用户在使用功能的过程中始终没有刷新页面，用户也能够得到更好的体验。

在这个较为简单的留言板功能模块里，实现了一个较为完整的 Ajax 对数据的操作，并得到了很好的效果。希望这个例子能起到抛砖引玉的作用，使读者能够举一反三，在适当的情况下使用 Ajax 实现让人赞叹的效果。同时也希望这种新的 Web 实现方式能够唤起读者更多的灵感，创造出更多如 Google Map 这样的令人赞叹的 Ajax 程序。

5.5　小结

这一章我们介绍了 Ajax 的概念、基础及相关知识，然后我们认识了 Ajax.NET，并使用 Ajax.NET 实现了一个简单的留言板程序，从中得到了很好的 Ajax 体验，而实现 Ajax 页面功能只是 Ajax 真实意义的一部分，通过这种明确客户端服务端的程序结构体系，能在整个 B/S 模式程序的结构上能有所创新，让我们能有一种更新的思路来看待 B/S 模式的程序结构，希望读者能够通过不断学习在更高的一个角度来看待和思考将要设计和构建的程序。

06

OO 和 UML 在 Web 中的应用

　　如今从身边的书店随便挑起一本有关软件开发设计相关的图书,我们都能很容易地捕捉到"面向对象"这些字眼,对于很多初学者来说,心中不免有些疑问,什么叫"面向对象"？不感兴趣的读者,可能一想便算了事；而有志于在软件道路上走得更高更远的读者朋友可能会感到焦虑和茫然,因为他对任何新的技术名词都充满了极强的吸引力。这时要么匆忙买一本有关书籍来究竟什么是"面向对象",要么在网络上铺天盖地地进行搜索和咨询。然而,要突破思想的束缚,说难也不难,说到要深刻认识却也不容易。在本章中我们将一起对面向对象进行一个概括的了解。

　　UML 对于当前大多数希望进一步改进质量的软件开发团队来说是必不可少或必需的。为什么这样说呢？因为像.net 这样的开发平台并不能直观、方便地反映复杂程序的设计,虽然在微软的.NET2.0 中提供了部分类似的功能,但它不能提供如内部逻辑结构、各种隐含的依赖关系、运行时的状态改变和特殊行为等。程序员编写好的代码仅仅是一种实现方式,很难反映出现象背后的真实本质,即软件设计,因此对于大多数稍稍复杂点的项目来说,仅有代码是不够的。在本章后面我们会论述一些 UML 相关的话题。

6.1　面向对象

　　面向对象的设计方法在当今时代对广大的程序员朋友们来说已经是深入人心了,无数的程序员们早已把它作为了自己的一项基本功。不过,认为面向对象的重要性,甚至大吹鼓吹是一回事,理解面向对象的实质,并在软件开发中能运用自如的使用又是另外一回事。如今浮现的一些现象是,程序员朋友们要么将面向对象技术看得过于神秘,要么将面向对象技术看得过于简单。在本章中我们将引导读者来充分认识和解决这些问题。

6.1.1　OO 技术概述

总的来说，面向对象核心以对象为中心，所有重心都集中在对象上。我们在编写代码时也是围绕对象而非函数进行组织的。那么对象到底是什么呢？对象在传统意义上被定义为带有方法的数据，确切地说，这是一种不准确的定义。因为它仅仅是从实现的角度来看待对象而已。事实上，我们应该从概念的角度来给它一个准确的定义，即对象是具有责任的一个实体，这些责任定义了对象的行为，因为这样它会更有助于我们关注对象的意图行为，而不是对象如何实现。

使用对象的优点在于，可读性高，由于继承的存在，即使改变需求，那么维护也只是在局部模块，所以维护起来是非常方便和较低成本的。可重用现有的或在以前项目的领域中已被测试过的类，使系统满足业务需求并具有较高的质量。在开发时，根据设计的需要对现实世界的事物进行抽象，产生类。使用这样的方法解决问题，也接近于日常生活和自然的思考方式，无形中提高了软件开发的效率和质量。由于继承、封装、多态的特性，自然设计出高内聚、低耦合的系统结构，使得系统更灵活、更容易扩展，而且成本较低。还可以定义自己负责的事情，同时它也能够清楚地识别自己的类型，对象中的数据也能告诉自己的状态如何。

因为对象都自己负责自己，所以很多内部的数据不需要暴露给外部其他对象，在面向对象系统中，我们可以通过如下几种类型来限制对该对象的访问性操作：

- 公开类型（public）：任何对象都可访问。

- 保护类型（protected）：只有这个类及其派生类的对象能够访问。

- 私有类型（private）：只实用于当前类中的操作。

这样就延伸到了面向对象的一些基本概念。面向对象的三大特性，也是理解面向对象最基本的概念之一：封装、继承、多态性。

1．封装

简单来说，我们可以将封装理解为数据隐藏或是把数据以及数据的相关方法组合在同一个单元中，因为在设计的时候我们不需要将内部所有数据成员都暴露给外部世界。通过封装，我们可以把类作为软件中的基本重用单元，以实现软件系统的高内聚，低耦合。

> 提示　内聚：表示一个模块、类或方法所承担职责的自相关度，如果一个模块只负责一件事情，我们说这个模块的内聚性很高，如果它负责了很多毫不相干的事情，则我们说这个模块的内聚性很低。
>
> 耦合：表示模块与模块之间、类与类之间、方法与方法之间关系的联系程度。耦合性越高，则表示它们之间的依赖性越强，造成的后果是软件的可维护性、可扩展性、可重用性就会降低。因此我们可以用"低耦合、高内聚"作为指标来评判软件的优劣程度。

封装的意义在于调用对象的用户不必了解实现特定功能的具体过程，只需懂得设置对象属性，调用其方法就可以了，封装可以隐藏实现细节，使得代码模块化。

2．继承

专业的解释为，一个类继承另一个类，是指它接受了该类的一些或者所有性质。在所有面向对象语言中，起始类可以称为基类、超类、父类、泛化类，而继承类可以被称为派生类、子类或特化类。更通用一点的解释为，继承实际是对现实世界中遗传现象的模拟。通过继承，基类的属性和方法等被遗传给了它的子类。通常，在继承时，派生类可以主动选择继承的程度和范围，也可以选择基类的某些操作进行扩展，因此，从定义可以看出，继承机制是我们最大限度重用代码的一种手段。显然，在 C#等面向对象的语言中，继承机制极其强大，以致很多程序员朋友们都有意无意地忽略了它自身的缺陷：当一棵继承树很大的时候，它会大大降低软件的可读性，就程序本身结构来说也具有很强的耦合性；继承是在编译的时候通过静态绑定实现的，如果只是使用继承方式，在程序运行期间我们不能动态改变属性或方法的绑定关系，这对于一些需要支持动态变化的需求来说，显然不能满足要求。为了解决这些问题，我们可以采用多种方式，如使用面向对象的基本原则中几大原则来实现，在后面我们会对这几大原则加以阐述。

3．多态性

在面向对象语言中，我们常常采用抽象类型的引用来使用对象，但是实际上我们引用的是从抽象类派生的类的具体实例。因此，当我们通过抽象引用概念性地要求对象做什么时，将得到不同的行为，具体行为取决于派生对象的具体类型。多态顾名思义，即具有很多形态，同一个调用能够获得很多不同形态的行为。简单点说，多态就是同一个方法名可以对应于不同的方法实体，以满足不同需要的特性。

面向对象的思想中，任何事物都可以被视为对象，或者说任何事物都可以被封装成对象，那么按照什么样的规则或者特点将事物进行分类和封装，才能更好地发挥面向对象的优势呢？以下面的这个例子进行简单的说明。生物学上会根据某一个标准将生物分为动物和植物两大类，然后再根据其他一些标准又可以将动物又分为鸟类、鱼类、爬行动物类、两栖动物类等不同的种类，如图 6-1 所示。

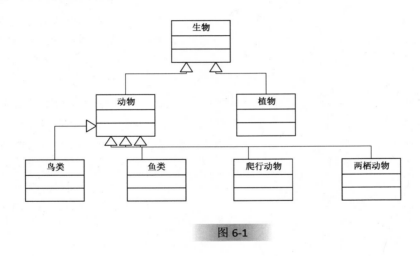

图 6-1

该例子相应的 C#代码如下：

```
    //动物
Public class Animal: Biology
    {
        //…

}
//鸟类
public class Birds: Animal
{
        //…

}
//鱼类
```

```
public class Fish: Animal
    {
        // …
}
//爬行类
public class Crawler: Animal
{
        // …
}
```

这些分类的标准实际就是它们共有的一些特性或者行为，面向对象的概念中通常将这些特性以属性或者方法定义在父类中，子类通过继承来实现这些特性和行为。在现实设计过程中怎样抽象出这些特性和行为往往是比较难以掌握的，也是程序设计的难点，因为这些特性和行为，也就是分类的标准，往往是不定的。比如上面的例子，如果把动物按照会飞的动物和会爬的动物，那么上面被分在不同一类的动物就有可能被分在同一类，这样的话怎么抽象出它们的特性或者行为就有不同的标准，如果面向对象的程序设计语言都支持继承多个类就好了，然而实际情况是，要么只能实现单继承，要么利用多级继承来实现多重继承。不过我们可以通过继承接口的方式来实现这个问题，而且接口的另外一个优势就是面向对象的程序设计语言都是支持同时继承多个接口的。比如上面的例子，可以定义两个接口 IFly 和 IClimb，那些会飞的动物就可以继承动物类的同时继承接口 IFly，那些会爬的动物也可以继承动物类的同时继承接口 IClimb，那些既会飞有会爬的动物就可以继承动物类的同时继承接口 IFly 和接口 Iclimb，如图 6-2 所示。

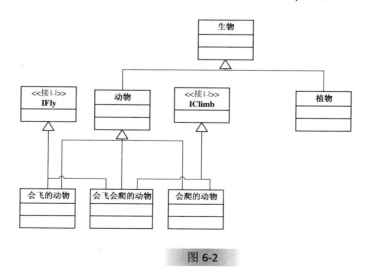

图 6-2

该例子相应的 C#代码如下：

```
    public interface IFly
{
    public void Fly ();
    }
public interface IClimb
{
    public void Climb ();
}
//会飞的动物类
public class FlyableAnimal: Animal, IFly
{
    // …
}
//会爬的动物类
public class ClimbableAnimal: Animal, IClimb
    {
    // …
}
//会飞会爬的动物类
public class FlyableClimbableAnimal: Animal, IFly, IClimb
{
  // …
}
//以下是一个应用上述接口的函数示例。
/// <summary>
/// 本函数能让所有可以飞行或可以爬山的动物动物从山顶逃走
/// </summary>
/// <param name="animal">想要逃走的动物</param>
/// <returns>True：逃跑成功 False：逃跑失败</returns>
bool FleeFromTheMountainTop(Animal animal)
{
    IFly flyAnimal = animal as IFly;
    if (flyAnimal == null)
    {
        IClimb climbAnimal = animal as IClimb;
        if (climbAnimal == null)
```

```
    {
        //无法逃走
        return false;
    }
    //调用 Climb 方法让动物逃走
    climbAnimal.Climb();
    }
    else
    {
        //调用 Fly 方法让动物逃走
        flyAnimal.Fly();
    }
    return true;
}
```

因为会飞的动物中，飞行的方式也有可能不一样，可以通过以不同的方式实现接口 IFly 来解决这个问题。

从上面的例子中到处都体现了面向对象的一个继承和多态的特点。前面也讲到。实现多态的方式一般有覆盖、重载两种。覆盖，是指子类以另外的方式来实现由其父类定义的虚函数的做法；重载，是指允许存在多个同名函数，而这些函数的参数表不同，要么参数个数不同，要么参数类型不同，要么两者都不同，事实上利用接口也可以实现多态的效果，从上面的例子也体现出接口实现多态的方式。比如为动物类定义一个虚方法 Move()用来描述动物的移动方式，很显然鱼类和鸟类移动（Move）的方式不一样，那么我们就可以通过覆盖这个虚方法来实现各自的移动方式，该例子相应的 C#代码如下：

```
//动物
public class Animal: Biology
{
    public virtual void Move ()
    {
        //…
    }
}
//鸟类
public class Birds: Animal
{
```

```
        public override void Move()
        {
            //Move by walk
            // …
        }
}
//鱼类
public class Fish: Animal
{
        public override void Move ()
        {
            //move by swimming
            //…
        }
}
//以下是一个应用示例。
/// <summary>
/// 驱赶一群动物（可以包含多个任意种类的动物）
/// </summary>
/// <param name="groupOfAnimals">一群动物</param>
void DriveGroupOfAnimals(List<Animal> groupOfAnimals)
{
    foreach (Animal animal in groupOfAnimals)
    {
        animal.Move();
    }
}
```

　　总之，面向对象封装产生了一种软件结构，它包括一系列过程性的方法，这些方法涉及的变量保留着对象的状态，封装使得所有来自对象外的对变量的访问必须通过调用对象的方法来实现。同一个类衍生的对象有相同的结构和行为，类就是设计和编码的模板，从这个模板中类的实例-对象在运行期间被创建。类有一组方法和变量，每个对象有它自己的一组实例方法和实例变量，同一个类的对象通过共享实例方法节省了存储空间。类可以形成父类，子类继承层结构，或者更确切地说是继承网格，继承使得子类的对象可以使用父类的任何非私有属性和方法等，您也可以在子类里重新定义方法（重写）。多态是同一个方法可以被多个类定义并在每个类中都有不同实现的特性，或者也可以说，多态变量可以在不同时间指向属于不同类的对象的特性。多态增加了实现隐藏的复杂性，使得面向对象更加强大。重载是同多态类似的概念，它可以通过检查消息参数的号码或者类来选择不同方法的实现。面向对象无处不在，我们只有合理使用它才能为我们创造真正的价值。

6.1.2　面向对象的基本原则

前人已经为我们总结出了下面这些面向对象设计中必须遵循的原则，只有充分理解和掌握这些概念后，我们才能写出更加高效的代码，设计出更加顽固的系统。

- 单一职责原则（SRP）

Single-Responsibility Principle 原则讲的是，一个类应当只有一个改变的原因。类只需要知道一件事情，它们应该有一个单独的原则，要点就是当一个类需要改变时，应该只有一个原因。所谓职责，我们可以理解为功能，就是设计的这个类，它的功能应该只有一个，而不是两个或更多。也可以理解为引起变化的原因，当发现有两个变化会要求我们修改这个类，那么我们就要考虑拆分这个类了。因为职责是变化的一个轴线，当需求变化时，该变化会反映类的职责的变化。"就像一个人身兼数职，而这些事情相互关联不大，甚至有冲突，那他就无法很好的解决这些职责，应该分到不同的人身上去做才对。"其优点是能够很好地消除耦合度。

- 开放－封闭原则（OCP）

Open-Closed Principle 原则讲的是，一个软件实体应当对扩展开放，对修改关闭。这样设计的优点是，通过扩展已有软件系统来提供新的行为，以满足对软件的新的需求，促使变化中的软件有一定的适应性和灵活性。已有软件模块，特别是最重要的抽象层模块不能再修改，这使得变化中的软件系统有一定的稳定性和延续性。其优点是降低程序各部分之间的耦合性，使程序模块互换成为可能。

- 里氏代换原则（LSP）

Liskov Substitution Principle 原则讲的是，一个软件实体的子类型(subtype)必须能够替换它们的基类型。其优点是保证系统或子系统有良好的扩展性。只有子类能够完全替换父类，才能保证系统或子系统在运行期内识别子类就可以了，因而使得系统或子系统有了良好的扩展性。

- 依赖倒置原则（DIP）

Dependence Inversion Principle 原则讲的是，要依赖于抽象，不要依赖于具体实现。简单地说，依赖倒置原则要求客户端依赖于抽象耦合。抽象不应当依赖于细节；细节应当依赖于抽象；要针对接口编程，不针对实现编程。使用传统过程化程序设计所创建的依赖关系，策略依赖于细节，这是糟糕的，因为策略受到细节改变的影响。依赖倒置原则使细节和策略都依赖于抽象，抽象的稳定性决定了系统的稳定性。

- 接口隔离原则（ISP）

Interface Segregation Principle 讲的是：使用多个专门的接口比使用单一的总接口总要好。换而言之，从一个客户类的角度来讲，一个类对另外一个类的依赖性应当是建立在最小接口上的。这时我们可以采用委托或使用多重继承来分离接口。

- 合成/聚合复用原则（CARP）

Composite/Aggregate Reuse Principle 原则，又被叫做合成复用原则（Composite Reuse Principle 或 CRP），就是在一个新的对象里面使用一些已有的对象，使之成为新对象的一部分。新对象通过向这些对象的委派达到复用已有功能的目的。简而言之，要尽量使用合成/聚合，尽量不要使用继承，它们是"Is A"的关系，这也是严格的分类学意义上的定义，意思是一个类是另一个类的"一种"。而"Has A"则不同，它表示某一个角色具有某一项责任。导致错误的使用继承而不是合成/聚合的一个常见的原因是错误地把"Has-A"当做"Is-A"。

- 迪米特法则（LoD）

Law of Demeter 原则，又叫最少知识原则（Least Knowledge Principle 或简写为 LKP），就是说，一个对象应当对其他对象有尽可能少的了解。

6.1.3 设计模式

在 OO 技术开始得到广泛应用之后，人们渐渐发现，遵循上一节所述的面向对象原则的优雅设计常常会重复出现一些相对固定的模式，于是计算机软件业内著名的"四人帮"（Gang of Four: Erich Gamma, Richard Helm, Ralph Johnson, and John Vlissides）将这些模式整理收集，出版了《设计模式》（Design Patterns）一书。该书收录了常见的 23 种设计模式，产生了极为广泛的影响。

需要特别说明的是，笔者认为设计模式并不是一条提高设计能力的捷径，设计能力只能靠长期的思考和实践提高，没有捷径可走。设计模式更像是一本用于提高开发设计人员交流效率的词典，通过使用设计模式中的标准词汇，开发人员之间能够迅速理解领会对方所做的复杂设计。千万不要为了使用模式设计而设计，这样只会陷入过度设计的陷阱中。模式往往是在完成主要设计后被发现，然后由设计师重构设计，将设计中包含的模式通过命名等方式显现出来，以便他人理解。设计的关键在于遵循设计的基本原则，而不是应用模式，只要遵循了设计的基本原则，自然就会形成模式。

在第 7 章我们将会对常见的几种模式做简单介绍（如果您需要更深入的研究参考《设计模式》一书）。

6.2　UML 介绍

Unified Modeling Language（统一建模语言）是国际对象管理组织 OMG 制定的一个通用的、可视化建模语言标准，可以用来描述、可视化、构造和记载软件密集型系统的各种工件。UML 的"通用性"主要是指不仅仅可以用它来描述软件，而且还可以用它来描述一般企业或组织的业务流程以及由软、硬件共同组成、以软件为主的复杂系统（即所谓的软件密集型系统），甚至还包括非软件系统。UML 的"可视性"是指可以通过 UML 一系列的图形符号，组成多种视图来直观、清晰地表达系统分析设计中方方面面的、许多复杂的概念。UML 主要是为了人的阅读和使用而设计的，所以它采用了半形式化的，易于人们理解、交流的形式。UML 是一种分析设计专用的建模语言，它本身不是编程语言，不能直接执行，却可用它来生成可执行的软件程序。UML 是一种抽象层次比 C、C++、Java、VB、VB.NET、C# 等高级语言更高的图形语言，通过它我们可以抽象地表示用高级编程语言编写的程序的逻辑结构和行为。相比传统的第三代、第四代高级编程语言（3GL、4GL），UML 能够更加高效、准确地反映软件设计的方案和思路，在当代软件工程中可以说是真正用来"设计程序"的语言。从这个意义上看，不妨称 UML 为第五代程序设计语言（5GL）。UML 基本上不能算作全新的发明，它并非学者教授、科研机构的最新研究成果，而是直接来自于产业界、工程界的实践总结，是在归纳基础上进行理论升华的产物，其核心内容反映了 30 多年来全球软件工业的领导者在软件设计构造领域的最佳实践和成功经验，因而具有很高的实用价值。实践证明，作为对象技术的核心，面向对象分析设计(OOAD)方法比传统方法能更加准确、全面地描述物理现实世界和由逻辑概念构成的软件世界。UML 是用来表述 OO 概念的一种语言工具，而很奇妙，它本身作为一件产品同样也是由世界级的软件大师们用 OO 方法设计出来的，这使得 UML 具有传统建模语言所不具备的极强的语义表达能力和非常灵活的可扩展性。

6.2.1 简介

就 UML 应用本身而言，其内容可以由下列五大类图(共 9 种图形)来定义：

- 第一类是用例图，从用户角度描述系统功能，并指出各功能的操作者。

- 第二类是静态图，包括类图、对象图和包图。其中类图描述系统中类的静态结构。不仅定义系统中的类，类之间的联系如关联、依赖、聚合等，还包括类的内部结构(类的属性和操作)。类图描述的是一种静态关系，在系统的整个生命周期都是有效的。对象图是类图的实例，其使用方式几乎和类图的使用方式完全相同。它们的不同点在于对象图显示类的多个对象实例，而不是实际的类。一个对象图是类图的一个实例。由于对象存在生命周期，因此对象图只能在系统某一时间段存在。包是由包或类组成，表示包与包之间的关系。包图用于描述系统的分层结构。

- 第三类是行为图，描述系统的动态模型和组成对象间的交互关系。其中状态图描述类的对象所有可能的状态以及事件发生时状态的转移条件。通常状态图是对类图的补充。在实用上并不需要为所有的类画状态图，仅为那些有多个状态其行为受外界环境的影响并且发生改变的类画状态图。而活动图描述满足用例要求所要进行的活动以及活动间的约束关系，有利于识别并行活动。

- 第四类是交互图，描述对象间的交互关系。其中顺序图显示对象之间的动态合作关系，它强调对象之间消息发送的顺序，同时显示对象之间的交互；合作图描述对象间的协作关系，合作图跟顺序图相似，显示对象间的动态合作关系。除显示信息交换外，合作图还显示对象以及它们之间的关系。如果强调时间和顺序则使用顺序图；如果强调上下级关系则选择合作图。这两种图合称为交互图。

- 第五类是实现图，其中构件图描述代码部件的物理结构及各部件之间的依赖关系。一个部件可能是一个资源代码部件、一个二进制部件或一个可执行部件。它包含逻辑类或实现类的有关信息。部件图有助于分析和理解部件之间的相互影响程度。配置图定义系统中软硬件的物理体系结构。它可以显示实际的计算机和设备(用节点表示)以及它们之间的连接关系，也可显示连接的类型及部件之间的依赖性。在节点内部，放置可执行部件和对象以显示节点跟可执行软件单元的对应关系。

从应用的角度看，当采用面向对象技术设计系统时首先是描述需求；其次根据需求建立系统的静态模型以构造系统的结构；第三步是描述系统的行为。其中在第一步与第二步中所建立的模型都是静态的，包括用例图、类图(包含包)、对象图、组件图和配置图等 5 个图形是标准建模语言 UML 的静态建模机制。其中第三步中所建立的模型或者可以执行或者表示执行时的时序状态或交互关系。它包括状态图、活动图、顺序图和合作图等 4 个图形是标准建模语言 UML 的动态建模机制。因此标准建模语言 UML 的主要内容也可以归纳为静态建模机制和动态建模机制两大类。

1．UML 的作用

UML 的用途非常广泛，可以概括为"描述、可视化、构造、记载"4 种基本功能，在软件开发全生命周期的各阶段任务中，如业务建模、需求分析、系统设计、实现和测试、数据建模、项目管理等，均可根据需要采用。UML 建模是建立软件开发文档非常有效的一个手段，通过 UML 可视化地描述系统需求，记载软件构成，能够显著地提高文档的质量和可读性，减少文档编写的工作量。UML 实质上是一种系统分析设计专用语言，通过可视化的图形符号结合文字说明或标记可以帮助业务/系统分析员、软件架构师/设计师、程序员等各种建模者有效地描述复杂软件（或业务）的静态结构和动态行为，包括工作流（数据流和控制流）、功能需求、结构元素及关系、架构组成、设计模式、对象协作、事件响应和状态变化等。UML 是描述软件设计模式最常用和最有效的标准语言。

2．UML 的统一性表现在哪些方面

UML 的统一性至少表现在以下几个方面：

- 随着对象技术的蓬勃发展，到上世纪 90 年代初 OO 方法已经多达 50 余种，它们之间既有很多共通之处也存在许多没有必要的细节差异，这妨碍了技术进步，不利于产业的发展。UML 统一了多种互补的、最具代表性、最受业界欢迎的主流 OO 方法，这既是历史的必然，也是 OO 方法成熟的一个重要标志。UML 及与其配套的软件开发统一过程（RUP）在实现"合并同类项"的基础上又向前迈出了一大步，不愧为当代 OO 建模方法的集大成者。

- UML 适用于各个行业的信息化工程，包括电信、银行、保险、税务、办公自动化、电力、电子、国防、航天航空、制造、工业自动化、医疗卫生、交通、商业、电子商务等诸多领域的业务建模和软件分析设计，尤其适合对大中型、复杂、分布式应用系统或软件产品建模，在这些广泛的领域中都可以统一使用这一套标准的建模语言。

- 作为一种独立于具体实现的、抽象的表述方式，UML 广泛地适用于各种现代程序设计语

言、数据库和开发平台。

- 有了 UML 标准，面向各种不同的软件开发方法和过程（如重载/轻载，瀑布式/迭代递增式），在软件开发生命周期各个阶段的工作（如业务建模、需求分析、系统设计、实现、测试）中，都可以采用一套统一的概念和表示法，避免了语言转换的麻烦。

- UML 明确定义了一套公共的内部概念，建立了统一的关于建模语言的元模型，反映了在软件和信息建模技术领域的最新成果。

从上面的介绍中读者可能对 UML 已经有了基本的认识，但是如何在我们的实际项目中加以运用还需要了解和掌握更多的相关知识。下面我们重点选择一些 UML 使用在软件开发生命周期中经常会用到的一些对象。

6.2.2 类图

类图是在面向对象的系统模型中使用得最普遍的图。正如本节前面概述的那样，它是由一组类、接口和协作以及它们之间的关系构成的。类图可以包含类、接口、协作、依赖关系、继承关系和关联关系等对象。同其他的图一样，类图也可以包含注解和限制。甚至还可以包含包和子系统，用来将元素分组。我们还可以使用类图来为系统的静态视图建模。通常这包括模型化系统的词汇，模型化协作，或则模型化模式。事实上类图还是一些相关图的基础，包括组件图、分布图。它的重要性不仅仅体现在为系统建立可视化的、文档化的结构模型，同样重要的是构建通过正向和反向工程建立执行系统。

在使用过程中，我们主要通过三种方式来使用类图：为系统词汇建模型，而实际上就是从词汇表中找出类，找出它的职责；模型化简单的协作，协作是指一些类、接口和其他的元素一起工作提供一些合作的行为，这些行为不是简单地将元素相加就能得到的。例如，当您为一个分布式的系统中的事务处理过程建模型时，不可能只通过一个类来明白事务是怎样进行的，事实上这个过程的执行涉及到一系列的类的协同工作。使用类图来可视化这些类和它们之间的关系；模型化一个逻辑数据库模式，想象模式是概念上设计数据库的蓝图。在很多领域，您可能想将保存持久性数据到关系数据库或者面向对象的数据库中。此时可以采用类图为这些数据库模式建立模型。

没有类是单独存在的，它们通常需要和别的类一起协作，创造比单独工作更大的语义。因此，除了捕获系统的词汇以外，还要将注意力集中到这些类是如何在一起工作的。使用类图来表达这种协作。需要确定建模的机制，它代表了部分建模的系统的一些功能和行为，这些功能和行为是一组类、接口和其他事物相互作用的结果。然后对于每个机制，确定类、接口和其他的参与这个协作的协作，同时确定这些事物之间的关系。下面以图的形式列举一些 UML 类图中的常用元素。

> **提示**　在面向对象的设计中，存在属性及操作可见性的记号，UML 识别四种类型的可见性：Public（＋），Protected（＃），Private（－）及 Package（～）。虽然 UML 规范并不要求属性及操作可见性必须显示在类图上，但是它要求为每个属性及操作定义可见性。为了在类图上显示可见性，需要放置可见性标志在属性或操作的名字之前。

类：一种复杂的数据类型，它将不同类型的数据和与这些数据相关的操作封装在一起的集合体，可实例化和不可被实例化的类分别如图 6-3 和图 6-4 所示。

```
┌─────────────────────────────┐
│          Product            │
├─────────────────────────────┤
│ -Name : string              │
│ -Description : string       │
├─────────────────────────────┤
│ +GetProduct() : string      │
└─────────────────────────────┘
```

图 6-3　此类为抽象类，不能被实例化

```
┌─────────────────────────────┐
│            Book             │
├─────────────────────────────┤
│ -Name : string              │
│ -Description : string       │
├─────────────────────────────┤
│ +GetProduct() : string      │
│ +GetPrice() : double        │
└─────────────────────────────┘
```

图 6-4　此类为派生类，可以被实例化

接口：被调用者调用的一组操作方法，如图 6-5 所示。

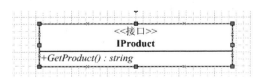

图 6-5

泛化：也就是继承，在 OO 中我们可以理解为 IS-A 的关系，如图 6-6 所示。

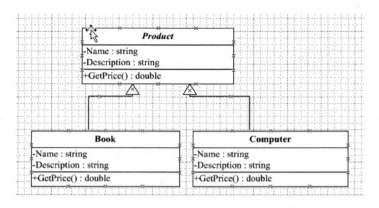

图 6-6

依赖：是一种使用关系，它说明一个事物规范的变化可能影响到使用它的另一个事务，反之则不然。依赖关系的表示法是虚线箭头，箭头尾部的元素依赖箭头头部的元素，在 OO 中我们可以理解为 USE-A 的关系，如图 6-7 所示。

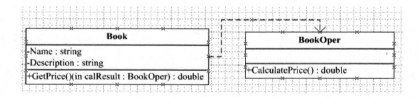

图 6-7

关联：用于描述类与类之间的连接，在 OO 中我们可以理解为 HAS-A 的关系，如图 6-8 所示。

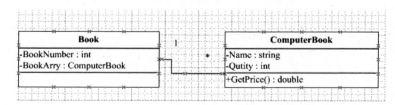

图 6-8

聚合：是关联的特例。如果类与类之间的关系具有"整体和局部"的特点，则把这样的关联称为聚合。它往往有"包含"，"由什么组成"的意思，如图 6-9 所示。

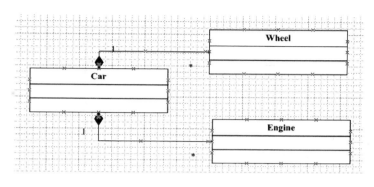

图 6-9

这里举的都是平时画 UML 图时常用的几种情况，还有很多种情况没有表述出来，比如就关联就有许多种，读者朋友们可以试着去探索。

6.2.3　用例图

UML 的一个重要部分是画用例图的功能，在项目的分析阶段用例图被用来鉴别和划分系统功能，同时它们把系统分成动作者(actor)和用例。

动作者(actor)表示系统用户能扮演的角色(role) ，这些用户可能是人，可能是其他的计算机的一些硬件或者甚至是其他软件系统，唯一的标准是它们必须要在被划分进用例的系统部分以外，它们必须能刺激系统部分并接收返回。用例描述了当动作者之一给系统特定的刺激时系统的活动。这些活动被文本描述，它描述了触发用例的刺激的本质，输入和输出到其他活动者和转换输入到输出的活动。用例文本通常也描述每一个活动在特殊的活动线时可能的错误和系统应采取的补救措施。用例图用于显示若干角色以及这些角色与系统提供的用例之间的连接关系，如下图所示。用例是系统提供的功能（系统的具体用法）的描述。通常一个实际的用例采用普通的文字描述，作为用例符号的文档性质。当然，实际用例图也可以用活动图描述。用例图仅仅从角色（触发系统功能的用户等）使用系统的角度描述系统中的信息，也就是站在系统外部查看系统功能，它并不描述系统内部对该功能的具体操作方式。用例图定义的是系统的功能需求。图 6-10 所示的就是一个销售系统的用例试图。

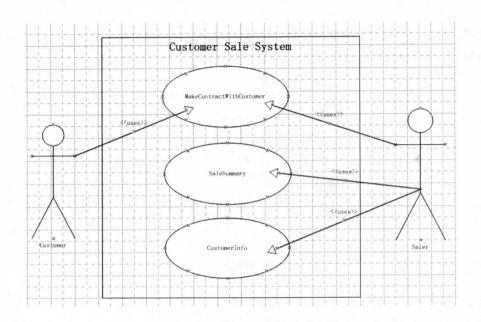

图 6-10

1．参与者

参与者是与系统、子系统或类发生交互作用的外部用户、进程或其他系统的理想化概念。作为外部用户与系统发生交互作用，这是参与者的特征。在系统的实际运作中，一个实际用户可能对应系统的多个参与者。不同的用户也可以只对应于一个参与者，从而代表同一参与者的不同实例。每个参与者可以参与一个或多个用例。它通过交换信息与用例发生交互作用（因此也与用例所在的系统或类发生了交互作用），而参与者的内部实现与用例是不相关的，它可以被一组定义它的状态的属性充分描述。还可以通过泛化关系来定义，在这种泛化关系中，一个参与者的抽象描述可以被一个或多个具体的参与者所共享。参与者可以是人、另一个计算机系统或一些可运行的进程。在图中，参与者用一个名字写在下面的小人表示。

2．用例

用例是外部可见的一个系统功能单元，这些功能由系统单元所提供，并通过一系列系统单元与一个或多个参与者之间交换的消息所表达。用例的用途是在不揭示系统内部构造的情况下定义连贯的行为。它的定义包含用例所必需的所有行为—执行用例功能的主线次序、标准行为的不同变形、一般行为下的所有异常情况及其预期反应。从用户角度来看，上述情况很可能是异常情况；从系统角度来看，它们是必须被描述和处理的附加情况。

在模型中，每个用例的执行独立于其他用例，虽然在具体执行一个用例功能时由于用例之间共享对象的缘故可能会造成本用例与其他用例之间有这样或那样的隐含的依赖关系。每一个用例都是一个纵向的功能块，这个功能块的执行会和其他用例的执行发生混杂。

用例的动态执行过程可以用 UML 的交互作用来说明，可以用状态图、顺序图、合作图或非正式的文字描述来表示。其功能的执行通过类之间的协作来实现，一个类可以参与多个协作，因此也参与了多个用例。

在系统层，用例表示整个系统对外部用户可见的行为。一个用例就像外部用户可使用的系统操作。然而，它又与操作不同，可以在执行过程中持续接受参与者的输入信息。它也可以被像子系统和独立类这样的小单元所应用。一个内部用例表示了系统的一部分对另一部分呈现出的行为。例如，某个类的用例表示了一个连贯的功能，这个功能是该类提供给系统内其他有特殊作用的类的。一个类可以有多个用例。

用例是对系统一部分功能的逻辑描述，它不是明显的用于系统实现的构件。非但如此，每个用例必须与实现系统的类相映射。用例的行为与类的状态转换和类所定义的操作相对应。只要一个类在系统的实现中充当多重角色，那么它将实现多个用例的一部分功能。设计过程的一部分工作即在不引入混乱的情况下，找出具有明显的多重角色的类，以实现这些角色所涉及的用例功能。用例功能靠类间的协作来实现。

当划分系统功能时用例是强有力的分析工具用例关系和协作图帮助分析用例结构，那么它们的文本描述装载最小的冗余信息，因而使整个文档更容易维护，但用例不是设计工具它们没有规定最终软件的结构，也没有隐含任何类和对象的存在，它们是以完全与软件设计相分离的形式书写的纯粹的功能描述。

总的说来，用例图并没告诉您许多东西，它们传达了用例的结构，但没有告诉您它们内部的文档。同样当它们被和文本描述分开时，它们不再是那么有趣的文档了，最多这图提供了一组相关的漂亮路标。当划分系统功能时，用例是强有力的分析工具用例关系和协作图帮助分析用例结构，那么它们的文本描述装载最小的冗余信息，因而使整个文档更容易维护，但用例不是设计工具。它们没有规定最终软件的结构，它们也没有隐含了任何类和对象的存在。它们是以完全与软件设计相分离的形式书写的纯粹的功能描述。

6.3　UML 如何辅助 Web 应用程序的设计

随着时代的进步，现在的 Web 应用程序已经越来越复杂，越来越受到企业应用的青睐。为了帮助管理这种复杂性，我们可以为 Web 应用程序建模。由于 UML 是软件密集型系统的标准建模语言。在尝试用 UML 为 Web 应用程序建模时，会出现它的一些构件不能与标准的 UML 建模元素一一对应。为了让整个系统使用同一种建模表示法，我们需要对其进行适当的扩展。本小节将介绍 UML 的一种扩展方式。这样做是为了让 Web 特有的构件能与系统模型的其余部分集成，向 Web 应用程序的设计员、开发人员以及构架设计师展示适当的抽象和明细级别。

读者朋友们在理解和掌握了本章前面讲到的内容如：UML，面向对象技术的基础及原理等知识点后。接下来我们将讨论如何在构架上对 Web 应用程序进行具有重要意义的构件，以及如何使用 UML 对它们进行建模。

6.3.1　建模

通过简化一些细节，模型可以帮助我们理解系统。如何选择建模对象对理解问题和提供解决方案有重大影响。Web 应用程序与其他软件密集型系统一样，通常由用例模型、实施模型、部署模型、安全模型等一组模型来表示。Web 系统还另有一个专用模型，即站点地图。大家都知道，站点地图是对贯穿整个系统的 Web 页和导航路线的抽象。目前采用的大部分建模方法都适用于各种 Web 应用程序模型的开发，因而无需对它们进行进一步的讨论。不过，有一个非常重要的模型，分析/设计模型 (ADM)，在尝试将 Web 页、与其相关的可执行代码和其他元素纳入模型时，出现了一些困难。

在决定如何建模时，确定正确的抽象和详细级别对于是否能让模型用户享受到建模带来的好处至关重要。一般而言，最好对系统的工件建模。工件就是那些为生成最终产品而构建和操纵的真实生活中的实体。对 Web 服务器的内部构件建模，或者对 Web 浏览器的具体构成部分建模，这对于 Web 应用程序的设计员和构架设计师并没有什么帮助。页、页之间的链接、构成页的所有动态内容，以及在客户机上出现过的页的动态内容，对这些建模才是重要的，而且也是非常重要的。设计人员设计的、开发人员实施的正是这些工件。页、超链接、客户机和服务器上的动态内容正是需要建模的对象。

下一步是将这些工件映射到建模元素。例如，超链接自然映射到模型中的关联关系元素。

超链接代表了从某一页到另一页的导航路径。将这种思路进行扩展，页就可以映射到模型逻辑视图中的类。如果 Web 页是模型的一个类，那么页的脚本自然就映射为这个类的操作。脚本中的所有页面范围变量映射为类属性。Web 页面可能包括一套在服务器上执行的脚本，以及另一套完全不同的只在客户机上执行的脚本（如 JavaScript），考虑到这一点时，一个问题就出现了。在这种情况下，当我们查看模型中的 Web 页类时，我们搞不清楚在准备页的过程中哪些操作、属性甚至关系在服务器上处于活动状态，而当用户与页面交互时，哪些在客户机上处于活动状态。另外，Web 应用程序中传递的 Web 页最好是作为系统构件建模。简单地将 Web 页映射到 UML 类并不会对我们理解系统有所帮助。

UML 的创始人意识到总会存在这样的情况：初始的 UML 不足以获取一个特定领域或构架的相关语义。为了解决这个问题，他们确定了一种正式扩展机制，允许实践者扩展 UML 的语义。该机制允许定义可应用到模型元素的构造型、标注值和约束。

构造型是一种修饰，允许我们为建模元素定义新的语义。标注值是可以与建模元素相关联的键值对，允许我们在建模元素上"标注"任何值。约束是定义模型外形的规则。它们可表示为任何形式的文本，或者用更正式的对象约束语言表示。

本节讨论的内容引入了为 Web 应用程序所作的一种 UML 扩展。这种扩展从整体上看超出了本节的范围，然而这里还是讨论了其中大部分的概念和解释。

关于建模最后还要注意一点，一定要明确区分业务逻辑和表示逻辑。对于典型的业务应用程序而言，只有业务逻辑才应成为 ADM 的一部分。表示细节，如动画按钮、浮动帮助和其他 UI 增强方式通常不属于 ADM。如果为应用程序单独构建一个 UI 模型，则可在其中纳入表示细节。ADM 需要始终将重点放在业务问题和解决方案的表达上。在今天这种对 Web 功能和外观都要求很高的时代，Web UI 的设计和实现都已经是由不同的角色来完成了，这样的分工其优点远远大于其缺点，最典型的场景应用就是分层开发了。关于这些不在本节讨论之列，最后一章会剖析一些技巧和模式。

6.3.2　Web 应用程序架构

Web 应用程序的基本架构包括浏览器、一个网络和一个 Web 服务器。浏览器向服务器请求"Web 页"。每一页都是内容和以 HTML 表达的格式指令的组合。一些页面包括客户端脚本，它们由浏览器解释。这些脚本为显示的页面定义了其他动态行为，而且它们经常与浏览器、页面内容和页面中包含的其他控件交互。用户查看页面中的内容，并与其交互。有时，用户在页面的可输入元素中输入信息，并提交给服务器处理。用户还可以通过超链接导航到系统的其他页面，与系统进行交互。无论是哪种情况，用户都在向系统提供输入，这样就可能改变系统的"业务状态"。

从客户端来看，Web 页面总是一个采用 HTML 格式的文档。然而在服务器端，"Web 页"可表现为多种形式。在最早的 Web 应用程序中，动态 Web 页用公共网关接口(CGI)构建。CGI定义了一个供脚本和已编译模块使用的接口，它们通过该接口访问与页面请求一起传递的信息。在基于 CGI 的系统中，通常在 Web 服务器上配置一个特殊的目录，以便针对页请求来执行脚本。在请求 CGI 脚本时，服务器会用解释器来处理或执行相应的文件，以流的形式将输出返回给发出请求的客户机，而不仅仅是返回文件内容（就像处理 HTML 格式的文件时一样）。处理的最终结果是 HTML 格式的流，它会被返回给发出请求的客户端。业务逻辑在处理文件的同时在系统中执行。在这段时间内，它能够与服务器端资源（如数据库和中间层）交互。

目前的 Web 服务器已经在这个基本设计上进行了很大的改进。它们现在已非常注重安全性，而且包含了一些特性：如在服务器端的客户机状态管理、事务处理集成、远程管理、资源共享等，这里只列举了其中的几种。总的来说，最新一代 Web 服务器处理的都是那些对构架设计师来说非常重要的问题，它们关系到任务至上、可缩放和强壮的应用程序。

根据 CGI 脚本的作用，可以将现今的 Web 服务器分为三大类：脚本页、编译页，以及两者的混合体。在第一类中，客户机浏览器能请求的每一个 Web 页在 Web 服务器的文件系统中都用一个脚本文件来表示。这个文件一般是 HTML 和其他一些脚本语言的混合。对页面发出请求后，Web 服务器委派一个可识别该页的引擎对其进行处理，最终结果以格式为 HTML 的流的形式返回给发出请求的客户端。在第二类中，Web 服务器加载并执行一个二进制构件。这个构件和脚本页一样，有权访问与页请求一起发送的所有信息。经过编译的代码利用请求的详细信息，并通常要访问服务器端的资源，以生成 HTML 流并返回给客户端。编译页包含的功能往往比脚本页大，尽管并未明确这一规律。通过向编译页请求传递不同的参数，可获得不同的功能。任何一个编译构件实际都可以包含整个目录脚本页的所有功能。Microsoft 的 ISAPI 就是表示这种架构类型的技术。

第三类指的是那些一旦发出请求即进行编译的脚本页，以后的所有请求都使用编译过的页。只有最初页的内容改变了，该页才会进行另一次编译。这类页面介于灵活的脚本页和高效的编译页之间。

6.3.3　表单

Web 页的基本数据输入机制是表单。表单在 HTML 文档中用<form>标记来定义。每个表单都会指明它自身要提交到哪一页。表单包括许多输入元素，它们全用 HTML 标记表示。最常用的标记是<input>、<select> 和 <textarea>等元素，还有很多的服务器端控件等，输入标记多种多样，它可以是一个文本字段、复选框、单选按钮、按钮、图像、隐藏字段，还有其他一些不太常见的类型。对表单建模要使用另一个类构造型：<<Form>>。<<Form>>没有操作，这是因为可能在<form>标记中定义的所有操作实际上都为客户端页面所有。表单的输入元素都是<<Form>>类的建有构造型的属性。<<Form>>可以与作为输入控件的 ActiveX 控件有关系。表单还与服务器端页面有关系，服务器端页面即是处理表单提交内容的页面。这种关系的构造型为<<submit>>。由于表单完全包含在 HTML 文档内，所以它们在 UML 图中用一种强聚合关系形式表示。如下图所示是一个简单的购物车页面，它定义了一个表单，显示了与要处理表单的服务器页的提交关系：

在上图中，以 Item 为构造型的类是一个代表购物车中的商品项的对象。对于可有多种输入可能的字段，它们的表单属性说明中使用了数组语法。在这个例子中，这意味着购物车可以有零到多个项，每个项都有一个 Qty、AllowSub <input>元素。由于客户端页面内的所有活动都是用 JavaScript 执行的，而 JavaScript 又是一种无类型语言，所以为这些属性指定的数据类型只是为了便于开发人员辨认。在 JavaScript 中执行或作为 HTML 输入标记执行时，该类型将被忽略。这对函数参数也成立，函数参数是模型的一部分，尽管本图并未明确显示。

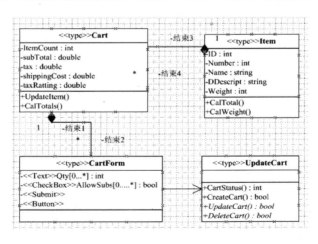

总之，对于利用 UML 对 Web 应用程序特定元素进行建模所存在的问题和已提出的解决方

案，本节讨论的观念和概念只进行了初步介绍。其目的在于提出一种一致且全面的方法，将 Web 特定元素建模与应用程序的其余部分集成起来，以便提供对 Web 应用程序设计员、开发人员和构架设计师合适的选择和抽象级别。该扩展将为构架设计师和设计人员提供一种常用方法，来借助 UML 表示 Web 应用程序的整体设计。

6.4 小结

在本章中，我们初步的讲解了面向对象的基本概念和原理，从概念，设计工具以及体系结构等多方面来对面向对象进行一个全面的认识。环境然后重点对 UML 进行了介绍，主要从在开发中比较常用的对象入手，讲到了类图，用例等对象。然后向读者概述讲解了 UML 在 Web 开发中的运用模式和实现思路，希望读者朋友们能从中获益。

07

Web 应用程序界面的设计模式

本章将介绍设计模式的一些基本概念，并阐述使用设计模式的好处。最后重点介绍在 Web 应用程序前端界面开发中会用到的一些设计模式。

7.1 设计模式概述

7.1.1 设计模式介绍

模式在构造复杂系统时的重要性早已在其他领域中被认可。特别地，Christopher Alexander 和他的同事们可能最先将模式语言（pattern language）应用于城市建筑领域。软件设计模式来源于 Christopher Alexander 的建筑学模式和对象运动。根据 Alexander 的观点，模式就是一个对于特定系统的通用解决方案本身的重复。对象运动关注于将现实世界模化为软件内部的关系。基于这两个原因，软件设计模式对于真实世界的物体而言同样应当是可以重复的。设计模式使人们可以更加简单方便地复用成功的设计和体系结构。将已证实的技术表述成设计模式也会使新系统开发者更加容易理解其设计思路。简而言之，软件领域中的设计模式为开发人员提供了一种使用专家设计经验的有效途径。

所有结构良好的面向对象软件体系结构中都包含了许多模式。

一般而言，一个模式有四个基本要素：

（1）**模式名称**（**pattern name**）一个助记名，它用一两个词来描述模式的问题、解决方案和效果。

（2）**问题**（**problem**）描述了应该在何时使用模式。

（3）**解决方案**（**solution**）描述了设计的组成成分，它们之间的相互关系及各自的职责和协作方式。

（4）**效果**（**consequences**）描述了模式应用的效果及使用模式应权衡的问题。

7.1.2　为什么要使用设计模式

良好程序的一个基本标准是：高聚合，低耦合。面向对象语言比结构化语言要复杂得多，不良或者没有充分考虑的设计将会导致软件重新设计和开发。然而在实际设计过程中，设计人员更多地考虑如何解决业务问题，对于软件内部结构考虑较少；设计模式则补充了这个缺陷，它主要考虑如何减少对象之间的依赖性，降低耦合程度，使得系统更易于扩展，提高了对象可复用性。因此，设计人员正确地使用设计模式就可以优化系统内部的结构。

设计模式最大的好处是应付"变化"。合理使用设计模式的程序，在需求或者其他东西发生变化的时候能够比较方便地进行代码重构和设计重构。

总体而言，使用设计模式主要可以带来如下两个好处：

- 代码复用

- 良好的维护性

7.1.3　经典的 GoF 模式

说到设计模式就不能不提到著名书籍《Design Patterns, Elements of Reusable Object-Oriented Software》（通常被称为 GoF——Gang of Four，因为由四位著名作者所著）。在 GoF 中，他们把设计模式归为三大类：创建型模式、结构型模式和行为型模式。而他们在这三种大类下总结了 23 种模式。如表 7-1 所示。

表 7-1

模式类型	模式名称	模式用途
创建型	Abstract Factory（抽象工厂）	提供一个创建一系列相关或相互依赖对象的接口，而无需指定它们具体的类
	Builder（生成器）	将一个复杂对象的构建与它的表示分离，使得同样的构建过程可以创建不同的表示
	Factory Method（工厂方法）	定义一个用于创建对象的接口，让子类决定实例化哪一个类。Factory Method 使一个类的实例化延迟到其子类
	Prototype（原型）	用原型实例指定创建对象的种类，并且通过复制这些原型创建新的对象
	Singleton（单件）	保证一个类仅有一个实例，并提供一个访问它的全局访问点
结构型	Adapter（适配器）	将一个类的接口转换成客户希望的另外一个接口。Adapter 使得原本由于接口不兼容而不能一起工作的那些类可以一起工作
	Bridge（桥接）	将抽象部分与它的实现部分分离，使它们都可以独立地变化
	Composite（组成）	将对象组合成树形结构以表示"部分-整体"的层次结构。Composite 使得用户对单个对象和组合对象的使用具有一致性
	Decorator（装饰）	动态地给一个对象添加一些额外的职责。就增加功能来说，Decorator 模式相比生成子类更为灵活
	Facade（外观）	为子系统中的一组接口提供一个一致的界面，Facade 定义了一个高层接口，这个接口使得这一子系统更容易使用
	Flyweight（享元）	运用共享技术有效地支持大量细粒度的对象
	Proxy（代理）	为其他对象提供一种代理以控制对这个对象的访问
行为型	Chain of Responsibility（职责链）	使多个对象都有机会处理请求，从而避免请求的发送者和接收者之间的耦合关系。将这些对象连成一条链，并沿着这条链传递该请求，直到有一个对象处理它为止
	Command（命令）	将一个请求封装为一个对象，从而使你可用不同的请求对客户进行参数化；对请求排队或记录请求日志，以及支持可撤消的操作
	Interpreter（解释器）	给定一个语言，定义它的文法的一种表示，并定义一个解释器，这个解释器使用该表示来解释语言中的句子
	Iterator（迭代器）	提供一种方法顺序访问一个聚合对象中各个元素，而又不需暴露该对象的内部表示
	Mediator（中介者）	用一个中介对象来封装一系列的对象交互。中介者使各对象不需要显式地相互引用，从而使其耦合松散，而且可以独立地改变它们之间的交互

模式类型	模式名称	模式用途
行为型	Memento（备忘录）	在不破坏封装性的前提下，捕获一个对象的内部状态，并在该对象之外保存这个状态。这样以后就可将该对象恢复到原先保存的状态
	Observer（观察者）	定义对象间的一种一对多的依赖关系，当一个对象的状态发生改变时，所有依赖于它的对象都得到通知并被自动更新
	State（状态）	允许一个对象在其内部状态改变时改变它的行为。对象看起来似乎修改了它的类
	Strategy（策略）	定义一系列的算法，把它们一个个封装起来，并且使它们可相互替换。本模式使得算法可独立于使用它的客户而变化
	Template Method（模板方法）	定义一个操作中算法的骨架，而将一些步骤延迟到子类中。Template Method 使得子类可以不改变一个算法的结构即可重定义该算法的某些特定步骤
	Visitor（访问者）	表示一个作用于某对象结构中的各元素的操作。它使你可以在不改变各元素的类的前提下定义作用于这些元素的新操作

7.1.4　微软提出的设计模式

微软在《使用 Microsoft .NET 的企业解决方案模式》中，这样定义模式：

"最佳解决方案是那些由一组更小的、简单的、能够可靠且有效地解决简单问题的机制组成的解决方案。在构建更大、更复杂的系统过程中，将这些简单的机制组合在一起，从而形成更大的系统。对这些简单机制的认识来之不易。它通常存在于有经验的开发人员和体系结构设计者的头脑中，并且是他们潜意识中自然带到项目中的重要知识。每种模式都包含一个简单的、经过证实可以有效解决小问题的机制。"而通过使用模式可以获得以下好处：

- 记录能够正常工作的简单机制

- 为开发人员和体系结构设计者提供通用的词汇和分类法

- 允许以模式组合的方式简明扼要地描述方案

- 允许重复使用体系结构、设计和实现决策

微软根据模式所关注的不同问题，把模式分成了三种级别、五种分类和四种视点；

模式级别:

- 体系结构级模式, 体系结构模式表示软件系统的基础组织架构。

- 设计级模式, 设计模式提供一种用来优化软件系统的子系统或组件或者相互之间的关系的架构。

- 实现级模式, 实现模式是特定于某个特殊平台的更低一级的模式。

模式分类:

- Web 表示模式, 如何创建动态 Web 应用程序?

- 部署模式, 如何将应用程序划分为层, 然后将它们部署到多级硬件基础结构上?

- 分布式系统模式, 如何与驻留在不同进程或不同计算机中的对象进行通信?

- 服务模式, 如何访问由其他应用程序提供的服务? 如何将您的应用程序功能作为服务呈现给其他应用程序?

- 性能和可靠性模式, 如何创建一个能够满足至关重要的操作要求的系统基础结构?

模式视点:

- 数据库, 数据库视图描述应用程序的永久层。此视图包括诸如逻辑和物理架构、数据库表、关系和事务处理等内容。

- 应用程序, 应用程序视图强调解决方案的可执行方面。它包括诸如域模型、类图表、程序集和进程等内容。

- 部署, 部署视图将应用程序关注点明确映射到基础结构关注点(如将进程映射到处理器)。

- 基础结构, 基础结构视图包含运行解决方案所必需的所有硬件和网络设备。

其中把模式视点和模式级别组合起来可以构成一个模式矩阵, 即所谓的模式框架, 如图 7-1 所示。

由此我们可以得到如下一系列的按照分类的模式框架图(图 7-2~7-7)

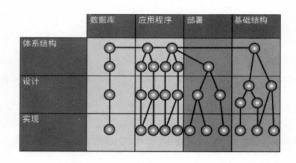

图 7-1

Web 表示模式

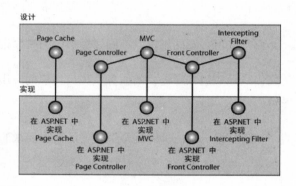

图 7-2

在下一节中，我们重点介绍在.NET 中如何实现一系列 Web 表示模式。

部署模式

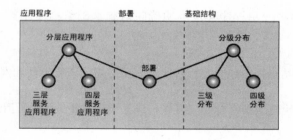

图 7-3

分布式系统模式

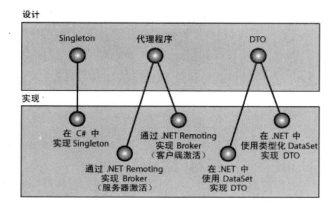

图 7-4

服务模式

SOA 服务模式

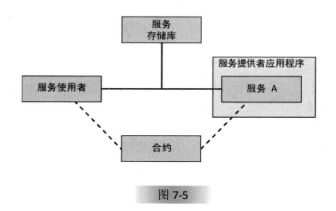

图 7-5

服务网关、服务接口和服务实现之间的关系

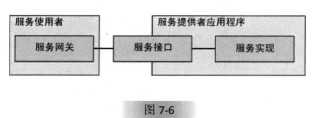

图 7-6

性能和可靠性模式

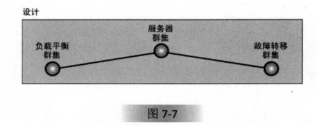

图 7-7

7.2　在 ASP.NET 中实现 MVC

7.2.1　MVC

模型—视图—控制器（MVC）是 Xerox　PARC 在 20 世纪 80 年代为编程语言 Smalltalk—80 发明的一种软件设计模式，至今已被广泛使用。最近几年被推荐为 Sun 公司 J2EE 平台的设计模式，并且受到越来越多的使用 ColdFusion 和 PHP 的开发者的欢迎。

Model-View-Controller (MVC) 模式基于用户输入将域的建模、显示和操作分为三个独立的类（部件）：

- 模型，模型用于管理应用程序域的行为和数据，并响应为获取其状态信息（通常来自视图）而发出的请求，还会响应更改状态的指令（通常来自控制器）。

- 视图，视图用于管理信息的显示。

- 控制器，控制器用于解释用户的鼠标和键盘输入，以通知模型/视图进行相应的更改。

图 7-8 描述了它们之间的结构关系：

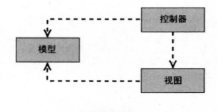

图 7-8

MVC 结构提供了一种按功能对各种对象进行分割的方法（这些对象是用来维护和表现数据的），其目的是为了将各对象间的耦合程度减至最小。MVC 结构本来是为了将传统的输入（input）、处理（processing）、输出（output）任务运用到图形化用户交互模型中而设计的。但是，将这些概念运用于基于 Web 的企业级多层应用领域也是很适合的。尤其近几年，MVC 用于 Web 开发的情况更是常见，大部分 Web 应用程序都是用像 ASP，PHP，或者 CFML 这样的过程化语言来创建的。它们将像数据库查询语句这样的数据层代码和像 HTML 这样的表示层代码混在一起。经验比较丰富的开发者会将数据从表示层分离开来，但这通常不是很容易做到的，它需要精心的计划和不断的尝试。MVC 从根本上强制性地将它们分开。尽管构造 MVC 应用程序需要一些额外的工作，但是它给我们带来的好处是毋庸置疑的。

首先，最重要的一点是多个视图能共享一个模型，现在的 Web 应用程序需要提供多个界面用于不同的浏览器（IE 或 FireFox）和设备（PC 或手机），用越来越多的方式来访问你的应用程序。对此，其中一个解决之道是使用 MVC，无论用户想要 Flash 界面或是 WAP 界面；用一个模型就能处理它们。由于已经将数据和业务规则从表示层分开，所以可以最大化地重用代码。

由于模型返回的数据没有进行格式化，所以同样的实体类能被不同界面使用。例如，很多数据可能用 HTML 来表示，但是它们也有可能要用 Macromedia Flash 和 WAP 来表示。模型也有状态管理和数据持久性处理的功能，例如，基于会话的购物车和电子商务过程也能被 Flash 网站或者无线联网的应用程序所重用。

因为模型是自包含的，并且与控制器和视图相分离，所以很容易改变应用程序的数据层和业务规则。如果想把数据库从 MySQL 移植到 Oracle，或者改变基于 RDBMS 数据源到 LDAP，只需改变模型即可。一旦正确地实现了模型，不管数据来自数据库或是 LDAP 服务器，视图将会正确地显示它们。由于运用 MVC 的应用程序的三个部件是相互对立的，改变其中一个不会影响其他两个，所以依据这种设计思想能构造良好的松耦合的部件。

同时，控制器也提供了一个好处，就是可以使用控制器来连接不同的模型和视图去完成用户的需求，这样控制器可以为构造应用程序提供强有力的手段。给定一些可重用的模型和视图，控制器可以根据用户的需求选择模型进行处理，然后选择视图将处理结果显示给用户。当然，使用 MVC 来构建 Web 应用程序，也有一些缺点：

MVC 的缺点是由于它没有明确的定义，所以完全理解 MVC 并不是很容易。使用 MVC 需要精心的计划，由于它的内部原理比较复杂，所以需要花费一些时间去思考。

开发人员需要花费相当可观的时间去考虑如何将 MVC 运用到应用程序，同时由于模型和视图要严格分离，这样也给调试应用程序到来了一定的困难。每个部件在使用之前都需要经过彻底的测试。一旦部件经过了测试，就可以毫无顾忌地重用它们了。

同时，由于将一个应用程序分成了三个部件，所以使用 MVC 同时也意味着将要管理比以前更多的文件，这一点是显而易见的。这样工作量似乎增加了，但是请记住这比起它所能带来的好处是不值一提的。

另外，MVC 并不适合小型甚至中等规模的应用程序，花费大量时间将 MVC 应用到规模并不是很大的应用程序通常会得不偿失。

接下来，我们通过一个例子来说明（例子名称：NWAD-7-1），在现有 ASP.NET 的技术下如何实现 MVC 模式。

这个例子是一个浏览唱片集的页面，演示界面如图 7-9 所示。

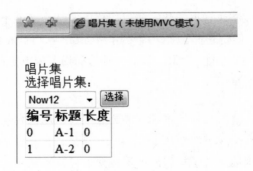

图 7-9

要实现这个页面，最简单的方式就是使用一个如下的页面：

```
Default1.aspx
<%@ Page Language="C#" %>
<%@ Import Namespace="System.Data" %>
<%@ Import Namespace="System.Data.SqlClient" %>
<!DOCTYPE html PUBLIC "-//W3C//DTD XHTML 1.0 Transitional//EN" "http://www.
w3.org/TR/xhtml1/DTD/xhtml1-transitional.dtd">
<script runat="server">
```

```
    protected void Button1_Click(object sender, EventArgs e)
    {
string selectCmd =
            String.Format(
            "select * from tblTrack where  fldAlbumID= {0} order by fldID",
            DropDownList1.SelectedValue);
SqlConnection myConnection =
    new        SqlConnection(@"Data        Source=.\SQLEXPRESS;AttachDbFilename=
|DataDirectory|\Database.mdf;Integrated Security=True;User Instance=True");
SqlDataAdapter myCommand = new SqlDataAdapter(selectCmd,
    myConnection);
    DataSet ds = new DataSet();
myCommand.Fill(ds, "Track");
GridView1.DataSource = ds;
GridView1.DataBind();
    }
</script>
<html xmlns="http://www.w3.org/1999/xhtml">
<head runat="server">
    <title>唱片集（未使用 MVC 模式）</title>
</head>
<body>
    <form id="form1" runat="server">
    <div>
        <asp:SqlDataSource ID="SqlDataSource1" runat="server"
            ConnectionString="<%$ ConnectionStrings:DatabaseConnectionString1 %>"
            DeleteCommand="DELETE FROM [tblAlbum] WHERE [fldID] = @fldID"
            InsertCommand="INSERT INTO [tblAlbum] ([fldID], [fldName]) VALUES
(@fldID, @fldName)"
ProviderName="<%$ ConnectionStrings:DatabaseConnectionString1.ProviderName %>"
            SelectCommand="SELECT [fldID], [fldName] FROM [tblAlbum]"
            UpdateCommand="UPDATE [tblAlbum] SET [fldName] = @fldName WHERE [fldID]
= @fldID">
            <DeleteParameters>
                <asp:Parameter Name="fldID" Type="Int32" />
            </DeleteParameters>
            <InsertParameters>
                <asp:Parameter Name="fldID" Type="Int32" />
```

```
                    <asp:Parameter Name="fldName" Type="String" />
                </InsertParameters>
                <UpdateParameters>
                    <asp:Parameter Name="fldName" Type="String" />
                    <asp:Parameter Name="fldID" Type="Int32" />
                </UpdateParameters>
            </asp:SqlDataSource>
            <br />
            唱片集<br />
            选择唱片集：<br />
            <asp:DropDownList ID="DropDownList1" runat="server"
                DataSourceID="SqlDataSource1" DataTextField="fldName" DataValue
Field="fldID">
            </asp:DropDownList>
            <asp:Button ID="Button1" runat="server" Text="选择" onclick="Button1_
Click" />
            <br />
            <asp:GridView ID="GridView1" runat="server" AutoGenerateColumns
="False">
                <Columns>
                    <asp:BoundField DataField="fldID" HeaderText="编 号 " Sort
Expression="fldID" />
                    <asp:BoundField DataField="fldTitle" HeaderText="标题"
                        SortExpression="fldTitle" />
                    <asp:BoundField DataField="fldTime" HeaderText="长 度 " Sort
Expression="fldTime" />
                </Columns>
            </asp:GridView>
        </div>
        </form>
    </body>
    </html>
```

这是一个未实现 MVC 模式的页面，但是从中我们也可以看出 MVC 的三个角色：

1. 视图角色是由与 HTML 具体相关的页面生成代码来表示的。此页使用绑定数据控件的实现来显示从数据库返回的 DataSet 对象。

2．模型角色在 Button1_Click 函数中实现。

3．控制器角色不是直接表示的，而是隐含在 ASP.NET 中。

要运用 MVC 模式，需要对这个页面进行重构。首先利用 Visual Studio 代码后置的方式把视图代码和模型-控制器代码分开。由此我们创建一个使用后置代码的新页面，这样代码就分成了两个文件：

```
Default2.aspx
<%@ Page Language="C#" AutoEventWireup="true" CodeFile="Default2.aspx.cs"
Inherits="Default2" %>
<!DOCTYPE html PUBLIC "-//W3C//DTD XHTML 1.0 Transitional//EN" "http://www.w3.
org/TR/xhtml1/DTD/xhtml1-transitional.dtd">
<html xmlns="http://www.w3.org/1999/xhtml">
<head runat="server">
    <title>Untitled Page</title>
</head>
<body>
    <form id="form1" runat="server">
    <div>
        <asp:SqlDataSource ID="SqlDataSource1" runat="server"
        ConnectionString="<%$ ConnectionStrings:DatabaseConnectionString1 %>"
        DeleteCommand="DELETE FROM [tblAlbum] WHERE [fldID] = @fldID"
        InsertCommand="INSERT INTO [tblAlbum] ([fldID], [fldName]) VALUES
(@fldID, @fldName)"
ProviderName="<%$ ConnectionStrings:DatabaseConnectionString1.ProviderName %>"
        SelectCommand="SELECT [fldID], [fldName] FROM [tblAlbum]"
        UpdateCommand="UPDATE [tblAlbum] SET [fldName] = @fldName WHERE [fldID]
= @fldID">
            <DeleteParameters>
                <asp:Parameter Name="fldID" Type="Int32" />
            </DeleteParameters>
            <InsertParameters>
                <asp:Parameter Name="fldID" Type="Int32" />
                <asp:Parameter Name="fldName" Type="String" />
            </InsertParameters>
            <UpdateParameters>
                <asp:Parameter Name="fldName" Type="String" />
```

```
                <asp:Parameter Name="fldID" Type="Int32" />
            </UpdateParameters>
        </asp:SqlDataSource>
        <br />
        唱片集<br />
        选择唱片集: <br />
        <asp:DropDownList ID="DropDownList1" runat="server"
            DataSourceID="SqlDataSource1" DataTextField="fldName" DataValue
Field="fldID">
        </asp:DropDownList>
        <asp:Button ID="Button1" runat="server" Text="选择" onclick="Button1_
Click" />
        <br />
        <asp:GridView   ID="GridView1"   runat="server"   AutoGenerateColumns=
"False">
            <Columns>
                <asp:BoundField  DataField="fldID"  HeaderText="编 号"  Sort
Expression="fldID" />
                <asp:BoundField DataField="fldTitle" HeaderText="标题"
                    SortExpression="fldTitle" />
                <asp:BoundField  DataField="fldTime"  HeaderText="长 度"  Sort
Expression="fldTime" />
            </Columns>
        </asp:GridView>
    </div>
    </form>
</body>
</html>
Default2.aspx.cs
public partial class Default2 : System.Web.UI.Page
{
    protected void Page_Load(object sender, EventArgs e)
    {
    }
    protected void Button1_Click(object sender, EventArgs e)
    {
        string selectCmd =
            String.Format(
            "select * from tblTrack where  fldAlbumID= {0} order by fldID",
            DropDownList1.SelectedValue);
```

```
        SqlConnection myConnection =
            new  SqlConnection(@"Data   Source=.\SQLEXPRESS;AttachDbFilename=
|DataDirectory|\Database.mdf;Integrated Security=True;User Instance=True");
        SqlDataAdapter myCommand = new SqlDataAdapter(selectCmd,
            myConnection);
        DataSet ds = new DataSet();
        myCommand.Fill(ds, "Track");
        GridView1.DataSource = ds;
        GridView1.DataBind();
    }
}
```

接下来要做的事情就是从后置代码文件中把模型-控制器分开。建立模型我们可以使用.NET 和 Visual Studio 提供的类型化数据集（Typed DataSet）来实现，尤其可以利用 VS2005 新引入的 TableAdapter 来可视化的设计。这样我们就建立了一个 DataSet1.xsd 文件，里面包含了两个 TableAdapter，如图 7-10 所示。

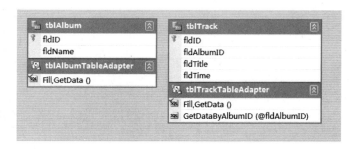

图 7-10

现在，这是唯一依赖于数据库的文件。最后，我们需要重构控制器代码以使用新的模型代码。最终的代码保存在新建页面 Default3.aspx 中，代码如下：

```
Default3.aspx
    <%@  Page  Language="C#"  AutoEventWireup="true"  CodeFile="Default3.aspx.cs"
Inherits="Default3" %>
    <!DOCTYPE html PUBLIC "-//W3C//DTD XHTML 1.0 Transitional//EN" "http://www.w3.
org/TR/xhtml1/DTD/xhtml1-transitional.dtd">
    <html xmlns="http://www.w3.org/1999/xhtml">
    <head runat="server">
```

```
        <title>Untitled Page</title>
    </head>
    <body>
        <form id="form1" runat="server">
        <div>
            唱片集<br />
            选择唱片集: <br />
            <asp:DropDownList ID="DropDownList1" runat="server">
            </asp:DropDownList>
            <asp:Button ID="Button1" runat="server" Text="选择" onclick="Button1_Click" />
            <br />
            <asp:GridView ID="GridView1" runat="server" AutoGenerateColumns="False">
                <Columns>
                    <asp:BoundField  DataField="fldID"  HeaderText="编 号"  Sort
Expression="fldID" />
                    <asp:BoundField DataField="fldTitle" HeaderText="标题"
                        SortExpression="fldTitle" />
                    <asp:BoundField  DataField="fldTime"  HeaderText="长 度"  Sort
Expression="fldTime" />
                </Columns>
            </asp:GridView>
        </div>
        </form>
    </body>
</html>
Default3.aspx.cs
public partial class Default3 : System.Web.UI.Page
{
    protected void Page_Load(object sender, EventArgs e)
    {
        if (!IsPostBack)
        {
            using (tblAlbumTableAdapter ta=new tblAlbumTableAdapter())
            {
                DropDownList1.DataSource = ta.GetData();
                DropDownList1.DataTextField = "fldName";
                DropDownList1.DataValueField = "fldID";
                DropDownList1.DataBind();
```

```
            }
        }
    }
    protected void Button1_Click(object sender, EventArgs e)
    {
        using (tblTrackTableAdapter ta=new tblTrackTableAdapter())
        {
            GridView1.DataSource                                          =
ta.GetDataByAlbumID(int.Parse(DropDownList1.SelectedValue));
            GridView1.DataBind();
        }
    }
}
```

就此，我们完成从一般页面到运用 MVC 模式页面的逐步重构的过程。在 ASP.NET 中实现 MVC 具有以下优缺点：

优点

- **降低了依赖性**。利用 ASP.NET 页，程序员可以在一个网页内实现方法。正如"单个 ASP.NET 页"所显示的那样，这对于原型和小型短期应用程序非常有用。随着页面复杂性不断提高，或者对网页之间共享代码的需要不断增加，分离代码的各部分就变得更加有用。

- **减少代码重复**。DataSet1 文件中的 TableAdapter 现在可以由其他网页使用。这样就无需将方法复制到多个视图中。

- **分离职责和问题**。修改 ASP.NET 页所使用的技巧不同于编写数据库访问代码所使用的技巧。如前所述，通过分离视图和模型，各个领域的专业人员可以并行工作。

- **优化的可能性**。如前所述，将职责分成特定的类可以提高进行优化的可能性。在前面描述的示例中，每次发出请求时，就会从数据库加载数据。因此，在某些情况下可以对数据进行缓存，这样可以提高应用程序的总体性能。但是，如果不分离代码，缓存数据就会很难实现，或者不可能。

- **可测试性**。通过将模型与视图分离，您可以在 ASP.NET 环境以外测试模型。

缺点

- **增加了代码和复杂性**。前面显示的示例增加了更多的文件和代码，因此，当必须对所有三个角色进行更改时，就会增加代码的维护成本。在某些情况下，与在多个文件中进行更改相比，在一个文件中进行更改更为容易。因此，您必须对分离代码的理由和额外付出的代价进行权衡。如果是很小的应用程序，可能不值得付出这样的代价。

7.2.2　Page Controller

MVC 模式通常主要关注模型与视图之间的分隔，而对于控制器的关注较少。在许多胖客户端方案中，控制器和视图之间的分隔相对次要，因此通常会被忽略。但在瘦客户端应用程序中，视图和控制器本来就是分隔的，这是因为显示是在客户端浏览器中进行的，而控制器是服务器端应用程序的一部分。

而 Page Controller 模式就是一个关注控制器设计和实现的解决方案。其接受来自页面请求的输入、调用请求对模型执行的操作以及确定应用于结果页面的正确视图。分隔调度逻辑和所有视图相关代码。如果合适，创建用于所有页面控制器的公用基类，以避免代码重复并提高一致性和可测试性。图 7-11 是 Page Controller 的结构图。

页面控制器可接收页面请求、提取所有相关数据、调用对模型的所有更新以及向视图转发请求。而视图又将根据该模型检索要显示的数据。定义独立页面控制器将分隔模型与 Web 请求细节（例如会话管理，或使用查询字符串或隐藏表单域向页面传递参数）。按照这种基本形式，为 Web 应用程序中的每个链接创建控制器。控制器因而将变得非常简单，因为每次仅须考虑一个操作。

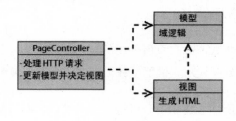

图 7-11

为每个网页（或操作）创建独立控制器可能会导致大量代码重复。因此应该创建 BaseController 类以合并验证参数（如图 7-12 所示）等公用函数。每个独立页面控制器都可以从

BaseController 继承此公用功能。除了从公用基类继承之外，还可以定义一组帮助器类，控制器可以调用这些类来执行公用功能。

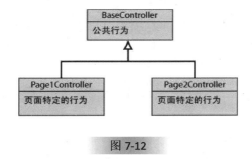

图 7-12

使用 Page Controller 模式存在下列优缺点。

优点

- **简单性**。由于每个动态网页由特定控制器处理，所以这些控制器仅需进行有限范围的处理，从而可以保持简单性。

- **内置框架功能**。实际上，这些 ASP.NET 页面是用户所执行操作的控制器。

- **增强型重用性**。创建控制器基类可以减少代码重复，并允许在不同的页面控制器重用公用代码。

- **可扩展性**。通过使用帮助器类，可以很简便地扩展页面控制器。

- **开发人员责任的分隔**。使用 Page Controller 类有助于分离开发队伍中各成员的责任。

缺点，由于其简单性，Page Controller 是大多数动态 Web 应用程序的默认实现方式。但是应该了解下列限制：

- **每个页面一个控制器**。Page Controller 的主要缺点是要为每个网页创建一个控制器。

- **较深的继承树**。如果仅通过使用继承来重用公用功能，则可能降低继承层次结构的灵活性。

- **对于 Web 框架的依赖**。在基本形式中，页面控制器仍然依赖于 Web 应用程序环境，且不能单独进行测试。

由于 Page Controller 就是 ASP.NET 内置的默认控制器处理机制，因而只要使用了 ASP.NET 来开发的 Web 页面默认都具有 Page Controller。ASP.NET 为实现 Page Controller 提供了一系列生命周期的典型操作：

- **ASP.NET 页面框架初始化（事件：Init）**。这是生命周期的第一个步骤，该步骤将初始化 ASP.NET 运行库以便为响应请求做好准备。

- **用户代码初始化（事件：Load）**。您应该执行与应用程序具体相关的常见任务，例如，当页面控制器引发 Load 事件时打开数据库连接。

- **与应用程序相关的事件处理**。在此阶段，您应该执行与应用程序相关的处理，以响应控制器引发的事件。 .

- **清理（事件：Unload）**。该页面已完成生成，现在可以丢弃。您应该关闭 Load 事件打开的任何数据库连接，丢弃任何不再需要的对象。

对于公共行为的实现，ASP.NET 2.0 中也提供了 MasterPage 的机制来支持。MasterPage 的具体用法在之前的章节已经有所介绍。现在我们用一个例子来说明如何利用 MasterPage 实现 BaseController。整个例子的演示效果如图 7-13 所示。

图 7-13

其中通过 MasterPage.master 定义公共的外观和公共行为，如：

```
MasterPage.master
    <%@ Master Language="C#" AutoEventWireup="true" CodeFile="MasterPage.master.cs"
Inherits="MasterPage" %>
    <!DOCTYPE html PUBLIC "-//W3C//DTD XHTML 1.0 Transitional//EN" "http://www.w3.
```

```
org/TR/xhtml1/DTD/xhtml1-transitional.dtd">
    <html xmlns="http://www.w3.org/1999/xhtml">
    <head runat="server">
        <title>Untitled Page</title>
        <asp:ContentPlaceHolder id="head" runat="server">
        </asp:ContentPlaceHolder>
    </head>
    <body>
        <form id="form1" runat="server">
        <div>
            <asp:Label ID="Label1" runat="server" Text="Label"></asp:Label>
            <br />
            <asp:ContentPlaceHolder id="ContentPlaceHolder1" runat="server">
            </asp:ContentPlaceHolder>
        </div>
        </form>
    </body>
    </html>
MasterPage.master.cs
public partial class MasterPage : System.Web.UI.MasterPage
{
    protected void Page_Load(object sender, EventArgs e)
    {
        Label1.Text = "现在时间是： " + DateTime.Now.ToShortTimeString();
    }
}
```

然后分别添加两个内容页面 Default1 和 Default2，来实现各自的外观和行为。

```
Default1.aspx
<%@ Page Language="C#" MasterPageFile="~/MasterPage.master" AutoEventWireup=
"true" CodeFile="Default1.aspx.cs" Inherits="_Default" Title="Untitled Page" %>
    <asp:Content ID="Content1" ContentPlaceHolderID="head" Runat="Server">
    </asp:Content>
    <asp:Content ID="Content2" ContentPlaceHolderID="ContentPlaceHolder1" Runat=
"Server">
        <asp:Label ID="Label2" runat="server" Text="Label"></asp:Label>
    </asp:Content>
Default1.aspx.cs
public partial class _Default : System.Web.UI.Page
```

```
{
    protected void Page_Load(object sender, EventArgs e)
    {
        Label2.Text = "第一页";
    }
}
Default2.aspx
<%@ Page Language="C#" MasterPageFile="~/MasterPage.master" AutoEventWireup
="true" CodeFile="Default2.aspx.cs" Inherits="_Default" Title="Untitled Page" %>
<asp:Content ID="Content1" ContentPlaceHolderID="head" Runat="Server">
</asp:Content>
<asp:Content ID="Content2" ContentPlaceHolderID="ContentPlaceHolder1" Runat=
"Server">
    <asp:Label ID="Label2" runat="server" Text="Label"></asp:Label>
</asp:Content>
Default2.aspx.cs
public partial class _Default : System.Web.UI.Page
{
    protected void Page_Load(object sender, EventArgs e)
    {
        Label2.Text = "第二页";
    }
}
```

7.2.3　Front Controller

上面一节，我们谈到了 Page Controller 模式，也讨论了 Page Controller 的一些不足。Page Controller 的一般实现方法涉及为各个页面所共享的行为创建一个基类。但是，随着时间的推移，由于要增加非所有页面公用的代码，这些基类就会不断增大。为了避免在基类中添加过多的条件逻辑，您会创建更深的继承层次结构以删除条件逻辑。Page Controller 解决方案描述了每个逻辑页面使用一个对象。当需要跨多个页面对处理过程进行控制或协调时，此解决方案将不可行。对于 Web 应用程序来说，URL 与特定控制器对象的关联可以是强制性的。例如，假定您的站点具有类似向导的界面用于收集信息。此向导包括许多必备页面和许多基于用户输入的可选页面。在使用 Page Controller 实现时，必须使用基类中的条件逻辑来实现可选页面，才能选择下一页面。

当使用 Page Controller 遇到上面所述的这些限制的时候，可以选择使用 Front Controller。Front Controller 通过让单个控制器负责传输所有请求，从而解决了在 Page Controller 中存在的分散化问题。控制器本身通常分为以下两部分实现：处理程序和命令层次结构。如图 7-14 所示。

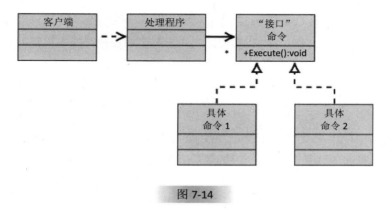

图 7-14

其中处理程序具有如下职责：

- **检索参数**，处理程序接收来自 Web 服务器的 HTTP Post 或 Get 请求，并从请求中检索相关参数。

- **选择命令**，处理程序首先使用请求中的参数选择正确的命令，然后将控制权转移给该命令以便执行处理。

Front Controller 模式具有下列优缺点：

优点

- **集中化控制**，Front Controller 用于协调向 Web 应用程序发出的所有请求。此单一控制器处于很好的位置来实施全应用程序范围的策略，如安全性和使用情况跟踪。

- **线程安全**，由于每个请求都涉及创建新的命令对象，因此命令对象本身不需要是线程安全的。这意味着，命令类中避免了线程安全问题。

- **可配置性**，只需要在 Web 服务器中配置一个前端控制器；处理程序执行其余的调度。这简化了 Web 服务器的配置。

缺点

- **性能考虑事项**，Front Controller 是用来处理对 Web 应用程序的所有请求的单个控制器。

所以很容易出现性能问题。

- **增加了复杂性,** Front Controller 比 Page Controller 更复杂。它通常涉及将内置控制器替换为自定义的 Front Controller。实现此解决方案会增加维护成本和新手的学习难度。

要在 ASP.NET 中实现 Front Controller 模式主要使用 ASP.NET 中的 HttpHandler 机制。下面我们通过一个示例来说明如何实现 Front Controller,及需要考虑的设计问题。

在这个示例中,我们要创建一个 Web 应用程序,可以接受不同的 format 参数,参数值可以 long 和 short,页面顶部分别用长时间格式和短时间格式显示当前时间。

一般需要实现两个部分:

1. Handler 从 Web 服务器接收各个请求(HTTP Get 和 Post),并检索相关参数,然后根据参数选择适当的命令。处理程序通过实现 IHTTPHandler 接口来完成。

2. Command Processor,该部分执行特定操作或命令来满足请求。命令完成后转到视图,以便显示页面。

图 7-15 所示的这个结构完美地划分了职责 Handler 类负责处理各个 Web 请求,并将确定正确的 Command 对象这一职责委派给 CommandFactory 类。当 CommandFactory 返回 Command 对象后,Handler 将调用 Command 上的 Execute 方法来执行请求。

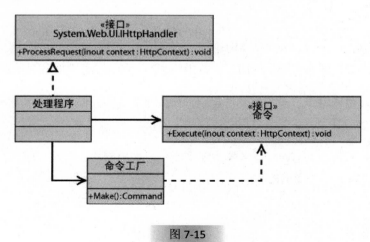

图 7-15

下面来看看具体代码：

```
Handler.cs
public class Handler : IHttpHandler
    {
        public Handler()
        {
            //
            // TODO: Add constructor logic here
            //
        }
        #region IHttpHandler Members
        public bool IsReusable
        {
            get { return true; }
        }
        public void ProcessRequest(HttpContext context)
        {
            ICommand command =
             CommandFactory.Make(context.Request.Params);
            command.Execute(context);
            context.Server.Transfer("Default.aspx");
        }
        #endregion
}
Command.cs
public interface ICommand
{
   void Execute(HttpContext context);
}
```

在 web.config 中需要添加如下内容，以便访问一个名为 time.aspx 的虚拟网页来设置时间：

```
<httpHandlers>
        <add   verb="*"   path="time.aspx"   type="FrontController.Handler,Front
Controller" /></httpHandlers>
CommandFactory.cs
public class CommandFactory
    {
        public static ICommand Make(NameValueCollection parms)
        {
```

```
            string format = parms["format"];
            ICommand command = new UnknownCommand();
            if (format == null // format.Equals("long"))
                command = new LongSite();
            else if (format.Equals("short"))
                command = new ShortSite();
            return command;
        }
    }
```

UnknownCommand.cs
```
public class UnknownCommand : ICommand
    {
        #region ICommand Members
        public void Execute(HttpContext context)
        {
            //nothing
        }
        #endregion
    }
```

LongSite.cs
```
    public class LongSite:ICommand
    {
        #region ICommand Members
        public void Execute(HttpContext context)
        {
            context.Items["time"] = DateTime.Now.ToLongTimeString();
        }
        #endregion
}
```

ShortSite.cs
```
    public class ShortSite : ICommand
    {
        #region ICommand Members
        public void Execute(HttpContext context)
        {
            context.Items["time"] = DateTime.Now.ToShortTimeString();
        }
        #endregion
}
```

```
Default.aspx
<%@ Page Language="C#" AutoEventWireup="true" CodeFile="Default.aspx.cs"
Inherits="_Default" %>
<!DOCTYPE html PUBLIC "-//W3C//DTD XHTML 1.0 Transitional//EN" "http://www.w3.
org/TR/xhtml1/DTD/xhtml1-transitional.dtd">
<html xmlns="http://www.w3.org/1999/xhtml">
<head runat="server">
    <title>Untitled Page</title>
</head>
<body>
    <form id="form1" runat="server">
    <div>
    <asp:Label ID=label1 runat=server></asp:Label>
    </div>
    </form>
</body>
</html>
Default.aspx.cs
public partial class _Default : System.Web.UI.Page
{
    protected void Page_Load(object sender, EventArgs e)
    {
        object time=HttpContext.Current.Items["time"];
        if (time != null)
            label1.Text = time.ToString();
        else
            label1.Text = "未设置时间";
    }
}
```

现在访问这个 Web 应用程序，并在地址栏，分别输入 time.aspx?format=long 和 time.aspx?format=short 可以看到如图 7-16 所示的效果。

图 7-16

7.2.4 MS MVC 框架

微软将在 2008 年发布一个全新的 MVC 框架，这个框架虽然是基于 ASP.NET 实现的，但已经不是 WebForms 了，它没有 viewstate，没有 postback，所以它在这里只是个模板引擎。而且微软还开放了接口，能让 Castle 这样的第三方产品结合进来。Castle 团队也表态，微软的 MVC 推出后，Castle 部分的项目将会与其整合。

下面是 ASP.NET MVC 框架的一些简要细节：

- **它将促进清晰的关注分离，可测试性和 TDD**。MVC 框架中的所有核心契约都是基于接口的，可以轻易地通过 mock 来模拟（包括基于接口的 IHttpRequest/IHttpResponse 这些基本的东西）。你可以不用在 ASP.NET 进程中运行控制器（这使得单元测试很快），就单元测试你的应用。你可以使用你想使用的任何单元测试框架来做单元测试，包括 NUnit，MBUnit, MS Test 等。

- **这个框架具有高度的可扩展性和可插拔性**。MVC 框架中所有东西都是这样设计的，它们可以被轻易地替换掉或者定制（譬如，你可以插入你自己的视图引擎，路径转向策略（routing policy），参数序列化等）。它还支持使用现有的依赖注入（dependency injection）和控制反转（IOC）容器模型（Windsor, Spring.Net, NHibernate 等）。

- 它包括一个非常强大的 URL 映射组件，允许你使用非常干净的 URL 来建造应用。URL 不需要拥有文件扩展，是设计用于轻松支持 SEO 和 REST 友好的命名模式的。譬如，在上面的项目中，可以轻松地把/products/edit/4 映射到 ProductsController 类的 Edit 方法上，或者把 /Blogs/scottgu/10-10-2007/SomeTopic/ 映射到 BlogEngineController 类的 DisplayPost 方法上。

- MVC 框架支持将现有的 ASP.NET .ASPX, .ASCX,和 .Master 标识文件当做视图模板（view template）之用（这意味着你可以轻松地使用很多现有的 ASP.NET 特性，像嵌套的母版页、<%= %>块、声明式服务控件、模板、数据绑定、本地化等）。但是，它不使用现有的将交互返回服务器的 postback 模型，取而代之的是，你将把用户的所有交互转给控制器类来调度，这有助于关注的清晰分离和提高可测试性（这也意味着，在基于 MVC 的视图内没有 viewstate 或 page 的生命周期之说）。

- ASP.NET MVC 框架将完全支持像 forms/windows 认证、URL 授权、成员/角色、输出和数据缓存、session/profile 状态管理、健康监测、配置系统，以及 provider 架构等现有的 ASP.NET 特性。

7.3　小结

本章首先介绍了设计模式的基本概念，并说明使用设计模式的一些好处。同时介绍了经典的 23 个 GoF 模式和微软所公布的一些设计模式。

在接下来的部分，重点介绍了在 ASP.NET 如何实现 MVC 模式，及其变体 Page Controller 和 Front Controller，也展望了微软在 MVC 模式方面的应用在未来的趋势。

08

Web 应用程序架构模式

本章将对软件架构进行概述的阐述，并介绍几种常用的架构模式。本章还会介绍近几年较流行的依赖注入（DI）和控制反转（IOC）模式。本章还重点介绍 SOA 及其实现技术 WCF 和 BizTalk 的相关知识。

8.1　软件架构概述

8.1.1　什么是软件架构和架构模式

在上一章中，我们讨论了什么是设计模式。设计模式有助于我们利用他人的经验来构建软件系统的某个部分。

而 Software Architecture，软件架构（也成为软件体系结构）可以说是一种高级别的设计。它是对子系统、软件系统组件以及它们之间的相互关系的一种规范的描述。子系统和组件一般定义在不同的视图内，以显示软件系统的相关功能属性和非功能属性。软件构架是一件人工制品，这是软件高级别设计活动的结果。

而架构作为高级别的设计，具体关注如下两个方面：

（1）**模型的结构**。也即软件系统的结构，结构定义了系统中所要包含的元素。

（2）**模型的行为**。也即软件系统的元素之间的相互作用。

同时，在定义了系统模型的结构和行为后，架构也需要具有如下特征：

1．应该关注重要元素。它不会在意所有的结构和行为的定义。它只在意那些被认为是重要的元素。重要的元素是那些有持久影响的，例如结构部分的主要部分，与核心行为相关的元素，和对诸如可靠性和可测量性等重要品质相关的元素。

2．应该平衡涉众需求。架构是为了实现涉众的需要而创造的。但是，一般来说不可能满足所有的需求。不同的涉众之间可能有相互冲突的需求，所以应满足适当的平衡性。所以折中是构建进程的主要方面，且妥协是架构的重要属性。

3．应该基于基本原理体现决策。架构的重要部分不仅仅是最终结果，架构本身，而是他为什么是如此的原因。

4．应该符合一定的架构样式。大部分的架构来源于有相似关注的共享系统。这些相似性可被描述成某种特殊模式的架构风格，虽然经常是复杂和组合模式（由许多模式共同作用）。一种架构风格展示一个经验法典，并且有利于架构师重复使用类似经验。

5．会被所处环境所影响。系统储存于环境中，且环境影响架构。这就是有时所提到的"环境中的架构"。基本上，环境决定了系统运行的范围，这些又决定了架构。影响架构的环境的因素包含架构所支持的商务环境、系统涉众群、内部技术限制（例如需要符合组织标准）和外部技术限制（例如对外部系统的接口或遵守外部规则的标准）。

6．会影响团队结构。架构定义了一组连贯的相关元素。每一组都会要求不同的技术，而不同的技术会影响技术团队的结构。

7．会出现在每个系统中。每个系统都有一个架构，即使这个架构没有被文档化，或者如果系统非常简单且包含单一元素。对架构文档化很有价值。

为了找到一种方式来描述一系列经过验证、行之有效的架构设计，并让这种经验能够传递出去，来指导软件高级别设计。因而一种高级别的设计模式就应运而生。这种高级别的设计模式可以称为架构模式，也即架构样式，其表示软件系统的基本结构，它提供了一套预定义的子系统，规定了这些子系统的职责。由此我们就可以使用架构模式来描述如果根据一些整体构建原理来建立可行的软件系统。

结合设计模式来看，我们可以发现：设计模式是中等规模的模式。它们在规模上比架构模式小，但又独立于特定编程语言和编程惯例（惯用法）。设计模式不会对整个软件系统的架构产生多大影响，但可能对其中的子系统有较大影响。

8.1.2 为何要进行架构设计

架构师在系统开发前期进行架构设计，有助于减少风险、控制成本、保证系统开发的质量。总体而言，进行架构设计有如下好处：

- 能够保证系统的品质

- 使相关利益方达成一致的目标

- 能够指导开发计划的编制

- 可以推进现在架构的完善

- 能够有效的管理系统开发的复杂性

- 为粗粒度和细粒度的复用奠定了基础

- 能够降低系统后期的维护费用

构架设计应考虑的一些因素：

- 程序的运行时结构

1．需求的符合性：正确性、完整性；功能性需求、非功能性需求。

2．总体性能（内存管理、数据库组织和内容、非数据库信息、任务并行性、网络多人操作、关键算法、与网络、硬件和其他系统接口对性能的影响）。

3．运行可管理性：便于控制系统运行、监视系统状态、错误处理；模块间通信的简单性；与可维护性不同。

4．与其他系统接口兼容性。

5．与网络、硬件接口兼容性及性能。

6．系统安全性。

7．系统可靠性。

8．业务流程的可调整性。

9．业务信息的可调整性。

10．使用方便性。

11．架构样式的一致性。

- 源代码的组织结构

1．开发可管理性：便于人员分工（模块独立性、开发工作的负载均衡、进度安排优化、预防人员流动对开发的影响）、利于配置管理、大小的合理性与适度复杂性。

2．可维护性：与运行可管理性不同。

3．可扩充性：系统方案的升级、扩容、扩充性能。

4．可移植性：不同客户端、应用服务器、数据库管理系统。

5．需求的符合性（源代码的组织结构方面的考虑）。

8.2　分层架构模式

8.2.1　分层模式概述

分层（Layer）模式是最常见的一种架构模式。甚至说分层模式是很多架构模式的基础，本章下面讲到的一些内容实际上都和分层模式相关联。

分层描述的是这样一种架构设计过程：从最低级别的抽象开始，称为第 1 层。这是系统的基础。通过将第 J 层放置在第 J-1 层的上面逐步向上完成抽象阶梯，直到到达功能的最高级别，称为第 N 层。

因而分层模式就可以定义为：将解决方案的组件分隔到不同的层中。每一层中的组件应保持内聚性，并且应大致在同一抽象级别。每一层都应与它下面的各层保持松散耦合。

分层模式的关键点在于确定依赖：即通过分层，可以限制子系统间的依赖关系，使系统以更松散的方式耦合，从而更易于维护。

相对于分层，还有一种概念叫分区。分层是对架构的横向划分，而分区是对架构的纵向划分。

典型的分层方式是应用程序专用功能位于上层，跨越应用程序领域的功能位于中层，而配置环境专用功能位于低层。层的数量与组成取决于问题领域和解决方案的复杂程度。通常而言只有一个应用程序专用层。应当把子系统组织成分层结构，架构的上层是应用程序专用子系统，架构的低层是硬件和操作专用子系统，中间件层是通用服务。

对系统进行分层有如下基本原则：

- **可见度**。各子系统只能与同一层及其下一层的子系统存在依赖关系。

- **易变性**。最上层放置随用户需求的改变而改变的元素。最底层放置随实施平台（硬件、语言、操作系统、数据库等）的改变而改变的元素。中间的夹层放置广泛适用于各种系统和实施环境的元素。如果在这些大类中进一步划分有助于对模型进行组织，则添加更多的层。

- **通用性**。一般将抽象的模型元素放置在模型的低层。如果它们不针对于具体的实施，则倾向于将其放置在中间层。

- **层数**。对于小型系统，三层就足够了。对于复杂系统，通常需要 5-7 层。无论复杂程度如何，如果超过 10 层，就需要慎重考虑了。层数越多，越需慎重。

实现分层模式有两种基本方式：

- 创建你自己的分层架构。基本过程如下：

  ➢ 使用定义明确的一组标准将解决方案的功能组织成一组层，并定义每一层所提供的服务。

  ➢ 定义每一级别之间的接口以及它们彼此通信所需的协议。

  ➢ 设计层的实现。

- 重用现有的分层架构。

常见的分层模式有如下几种模型：

1. 客户端-服务器模型（Client-Server，C/S）。

2. 三层模型：用户表示层、业务逻辑层、数据层。

3. 多层结构的技术组成模型：表现层、中间层、数据层。

4. 网络系统常用三层结构：核心层、汇聚层和接入层。

5. RUP 典型分层方法：应用层、专业业务层、中间件层、系统软件层。

6. 基于 Java 的 B/S 模式系统结构：浏览器端、服务器端、请求接收层、请求处理层。

7. 某六层结构：功能层（用户界面）、模块层、组装层（软件总线）、服务层（数据处理）、数据层、核心层。

8.2.2　三层应用程序

下面我们重点来介绍一下流行的三层模型。这三个层分别是：

- **表示层**。表示层提供应用程序的用户界面（UI）。也称作用户表示层。实现和用户交互的功能。

- **业务层**。业务层实现应用程序的业务功能。也称作业务逻辑层。需要处理业务实体和工作流。业务层为表示层提供业务处理的能力。

- **数据层**。数据层提供对外部系统（如数据库或服务）的访问。把业务数据持久化，并把数据公开给业务层。

图 8-1 是微软三层模型的一个示意图（图片来源 MSDN）。

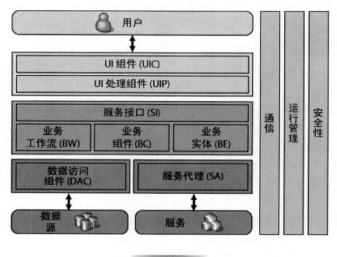

图 8-1

1．表示层

大多数业务应用程序都使用窗体来构造表示层。应用程序由一系列用户与之交互的窗体（页面）组成。每个窗体都包含许多用于显示较低层的输出以及收集用户输入的字段。通常使用 Windows 窗体（用于智能客户端应用程序）和 ASP.NET 技术提供的 WebForms（用于基于浏览器的交互）来实现，当然也可以使用其他技术来实现界面。实现基于窗体的用户界面的两类组件是：

- **用户界面组件**（**UI Component**）。在.NET 中使用 System.Windows.Forms 和 System.Web.UI 命名空间下提供的 UI 组件来实现用户界面。同时，可以使用第三方的一些 UI 组件来实现，当然也可以使用类似 Ajax 这样的 UI 组件。

- **用户界面处理组件**（**UIP Component**）。对于复杂的用户界面常常涉及许多非常复杂的窗体。要增加可重用性、可维护性和可扩展性，就需要单独的用户界面处理（UIP）组件，以便封装窗体之间的依赖性以及与窗体之间的导航关联的逻辑。其中的部分概念适用于一个窗体的组件之间的依赖性、验证和导航。这些 UIP 组件通常就是基于上一章提到的

Page Controller 和 Front Controller 设计模式来进行设计的。可以说 UIP 组件实际上就是一些控制器。而 UI 和 UIP 组件之间的交互基本遵循 MVC 设计模式所定义的结构。

2．业务层

大型企业应用程序通常是围绕业务流程和业务组件的概念构造的。业务层由 4 个部分组成：

- **业务组件**（**BC**）。"自治业务概念或业务流程的软件实现。它包含将指定的业务概念作为较大型分布式信息系统的自治、可重用元素来表示、实现和部署所必需的所有软件制品。"业务组件是业务概念的软件实现。在业务应用程序的生命周期中，它们是设计、实现、部署、维护和管理的主要单元。业务组件封装业务逻辑（也称业务规则）。

- **业务工作流**（**BWC**）。业务流程反映了业务执行的宏观级别的活动。这些业务流程通过编排一个或多个业务组件以实现业务流程，而对业务工作流程的封装就是由业务工作流组件来完成。

- **业务实体**（**BE**）。业务实体是数据容器。它们封装并隐藏特定数据表示格式的细节。业务实体通常当作数据传输对象（**DTO**）在各层之间传递数据。

- **服务接口**（**SI**）。应用程序可以将它的部分功能作为其他应用程序可以使用的服务进行公开。服务接口将该服务呈现给外部世界。在理想情况下，它隐藏实现细节，并只公开粗粒度的业务接口。

3．数据层

大部分应用程序，尤其企业应用程序都涉及数据库的访问。其中包含如下组件：

- **数据访问组件**（**DAC**）。数据访问组件按照业务实体的结构，把数据库的信息提取到业务实体中，这样就把业务层和具体的数据结构和数据存储的技术隔离开。这种隔离有如下好处：

  ➢ 尽量减少数据库的更改所造成的影响

  ➢ 尽量减少数据结构的更改所造成的影响

  ➢ 封装操作数据的代码极大地简化了测试和维护过程

- **服务网关（SA）**。服务网关可以让应用程序访问外部应用程序提供的功能和数据，而无需考虑外部系统具体的实现技术。

4．基础服务

除了上面列出的三个层以外，还需要一些基础性的服务来保证整个应用程序的正常运转。这些基础性服务可以被三个层的组件都进行调用。这些基础服务包括三个方面：

- **安全性**。这些服务维护应用程序安全性。

- **运行管理**。这些服务管理组件以及关联的资源，并满足可伸缩性和容错等运行要求。

- **通信**。这些是提供组件之间的通信的服务。

使用三层架构模型可以让应用程序有一个良好的起点，可以根据自己的具体情况来扩展这个模型，也可以裁剪从而避免跨过多层而造成的负面影响。

8.2.3　实现分层系统

对于如何在.NET 中实现分层系统，可以通过学习微软著名的.NET PetShop 示例来理解。

.NET PetShop 是微软用自己的.NET 技术仿效 J2EE 的 Blueprint（蓝本实现）来实现的.NET 版本，不仅作为跟 Sun 的 J2EE 版本进行比较外，还是一个很好实现分层应用的范例。

目前，微软已经推出了使用 ASP.NET 2.0 的.NET PetShop 4.0，可以在这里（http://download.microsoft.com/download/8/0/1/801ff297-aea6-46b9-8e11-810df5df1032/Microsoft%20.NET%20Pet%20Shop%204.0.msi）下载。

.NET PetShop 主要实现了如下功能：

- 主页 ── 这是用户第一次启动应用程序时加载的主页。

- 类别查看 ── 有五大类：鱼、狗、爬行动物、猫和鸟。每一类都有几个相关的产品。如果选择鱼作为类别，可以看到天使鱼等内容。

- 产品 — 如果现在选择一个产品，应用程序将显示产品的所有类型。通常产品类型是雄或者雌。

- 产品详情 — 每种产品类型（分别用不同项目表示）有详细的视图显示产品说明、产品图像、价格和库存数量。

- 购物车 — 用户可以通过它操作购物车（添加、删除和更新行项目）。

- 结账 — 结账页面以只读视图显示购物车。

- 登录重定向 — 当用户选择结账页面上的"Continue"时，如果还没有登录，将重定向到登录页面。

- 登录验证 — 通过站点的身份验证以后，用户被重定向到信用卡和记账地址表单。

- 定单确认 — 显示记账地址和送货地址。

- 定单提交 — 这是定单处理流程的最后一步。定单现在将提交到数据库。

.NET PetShop 4.0 的架构图如图 8-2 所示（图片来源 MSDN）。

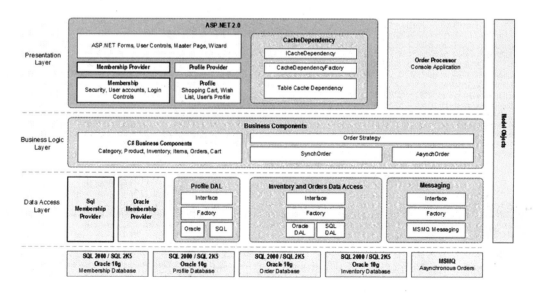

图 8-2

表示层（WEB）包含各种用户界面元素。业务逻辑层（BLL）包含应用程序逻辑和业务组件。数据访问层（DAL）负责与数据库交互，进行数据存储和检索。

.NET Pet Shop 4 使用了四个独立的数据库：Inventory、Orders、Membership 和 Profile。并且还同时支持 Oracle 和 SQL Server 数据库。

Inventory 数据库结构如图 8-3 所示（图片来源 MSDN）。

Orders 数据库结构如图 8-4 所示（图片来源 MSDN）。

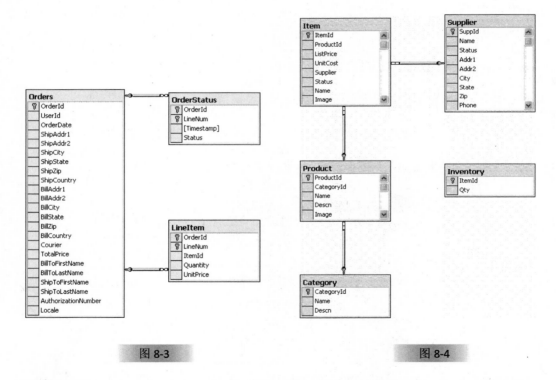

图 8-3   图 8-4

Profile 数据库用于存储特定于用户的信息，如账户信息和购物车内容。结构如图 8-5 所示（图片来源 MSDN）。

而 Memebership 的数据结构就是 ASP.NET 2.0 中 Membership 的标准结构。此处不再重复。

其中.NET PetShop 4 用到了如下一些 NET 2.0 的新特性：

- 用 System.Transactions 代替服务组件。

- 用强类型集合的泛型代替松散类型的 ILists。

- ASP.NET 2.0 成员身份，用于用户身份验证和授权。

- 用于 Oracle 10G 的自定义 ASP.NET 2.0 成员身份提供程序。

- ASP.NET 2.0 自定义 Oracle 和 SQL Server 配置文件提供程序，用于用户状态管理。

- 用母版页取代 ASP.NET Web 用户控件，从而获得一致的外观。

- ASP.NET 2.0 向导控件。

- 使用 SqlCacheDependency（而非基于超时）的数据库级缓存失效。

- 启用基于消息队列构建的异步 Order 处理。

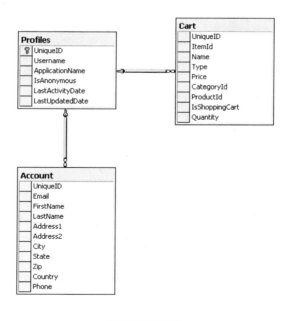

图 8-5

.NET PetShop 4 的解决方案列表如图 8-6 所示。

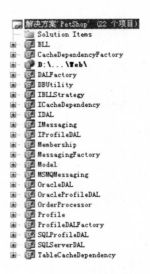

图 8-6

各个项目的具体功能如表 8-1 所示。

表 8-1

序　　号	项目名称	描　　述
1	BLL	业务逻辑层
2	CacheDependencyFactory	缓存依赖类的工厂类
3	WEB	表示层
4	DALFactory	数据层的抽象工厂
5	DBUtility	数据访问类组件
6	IBLLStrategy	同步/异步策略接口
7	ICacheDependency	缓存依赖类接口
8	IDAL	数据访问层接口定义
9	IMessaging	异时处理消息队列接口定义
10	IProfileDAL	Profile 的数据访问层接口定义
11	Membership	Membership 认证和授权管理
12	MessagingFactory	异时处理消息队列的抽象工厂
13	Model	业务实体
14	MSMQMessaging	异时处理消息队列的实现
15	OracleDAL	Oracle 数据访问层

续表

序　　号	项目名称	描　　述
16	OracleProfileDAL	Oracle 的 Profile Providers 做用户状态管理，包括购物车等
17	OrderProcessor	后台处理进程，处理订单队列
18	Profile	Profile 的数据访问层
19	ProfileDALFactory	ProfileDAL 的工厂类(反射创建 ProfileDAL)
20	SQLProfileDAL	SQL Server 的 Profile Providers 做用户状态管理，包括购物车等
21	SQLServerDAL	SQLServer 数据访问层

可以看到非常的庞大，考虑的方面也很周全，各个项目具体的功能和所属分层，如表 8-2 所示。

表 8-2

序　　号	项目名称	描　　述
1	WEB	表示层
2	Model	业务实体
3	BLL	业务逻辑层
4	DALFactory	数据层的抽象工厂
5	IDAL	数据访问层接口定义
6	SQLServerDAL	SQLServer 数据访问层
7	OracleDAL	Oracle 数据访问层
8	DBUtility	数据库访问组件基础类
9	CacheDependencyFactory	缓存依赖类的工厂类
10	ICacheDependency	缓存依赖类接口
11	TableCacheDependency	缓存依赖实现类
12	IBLLStrategy	同步/异步处理策略接口(实现根据配置进行反射选择)
13	MessagingFactory	异时处理消息队列的抽象工厂
14	IMessaging	异时处理消息队列接口定义
15	MSMQMessaging	异时处理消息队列的实现
16	Profile	Profile 的数据访问层
17	ProfileDALFactory	ProfileDAL 的工厂类(反射创建 ProfileDAL)
18	IProfileDAL	Profile 的数据访问层接口定义
19	OracleProfileDAL	Oracle 的 Profile Providers 做用户状态管理
20	SQLProfileDAL	SQL Server 的 Profile Providers 做用户状态管理
21	Membership	Membership 认证和授权管理
22	OrderProcessor	后台处理进程，处理订单队列

整个.NET PetShop 4 除了在架构上是标准的三层应用外,其中还运用了大量的设计模式来加强系统的灵活性。

首当其冲的就是工厂模式,很容易就可以看出来,也是应用最多的:

- DALFactory:数据访问层的抽象工厂(决定创建哪种数据库类型的数据访问层。可以选择:SQLServer,Oracle)

- CacheDependencyFactory:缓存依赖类的工厂类。(创建具体表的缓存依赖)

- MessagingFactory :异时处理消息队列的抽象工厂(通过反射创建具体的异常处理类)

- ProfileDALFactory:ProfileDAL 的工厂类(通过反射选择创建 Oracle 或 SQL Server 的 ProfileDAL)

以及策略模式(如 IOrderStrategy)和中介模式(CategoryDataProxy、ItemDataProxy 、ProductDataProxy 等)。

所以通过学习.NET PetShop 4,不仅可以了解如何实现分层应用程序,也可以学习到如何在应用程序中运用具体的设计模式。

8.3 架构新模式

8.3.1 控制反转 IOC 和依赖注入 DI

控制反转(Inversion of Control,IOC)和依赖注入(Dependency Injection,DI)基本上是一个意思。不过 Martin Fowler 在名为《Inversion of Control Containers and the Dependency Injection pattern》的文章中提到,IOC 是一个大而化之的概念,因此它倾向于使用 DI 来介绍这种新模式。所以,下文都将使用依赖注入(DI)来指代这种模式,同时会把实现这种新模式的框架(程序库)按照惯例说成 IOC 容器。

DI 的出现是基于分离关注(Separation of Concerns : SOC)这个原始动力的,同样下面章节要讲到的面向方面编程(Aspect Oriented Programming,AOP)的原始动力。

通过学习 GoF 设计模式，我们已经习惯一种思维编程方式：接口驱动（Interface Driven Design，IDD），接口驱动有很多好处，可以提供不同灵活的子类实现，增加代码稳定和健壮性等，但是接口一定是需要实现的，也就是如下语句迟早要执行：

```
IMyClass a = new MyClass();
```

MyClass 是接口 IMyClass 的一个实现类，而 DI 模式可以延缓接口的实现，根据需要实现，有个比喻：接口如同空的模型套，在必要时，需要向模型套注射石膏，这样才能成为一个模型实体，因此，我们将人为控制接口的实现成为"注射"。这种方式就是著名的所谓的好莱坞理论：你待着别动，到时我会找你。

下面用一个简单的例子来说明这种模式。这个例子有一个 MovieLister 类，有一个 MoviesDirectedBy 的方法根据输入的导演名称来得到所有此导演的电影。

```
class MovieLister
    {
        public Movie[] MoviesDirectedBy(string name)
        {
            IList<Movie> allMovies = finder.FindAll();
            List<Movie> lst = new List<Movie>();
            foreach (Movie m in allMovies)
            {
                if (m.Director == name) lst.Add(m);
            }
            return lst.ToArray();
        }
    }
```

通过在 MovieLister 中使用 finder 对象，MoviesDirectedBy 方法的完成可以不用考虑电影列表的实际存储方式。因而需要认真处理如何把 MovieLister 对象和 finder 对象连接起来的问题。首先给 finder 定义一个接口：

```
    interface IMovieFinder
    {
        IList<Movie> FindAll();
    }
```

并实现一个简单的 MovieFinder：

```
class SimpleMovieFinder:IMovieFinder
{
    #region IMovieFinder Members
    public IList<Movie> FindAll()
    {
        List<Movie> lst = new List<Movie>();
        Movie m;
        for (int i = 0; i < 2; i++)
        {
            m = new Movie();
            m.Director = "Zyg";
            lst.Add(m);
        }
        for (int i = 0; i < 3; i++)
        {
            m = new Movie();
            m.Director = "Kevin";
            lst.Add(m);
        }
        return lst;
    }
    #endregion
}
现在把 MovieFinder 和 MovieLister 耦合起来：
class MovieLister
{
    private IMovieFinder finder;
    public MovieLister()
    {
        finder = new SimpleMovieFinder();
    }
}
```

上面的耦合方式是一种紧耦合方式，如果想把电影列表保存在文本文件或者数据库中，那么在实现类似 TextFileMovieFinder 类或者 SqlServerMovieFinder 类之后，如何不改变 MovieLister 的代码，而方便地切换到不同的数据源呢？所以依赖注入就是这样一种机制：MovieFinder 的实现类不是在编译期连入程序之中的，而是允许在运行期插入具体的实现类，插入动作完全脱离原作者的控制。我们可以把后期插入的这些实现类统称为插件。实际上，要实现这种效果，不一定要依靠依赖注入，使用 Service Locator 模式也可获得同样的效果。

为了使应用程序获得依赖注入这种特性，一般情况下都会利用一些现成的 IOC 容器（框架）来实现。后文，会介绍如何使用 Castle 项目的 IOC 容器来解决我们这个电影列表的依赖问题。

依赖注入有三种基本的形式：

1．构造器注入（Constructor Injection），即通过构造方法完成依赖关系。如：

```
public class Sport
{
private InterfaceBall ball;
public Sport(InterfaceBall arg)
{
ball = arg;
}
}
```

2．设值方法注入（Setter Injection），在类中暴露 setter 方法来实现依赖关系。如：

```
public class Sport
{
private InterfaceBall ball;
public void setBall(InterfaceBall arg)
{
ball = arg;
}
}
```

3．接口注入（Interface Injection），利用接口将调用者与实现者分离。如：

```
public class Sport
{
private InterfaceBall ball;  //InterfaceBall 是定义的接口
public void init()
{
//Basketball 实现了 InterfaceBall 接口
```

```
ball = (InterfaceBall) Class.forName("Basketball").newInstance();
}
}
```

Sport 类在编译期依赖于 InterfaceBall 的实现，为了将调用者与实现者分离，我们动态生成 Basketball 类并将强制类型转换为 InterfaceBall。

8.3.2 使用 Castle 实现 IOC 和 DI 开发

Castle 是一个著名的原生.NET 开源项目，Castle 的目标是实现一个全方位的整合框架，在 Castle 框架下实现多个子框架的组合，这些子框架之间彼此可以独立，也可以使用其他的框架方案加以替代，Castle 希望提供 one-stop shop 的框架整合方案。目前 Castle 最新版本说 RC3，可以通过这里（http://www.castleproject.org/）来下载。它包含了：

- MicroKernel/Windsor 实现的 IOC 容器

- ActiveRecord 实现持久层 O/R M 解决方案

- MonoRail 实现 Web 框架

- Aspect#实现 AOP 框架

- 一些辅助功能和服务

我们接着上一节的电影列表的例子来介绍一下 Castle 如何进行依赖注入的开发。

首先我们创建如下一个 XML 文件来保存电影列表：

```xml
<?xml version="1.0" encoding="utf-8" ?>
<Movies>
  <Movie Name="A-1" Director="Zyg"/>
  <Movie Name="A-2" Director="Zyg"/>
  <Movie Name="B-1" Director="Kevin"/>
  <Movie Name="B-2" Director="Kevin"/>
  <Movie Name="B-3" Director="Kevin"/>
</Movies>
```

对应这个 XML 文件，创建一个 XmlFileMovieFinder 的类：

```
class XmlFileMovieFinder : IMovieFinder
{
    #region IMovieFinder Members
    public IList<Movie> FindAll()
    {
        XmlDocument doc = new XmlDocument();
        doc.Load("Movies.xml");
        List<Movie> lst = new List<Movie>();
        Movie m;
        foreach (XmlNode node in doc.GetElementsByTagName("Movie"))
        {
            m = new Movie();
            m.Name = node.Attributes["Name"].Value;
            m.Director = node.Attributes["Director"].Value;
            lst.Add(m);
        }
        return lst;
    }
    #endregion
}
```

在项目中引用 Castle.Core、Castle.DynamicProxy、Castle.MicroKernel 和 Castle.Windsor 程序集。

然后，修改 MovieLister 类中的构造器来使用 Castle 的 IOC 容器，具体的步骤通过代码中的注释来说明：

```
class MovieLister
{
    private IMovieFinder finder;
    public MovieLister()
    {
        //建立容器
        WindsorContainer container = new WindsorContainer(new XmlInterpreter());
        //获取 IMovieFinder 的实例
        finder = container.Resolve<IMovieFinder>();
    }
```

只有上面的代码当然不能实现依赖注入，我们还需要在配置文件中添加如下内容：

```xml
<?xml version="1.0" encoding="utf-8" ?>
<configuration>
  <configSections>
    <section name="castle"
        type="Castle.Windsor.Configuration.AppDomain.CastleSectionHandler,
Castle.Windsor" />
  </configSections>
  <castle>
    <components>
      <component id="movieFinder.service"
              service="NWAD_8_1.IMovieFinder, NWAD_8_1"
              type="NWAD_8_1.XmlFileMovieFinder, NWAD_8_1">
      </component>
    </components>
  </castle>
</configuration>
```

这样就可以在运行时，根据配置文件注入 **IMovieFinder** 接口的具体实现。在这个例子中，我们使用的是构造器注入方式，有兴趣的读者可以自己尝试其他注入方式。

8.3.3 面向方面编程 AOP

AOP 是 OOP 的延续，是 Aspect Oriented Programming 的缩写，意思是面向方面编程。AOP 实际是 GoF 设计模式的延续，设计模式孜孜不倦追求的是调用者和被调用者之间的解耦，AOP 可以说也是这种目标的一种实现。

AOP 技术的诞生并不算晚，早在 1990 年开始，来自 Xerox Palo Alto Research Lab（即 PARC）的研究人员就对面向对象思想的局限性进行了分析。他们研究出了一种新的编程思想，借助这一思想或许可以通过减少代码重复模块从而帮助开发人员提高工作效率。随着研究的逐渐深入，AOP 也逐渐发展成一套完整的程序设计思想，各种应用 AOP 的技术也应运而生。

AOP 技术在 Java 平台下是最先得到应用的。AspectJ 通过定义一套 Java 语言的扩展系统，使开发者可以方便地进行面向方面的开发。AspectJ 在 2002 年被转让给 Eclipse Foundation，从而成为在开源社区中 AOP 技术的先锋，也是目前最为流行的 AOP 工具。AspectWerkz 则是基于 Java 的动态的轻量级 AOP 框架。AspectWerkz 仍然是开源社区中的产品，由 BEA System 提供赞助。Spring 基于自身的 IOC 容器实现 AOP，Spring AOP 作为一种非侵略性、轻型的 AOP 框架，开发者无需使用预编译器或其他的元标签，在 Java 程序中应用 AOP。目前，AOP 的功能完全集成到了 Spring 事务管理、日志和其他各种特性的上下文中。商用软件制造商 JBoss 在其 2004 年推出的 JBoss 4.0 中，首次引入了 AOP 框架和组件。

在.Net 的阵营中，AOP 的发展主要依靠开源社区来推动，也推出了一些优秀的 AOP 框架，如：Aspect#，AspectDNG，Eos AOP 等。下一小节，我们重点介绍一下 Aspect#的使用。

AOP 是 OOP 的一种补充和完善。OOP 引入封装、继承和多态性等概念来建立一种对象层次结构，用以模拟公共行为的一个集合。OOP 而对于公共行为进行处理却不是很擅长，例如对于日志、安全验证和异常处理功能。我们可以把这些公共的行为称为横切（cross-cutting）代码。AOP 就是关注这些横切代码的，把它们统一封装为一个可重用的组件，称为"方面（Aspect）"，AOP 代表的是一个横向的关系。简单地说，就是将那些与业务无关，却为业务模块所共同调用的逻辑或责任封装起来，便于减少系统的重复代码，降低模块间的耦合度，并有利于未来的可操作性和可维护性。AOP 横切的思想可以通过图 8-7 反映出来（图片来源网络）。

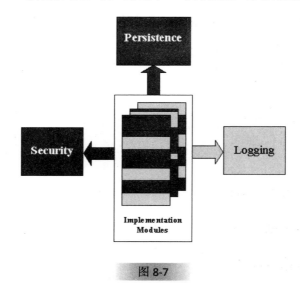

图 8-7

实现 AOP，主要通过两类方式：

1．采用动态代理技术，利用截取消息的方式，对该消息进行装饰，以取代原有对象行为的执行；

2．采用静态织入的方式，引入特定的语法创建"方面"，从而使得编译器可以在编译期间输入有关"方面"的代码。

方式不同效果却相同，具有的特性也是相同的：

- 连接点（join point）：是程序执行中的一个精确执行点，例如类中的一个方法。它是一个抽象的概念，在实现 AOP 时，并不需要去定义一个 join point。

- 切入点（point cut）：本质上是一个捕获连接点的结构。在 AOP 中，可以定义一个 point cut，来捕获相关方法的调用。

- 通知（advice）：是 point cut 的执行代码，是执行"方面"的具体逻辑。

- 方面（aspect）：point cut 和 advice 结合起来就是 aspect，它类似于 OOP 中定义的一个类，但它代表的更多是对象间横向的关系。

- 引入（introduce）：为对象引入附加的方法或属性，从而达到修改对象结构的目的。有的 AOP 工具又将其称为 mixin。

AOP 适用于如下功能：

- 安全验证（Authentication ）

- 缓存（Caching ）

- 上下文传递（Context passing ）

- 错误处理（Error handling ）

- 后期加载（Lazy loading）

- 调试（Debugging）

- 记录、跟踪、优化和监测（logging, tracing, profiling and monitoring）

- 性能优化（Performance optimization）

- 持久化（Persistence）

- 资源池（Resource pooling）

- 同步（Synchronization）

- 事务（Transactions）

8.3.4　使用 Castle 实现 AOP 开发

Castle 包含了一个名为 Aspect#的 AOP 框架，Aspect#是基于 Castle 动态代理技术来实现的。Aspect#于 2005 年 6 月被收录为 Castle 的其中一个子项目。它是针对 CLI（.Net 和 Mono）实现的 AOP 框架，利用了反射、代理等机制。

Aspect#的基本用法为：

（1）配置必须按照以下顺序：

```
[Imports]
[Global Interceptor map]
[Global Mixin map]
Aspects definitions
```

（2）[Imports]：引入命名空间，在下面的配置中用到的拦截器、混淆器所需要的。

```
Import Namespace.Name [in AssemblyName]
```

（3）[Global Interceptor map]：如果你想在程序共享同一个拦截器而不想重复声明可以将 Interceptor 声明为全局，在同一配置文件中重用，而不用再次打长长的名称，用声明的别名就可以了。

```
interceptors [
  "key" : InterceptorType ;
  "key2" : InterceptorType2
]
```

（4）[Global Mixin map]：　同样混淆器也可以声明为全局。

```
mixins [
  "key" : MixinType ;
  "key2" : MixinType2
]
```

（5）Aspects definitions：具体定义一个"切面（需要拦截的地方）"

```
aspect Name for Type
  [include]
  [pointcuts]
end
```

（6）[include]：定义混淆器(mixin)组合的类

```
aspect MyAspect for Customer
  include DigitalGravity.Mixins.Security in DigitalGravity.XProject
  include System.Collections.ArrayList in System
end
```

（7）[pointcuts]：拦截的具体名称，这里先指定拦截的类型并可以用通配符匹配名称。类型如下：

```
method：拦截方法的名称
property：拦截的属性名称
propertyread：拦截的读属性的名称
propertywrite：拦截的写属性的名称 pointcut method|property(*)
end
pointcut method|propertyread(*)
end
pointcut propertywrite(*)
end
```

（8）Advices：指定由哪个拦截器拦截

```
aspect MyAspect for Customer
  pointcut method(*)
    advice(DigitalGravity.Interceptors.LogInvocationInterceptor          in
```

```
DigitalGravity.XProject)
    end
  end
```

8.4　面向服务架构

8.4.1　SOA 概念

面向服务架构（Service-Oriented Architecture，SOA）是一种 IT 架构风格，支持将一个企业的业务转换为一组相互链接的服务或可重复业务任务，可在需要时通过网络访问这些服务和任务。这个网络可以是本地网络、Internet，也可以分散于各地且采用不同的技术。通过对来自世界各地的服务进行组合，可让最终用户感觉似乎这些服务就安装在本地桌面上一样。可以对这些服务进行结合，以完成特定的业务任务，从而让你的业务快速适应不断变化的客观条件和需求。

这些服务是自包含的，具有定义良好的接口，允许这些服务的用户——称为客户机或使用者——了解如何与其进行交互。从技术角度而言，SOA 带来了"松散耦合"的应用程序组件，在此类组件中，代码不一定绑定到某个特定的数据库（甚至不一定绑定到特定的基础设施）。正是得益于这个松散耦合特性，才使得能够将服务组合为各种应用程序。这样还大幅度提高了代码重用率，可以在增加功能的同时减少工作量。由于服务和访问服务的客户机并未彼此绑定，因此可以完全替换用于处理订单的服务，下订单的客户机-服务将永远不会知道这个更改。所有交互都是基于"服务契约"进行的；服务契约用于定义服务提供者和客户机之间的交互。通常，使用"基于消息的"技术来实现这些松散耦合的服务。

SOA 可以根据需求通过网络对松散耦合的粗粒度应用组件进行分布式部署、组合和使用。服务层是 SOA 的基础，可以直接被应用调用，从而有效控制系统中与软件代理交互的人为依赖性。

SOA 的关键是"服务"的概念，W3C 将服务定义为："服务提供者完成一组工作，为服务使用者交付所需的最终结果。最终结果通常会使使用者的状态发生变化，但也可能使提供者的状态改变，或者双方都产生变化"。

Service-architecture.com 将 SOA 定义为："本质上是服务的集合。服务间彼此通信，这种通信可能是简单的数据传送，也可能是两个或更多的服务协调进行某些活动。服务间需要某些方法进行连接。所谓服务就是精确定义、封装完善、独立于其他服务所处环境和状态的函数。"

Looselycoupled.com 将 SOA 定义为："按需连接资源的系统。在 SOA 中，资源被作为可通过标准方式访问的独立服务，提供给网络中的其他成员。与传统的系统结构相比，SOA 规定了资源间更为灵活的松散耦合关系。"

Gartner 则将 SOA 描述为："客户端/服务器的软件设计方法，一项应用由软件服务和软件服务使用者组成……SOA 与大多数通用的客户端/服务器模型的不同之处，在于它着重强调软件组件的松散耦合，并使用独立的标准接口。"

Gartner 相信 BPM 和 SOA 的结合对所有类型的应用集成都大有助益??"SOA 极大地得益于 BPM 技术和方法论，但是 SOA 面临的真正问题是确立正确的企业意识，即：强化战略化的 SOA 计划（针对供应和使用）并鼓励重用。"

虽然不同厂商或个人对 SOA 有着不同的理解，但是我们仍然可以从上述的定义中看到 SOA 的几个关键特性：一种粗粒度、松耦合服务架构，服务之间通过简单、精确定义接口进行通信，不涉及底层编程接口和通信模型。

虽然面向服务架构不是一个新鲜事物，但它却是更传统的面向对象的模型的替代模型，面向对象的模型是紧耦合的，已经存在二十多年了。虽然基于 SOA 的系统并不排除使用面向对象的设计来构建单个服务，但是其整体设计却是面向服务的。由于它考虑到了系统内的对象，所以虽然 SOA 是基于对象的，但是作为一个整体，它却不是面向对象的。不同之处在于接口本身。SOA 系统原型的一个典型例子是通用对象请求代理架构（Common Object Request Broker Architecture，CORBA），它已经出现很长时间了，其定义的概念与 SOA 相似。不过 SOA 所处的时代和 CORBA 已经有所不同，带来这个最大不同的就是可扩展标记语言（eXtensible Markup Language，XML），机器基于 XML 语言的 Web Service。通过使用基于 XML 的语言（Web 服务描述语言，Web Services Definition Language，WSDL）来描述接口，服务已经转到更动态且更灵活的接口系统中，非以前 CORBA 中的接口描述语言（Interface Definition Language，IDL）可比了。当然 Web Service 并不是实现 SOA 的唯一技术，也可以基于消息队列实现面向消息的中间件（Message-Oriented Middleware）。

SOA 具有如下特征：

- **可从企业外部访问**。通常被称为业务伙伴的外部用户也能像企业内部用户一样访问相同的服务。

- **随时可用**。当有服务使用者请求服务时，SOA 要求必须有服务提供者能够响应。大多数 SOA 都能够为门户应用之类的同步应用和 B2B 之类的异步应用提供服务。

- **粗粒度的服务接口**。粗粒度服务提供一项特定的业务功能，而细粒度服务代表了技术组件方法。采用粗粒度服务接口的优点在于使用者和服务层之间不必再进行多次的往复，一次往复就足够。

- **松散耦合**。服务提供者和服务使用者间松散耦合背后的关键点是服务接口作为与服务实现分离的实体而存在。这让服务实现能够在完全不影响服务使用者的情况下进行修改。

- **标准化的服务接口**。Web Service 使应用功能得以通过标准化接口（WSDL）提供，并可基于标准化传输方式（HTTP 和 JMS）、采用标准化协议（SOAP）进行调用。

- **定义精确的服务契约**。服务是由提供者和使用者间的契约定义的。契约规定了服务使用方法及使用者期望的最终结果。

8.4.2　WCF 介绍和实现 SOA

Windows Communication Foundation (WCF)，是.NET Framework 3.0 中的四个组件之一，是微软专门针对面向服务(Service Oriented)应用程序提供的一个分布式编程框架，可以使用托管代码建立和运行 SOA 的软件系统。它使得开发者能够建立一个跨平台的、安全、可信赖、事务性的解决方案，且能与已有系统兼容协作。WCF 是微软分布式应用程序开发的集大成者，它整合了.Net 平台下所有的和分布式系统有关的技术，例如.Net Remoting、ASMX、WSE 和 MSMQ。以通信(Communiation)范围而论，它可以跨进程、跨机器、跨子网、企业网乃至于 Internet；以宿主程序而论，可以以 ASP.NET，EXE，WPF，Windows Forms，NT Service，COM+作为宿主(Host)。WCF 可以支持的协议包括 TCP，HTTP，跨进程以及自定义，安全模式则包括 SAML，Kerberos，X509，用户/密码，自定义等多种标准与模式。也就是说，在 WCF 框架下，开发基于 SOA 的分布式系统变得容易了，微软将所有与此相关的技术要素都包含在内，掌握了 WCF，就相当于掌握了叩开 SOA 大门的钥匙。

WCF 与之前的相关技术的比较如表 8-3 所示。

表 8-3

	ASMX	.NET Remoting	Enterprise Services	WSE	MSMQ	WCF
Interoperable Web Services	×					×
.NET-.NET Communication		×				×
Distributed Transactions, etc.			×			×
Support for WS-* Specifications				×		×
Queued Messaging					×	×

整个 WCF 的架构结构图如图 8-8 所示（图片来源 MSDN）。

整个架构包含如下层次：

- Contracts（契约）：契约定义了整个消息系统的各个方面。数据契约描述了服务传递的每个消息的具体参数；消息契约使用 SOAP 来定义消息的具体格式；服务契约定义服务接口的方法签名；而策略和绑定规定访问服务的通信条件。

- Service Runtime（服务运行时）：服务运行时包含了在对服务进行实际操作时才发生的一些行为，即是服务的运行时行为。节流阀行为（Throttling Behavior），控制着有多少消息能被处理；错误行为（Error Behavior）设定服务出现内部错误时，控制哪些信息被传递到客户端；元数据行为（Metadata Behavior）控制着哪些元数据暴露给外部；实例行为（Instance Behavior）控制着能运行多少服务的实例；事务行为（Transaction Behavior）在出现错误时保证事务操作能回滚；调度行为（Dispatch Behavior）控制着消息如何被整个 WCF 基础结构进行处理；并发行为（Concurrency Behavior）控制在服务运行的并发处理；参数过滤器（Parameter Filtering）控制着参数的过滤条件。

- Messaging（消息）：消息层实际上由一些通道（Channel）所组成。所谓通道，就是一个以特定方式处理消息的组件。一系列的通道串联起来就成为通道栈。通道分为两种类型，协议通道和传输通道。协议通道有：WS 安全协议通道（WS-Security Channel）、WS 消息可靠性协议通道（WS-Reliability Channel）。传输通道有：HTTP 通道（HTTP Channel）、TCP 通道（TCP Channel）、命名管道通道（NamedPipe Channel）和消息队列通道（MSMQ Channel）。另外还有些编码通道（Encoders Channel）和事务流通道（Transaction Flow Channel）作为辅助。

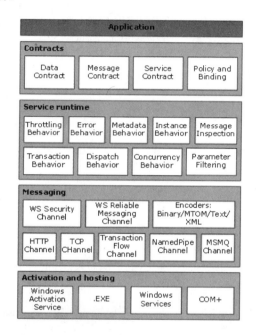

图 8-8

- Hosting and Activation（宿主和激活）：服务必须在一个执行程序中运行。服务一般托管在外部可执行程序里面，如 IIS 和 Windows 激活服务（Windows Activation Service，WAS）。

作为开发 SOA 系统的一个框架产品，WCF 最重要的就是能够快捷的创建一个服务(Service)。如图 8-9 所示，一个 WCF Service 由下面三部分构成（图片来源 MSDN）。

1. Service Class（服务）：一个标记了[ServiceContract]Attribute 的类，在其中可能包含多个方法。除了标记了一些 WCF 特有的 Attribute 外，这个类与一般的类没有什么区别。

2. Host（宿主）：可以是应用程序，进程如 Windows Service 等，它是 WCF Service 运行的环境。

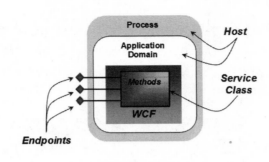

图 8-9

3．Endpoints（端点）：可以是一个，也可以是一组，它是 WCF 实现通信的核心要素。

WCF Service 由一个 Endpoints 集合组成，每个 Endpoint 就是用于通信的入口，客户端和服务端通过 Endpoint 交换信息，如图 8-10 所示（图片来源 MSDN）。

从图 8-10 中我们可以看到一个 Endpoint 由三部分组成：Address，Binding，Contract。便于记忆，我们往往将这三部分称为是 Endpoint 的 ABC。

- **Address** 是 Endpoint 的网络地址，它标记了消息发送的目的地。

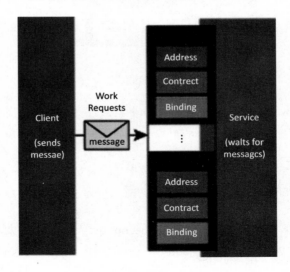

图 8-10

- Binding 描述的是如何发送消息，例如消息发送的传输协议(如 TCP，HTTP)，安全(如 SSL，SOAP 消息安全)。

- Contract 描述的是消息所包含的内容，以及消息的组织和操作方式，例如 one-way，duplex 和 request/reply。

所以 Endpoint 中的 ABC 分别代表的含义就是：（在哪里）where，（通过什么方式）how，（可以得到什么功能）what。当 WCF 发送消息时，通过 address 知道消息发送的地址，通过 binding 知道怎样来发送它，通过 contract 则知道发送的消息是什么。

WCF 的命名空间 System.ServiceModel 中提供了一系列的属性（Attribute）：ServiceContract、OperationContract、DataContract 和 DataMember。下面用一个简单的例子来说明这些标记的用途。

```
[ServiceContract]
public class BookTicket
{
    [OperationContract]
    public bool Check(Ticket ticket)
    {
        bool flag;
        //logic to check whether the ticket is none;
        return flag;
    }
    [OperationContract]
    private bool Book(Ticket ticket)
    {
        //logic to book the ticket
    }
}
[DataContract]
public class Ticket
{
    private string m_movieName;
    [DataMember]
    public int SeatNo;
    [DataMember]
```

```
   public string MovieName
   {
      get {return m_movieName;}
      set {m_movieName = value;}
   }
   [DataMember]
   private DateTime Time;
}
```

下面我们来看看在 Visual Studio 2008 中如何开发 WCF Service 和测试客户端。

首先在 VS2008 中建立一个空解决方案。在这个解决方案中添加一个新项目，项目模板选择 WCF 节点下的 WCF Service Library 类型，项目向导自动生成如下文件：

```
IService1.cs
   [ServiceContract]
   public interface IService1
   {
       [OperationContract]
       string GetData(int value);
       [OperationContract]
       CompositeType GetDataUsingDataContract(CompositeType composite);
       // TODO: Add your service operations here
   }
   // Use a data contract as illustrated in the sample below to add composite
types to service operations
   [DataContract]
   public class CompositeType
   {
       bool boolValue = true;
       string stringValue = "Hello ";
       [DataMember]
       public bool BoolValue
       {
           get { return boolValue; }
           set { boolValue = value; }
       }
       [DataMember]
```

```
        public string StringValue
        {
            get { return stringValue; }
            set { stringValue = value; }
        }
    }
}
Service1.cs
    public class Service1 : IService1
    {
        public string GetData(int value)
        {
            return string.Format("You entered: {0}", value);
        }
        public CompositeType GetDataUsingDataContract(CompositeType composite)
        {
            if (composite.BoolValue)
            {
                composite.StringValue += "Suffix";
            }
            return composite;
        }
    }
}
```

由于 VS2008 已经内置了一个 WCF Service 测试客户端程序了，所以可以直接按 F5 键进行
测试。

接下来我们添加一个 Windows Forms 的应用程序来作为客户端。

在 WindowsApplication1 项目上单击鼠标右键，单击 "Add Service Reference" 菜单，在 "Add
Service Reference" 对话框中单击 "Discover"，并选择 "Service1"。

在窗体 Form1 中添加一个 TextBox、Label 和 Button。双击 Button1，在其 Click 事件处理程
序中添加如下代码：

```
        private void button1_Click(object sender, EventArgs e)
        {
            Service1Client client = new Service1Client();
```

```
    string returnString;
    returnString = client.GetData(int.Parse(textBox1.Text));
    label1.Text = returnString;
}
```

把 WindowsApplication1 项目设置为启动项目，按 F5 键测试应用程序。

8.4.3　ESB 和 BizTalk

企业服务总线（Enterprise Service Bus，ESB）是实现 SOA 系统的一个重要元素。ESB 是随 SOA 技术逐步发展起来的，是传统中间件技术与 XML、Web 服务等技术结合的产物，它为 SOA 系统中的所有服务提供连接中枢。

不过业界对 ESB 的理解，虽然大致相同，但也有细微差别。Gartner 和 IBM 的基本定义是：ESB 是分布式的中间件系统，用来以一种面向服务的方式集成企业 IT 资产；ESB 是分布式的中间件系统，用来以一种面向服务的方式集成企业 IT 资产。

其中有些厂商认为 ESB 是一种特定的产品系统，而 IBM 和微软等认为 ESB 是将一系列能力连接在一起的一种模式，而不是一种产品。

一个 ESB 的运用结构图如图 8-11 所示（图片来源网络）。

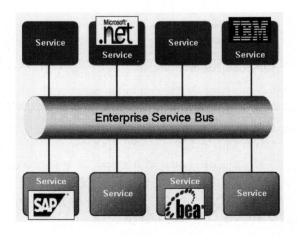

图 8-11

企业服务总线是为降低集成成本而开发的新体系结构：

- 吸纳 SOA 的规则、利用 Web 服务的优势

- 彻底改变集成项目的技术和成本

业界观点，ESB 必须具有以下特点：

- 对所有相关 XML 和 Web 服务标准深入的内在支持

- 转换功能和路由支持

- 支持现有企业应用程序平台和基础结构

- 与企业应用程序集成（EAI）或自定义集成方法相比，成本大大降低。

我们在上一节中谈到 WCF 是微软针对 SOA 的一个开发框架，那么微软针对 ESB 的产品或技术又是哪种呢？

这就是 BizTalk。这是一个在 SOA 都还没有如此流行的时就已经发布的产品，主要用于企业集成的中间件平台。微软的官方定义为："Microsoft BizTalk 框架是用于应用集成和电子商务的 XML 框架。它包括一个设计框架来实现 XML 大纲（schema）和一套在应用程序间传递信息之用的 XML 标签。Microsoft 公司以及其他软件企业和工业标准实体将通过 BizTalk 框架以统一的方式来产生 XML。"

BizTalk 的最新的版本是 BizTalk 2006 R2，其添加了新的 WCF Adapter 及相应的 SDK，把 SOA 和 ESB 的开发真正带到了.NET 3.0 之上。据 InfoQ 上的说法，BizTalk 2006 R2 可以达到如下效果：

- BizTalk 作为一个后台服务，除了可以完成点对点的消息调用外，更主要的是它可以完成多种信息源、多应用服务环境下的新业务编排和多种消息机制，而且所有操作都是基于微软平台管理员所熟悉的统一管理界面；

- 如果说 BizTalk 搭出来的是一个平台，WCF 就很像穿针的线，它可以很容易的把所需的各

种内容（其他应用提供的业务服务、数据服务、管理服务、IT 平台服务）缝在一起，形成新的业务服务能力。通过 BizTalk 的 WCF Adapter 可以把 WCF 写成的程序集作成一个个插件安到 BizTalk 这个总线上。

8.5 小结

软件架构是一个软件系统设计过程中极其重要的一个环节。而本章中提到的分层架构是最常见的架构模式。要实现一个灵活性很好的软件系统，我们还需要学习和应用一些新的技巧，如依赖注入 DI 和面向方面编程 AOP。而 SOA 是最近几年很流行的一种分布式系统架构，微软的 WCF 和 Biztalk 就是用于实现 SOA 系统的必备技术。

09

Web 应用程序开发框架

本章将在前两章的基础上，为大家进一步介绍开发框架的概念。开发框架实际上就是设计模式和架构模式的一种更具体的重用方式。Windows Sharepoint Service 是微软推出的一个 Web 开发框架，它已经被广泛运用于协作系统的开发中。DotNetNuke 是著名的开源 Web 开发框架，它最擅长的就是开发门户形式的业务系统。

9.1　开发框架概述

9.1.1　什么是开发框架

开发框架，以下简称框架，是什么？目前还没有一个统一的定义。不过，在《设计模式》一书中，Gamma 等人为框架给出了一个定义："框架就是一组协同工作的类，它们为特定类型的软件构筑了一个可重用的设计。" Ralph Johnson 所给出的定义基本上为大多数研究人员所接受："一个框架是一个可复用设计，它是由一组抽象类及其实例间协作关系来表达的。"

从上面的定义，我们可以明确：

- 框架是针对特定的问题领域的。

- 框架是一个应用程序的半成品。

框架提供了可在应用程序之间共享的可复用的公共结构。开发者把框架融入他们自己的应用程序，并加以扩展，以满足他们特定的需要。框架和工具包的不同之处在于，框架提供了一致的结构，而不仅仅是一组工具类。框架其实就是一组组件，供你选用完成你自己的系统。简单说就是使用别人搭好的舞台，你来做表演。而且，框架一般是成熟的、不断升级的软件。 也可以说，一个框架是一个可复用的设计组件，它规定了应用的体系结构，阐明了整个设计、协作组件之间的依赖关系、责任分配和控制流程，表现为一组抽象类以及其实例之间协作的方法，它为组件复用提供了上下文(Context)关系。

从软件开发企业的角度看，框架可以定义为："为支持企业的战略和业务开发的软件，它最重要的职责在企业发展的过程中以一种有效的方式来积累知识资源，并将之用于提高企业的核心竞争能力。"

不论是哪一种技术，最终都是为业务发展而服务的。这种定义主要是从业务的角度来描述。首先，框架是为了企业的业务发展和战略规划而服务的，它服从于企业的愿景（Vision）；其次，框架最重要的目标是提高企业的竞争能力，包括降低成本、提高质量、改善客户满意程度，控制进度等方面。最后，框架实现这一目标的方式是进行有效的知识积累。软件开发是一种知识活动，因此知识的聚集和积累是至关重要的。框架能够采用一种结构化的方式对某个特定的业务领域进行描述，也就是将这个领域相关的技术以代码、文档、模型等方式固化下来。

所以说，框架一个广义的定义就是：

- 一系列开发思想的集合。

- 一系列开发库和工具包的集合。

- 一系列开发规范的集合。

另外框架根据特定问题领域的层次不同，可以分为三类：技术框架、服务框架和应用框架，如图 9-1 所示。

从图 9-1 可以看出，NET 基本是作为技术框架而存在的，其中由于.NET 3.0 提供了用于一系列基础服务（通信服务、工作流服务），所以.NET 3.0 也有服务框架的性质。对于大部分 O/R M

和 AOP 框架都属于技术框架范畴。

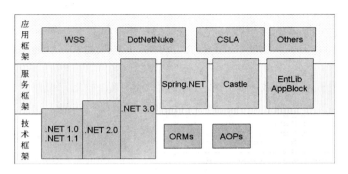

图 9-1

在服务框架中 Spring.NET、Castle 和 Enterprise Library，为开发应用程序提供了一系列基础服务。

在应用框架中，Windows Sharepoint Service 和 DotNetNuke 都是一个完整的应用程序开发框架，提供了一些基础功能，如验证、界面控制等。

当然这些划分到各分类的各个框架，它们其中也同时或多或少包含了一些其他范畴的功能。这样的划分只是根据它们的主要特性和用于给出的一个大致定位。

下文将会重点介绍应用框架。

9.1.2　开发框架包含的基本内容

上面，我们已经提到开发框架的一些常见定义，从定义中可以看出框架应该包含的一些基本内容：

- **软件构架**。每个开发框架都包含了一个参考构架。这个构架根据这个框架的受众，具有不同的风格。构架通常都是分层的。开发框架包含了软件构架是体现设计重用性的第一个地方。

- **开发规范**。开发框架确定了构架，也确定了在这个框架之上开发应用程序需要遵循什么样的规则。同时框架也会给出诸如编码规则、测试要求这样的规范。开发框架包含了开发规范是体现设计重用性的第二个地方。

- **支持库**。开发框架为了实现内置的参考架构,需要提供一些辅助的工具包和支持库来让应用程序顺畅的运行。比如:自定义的 O/R M 工具,或者一些界面控件等。

- **基础服务**。这是整个开发框架的核心和重点。基础服务是只经过进行封装的一些基础功能,比如安全验证、成员服务、配置管理和数据字典等功能,这些功能会被具体的业务功能所复用。

9.1.3 开发框架和设计模式的关系

框架和设计模式有着密切的联系,尤其和构架模式更是密不可分。但是它们之间还是有区别的。组件通常是代码重用,而设计模式是设计重用,框架则介于两者之间,部分代码重用,部分设计重用,有时分析也可重用,甚至说框架是综合组件的代码复用和模式的设计重用的。它们的区别还在于:设计模式是对在某种环境中反复出现的问题以及解决该问题的方案的描述,它比框架更抽象;框架可以用代码表示,也能直接执行或复用,而对模式而言只有实例才能用代码表示;设计模式是比框架更小的元素,一个框架中往往含有一个或多个设计模式,框架总是针对某一特定应用领域,但同一模式却可适用于各种应用。可以说,框架是软件,而设计模式是软件的知识。

另外,框架也需要依靠模式来提升设计的柔性,并进而依靠框架在业务软件开发过程中强制使用模式。

9.1.4 为什么要使用开发框架

软件系统发展到今天已经很复杂了,特别是服务器端软件,涉及各方面的知识,需要考虑很多限制和需求。使用别人成熟的框架,就相当于让别人帮你完成一些基础性工作,你只需要集中精力完成系统的业务逻辑设计。而且框架一般是成熟、稳健的,它可以处理系统很多细节问题。还有框架一般都经过很多人使用,所以结构很好,扩展性也很好,而且它是不断升级的,你可以直接享受别人升级代码带来的好处。

总体来说,使用开发框架可以带来如下好处:

- 一致的体系结构,可以保证领域内的软件结构一致性;

- 如果基于的开发框架是一个广泛使用的，那么可以建立更加开放的系统；

- 可复用的设计，软件设计人员可以只专注于对领域的了解，使需求分析更充分；

- 可重用的代码，重用代码大大增加，软件生产效率和质量也得到了提高；

- 存储了经验，可以让那些经验丰富的人员去设计框架和领域构件，而不必限于低层编程；

- 允许采用快速原型技术；

- 有利于在一个项目内多人协同工作；

- 有效大量的重用使得平均开发费用降低，开发速度加快，开发人员减少，维护费用降低，让软件企业增强了竞争力。

9.2　Windows SharePoint Service3.0

9.2.1　Windows SharePoint Service 介绍

Windows SharePoint Service 简称 WSS，按照微软的说法，它是"一种多功能技术，可以帮助各种规模的组织和业务部门提高业务过程的效率和团队工作效率。Windows SharePoint Services 具有可以帮助人们跨地区、跨组织界限保持连接的协作工具，可以让人们访问所需信息。

在 Microsoft Windows Server 2003 的基础上，Windows SharePoint Services 还带来了一个基础平台，用于构建可以伸缩和易于扩展的基于 Web 的业务应用程序，满足企业不断变化和增长的需求。通过用于管理存储和 Web 基础结构的强大管理控制能力，IT 部门可以经济有效地实施和管理高性能协作环境。Windows SharePoint Services 具有基于 Web 的熟悉界面，并与包括 Microsoft Office 系统在内的日常工具集成，易于使用，可以快速部署。"从上面的解释，可以看出 WSS 既是一个现成的团队协作，文档管理产品，也是一个完整的 Web 业务开发框架。

WSS 最初的版本叫 SharePoint Team Service，从 STS 1.0 升级到 STS 1.1 后，后面的版本就更名为 Windows SharePoint Service 2.0，因为这个时候的 WSS 已经成为一个 Windows Server 2003 的组件了。现在最新的版本是 Windows SharePoint Service 3.0 SP1。由于 SharePoint Service 的定义是一个扩展性很强的 Web 开发框架，尤其擅长门户系统的开发，所以微软从一开始就基于

SharePoint Service 定制了出一个服务器产品：从基于 STS1.1 的 SharePoint Portal Server（SPS）2001，到基于 WSS2.0 的 SharePoint Portal Server（SPS）2003，到现在的基于 WSS3.0 的 Microsoft Office SharePoint Server (MOSS) 2007。不过需要注意的是 SharePoint Service 是基于 Windows Server 2003 的许可，也就是说只要购买了 Windows Server 2003，使用 SharePoint Service 就是免费的，但是 SharePoint Server 还需要额外付费的。

下面将重点介绍 Windows SharePoint Service 3.0 。

9.2.2　WSS 3.0 概述

Windows SharePoint 3.0 是完全基于.NET 2.0 和 ASP.NET 2.0 开发的，同时也利用.NET 3.0 中的 Windows Workflow Foundation 组件来实现 SharePoint 中的工作流功能。

要安装 WSS 3.0，需要首先在 Windows Server 2003 SP1 的机器上安装.NET 2.0 和.NET 3.0。数据库 SQL Server 2005 是可选的，除非需要单独配置数据服务。安装过程是非常简单的。如图 9-2 所示。

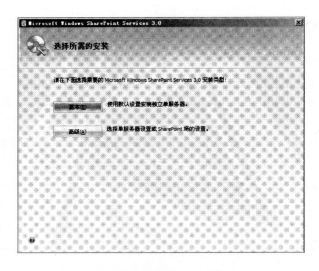

图 9-2

选择"基本"模式后，安装程序就可以完成安装过程了。"基本"模式下，在系统中安装了一个嵌入式数据库作为数据服务。而在"高级"模式中，可以进行服务器场的安装，即可以单独使用 SQL Server 2005 配置数据服务。安装完成后，安装程序会自动配置系统，如图 9-3 所示。

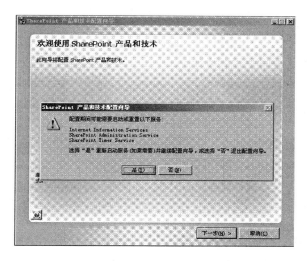

图 9-3

安装完成后，就可以得到如下这样一个可以马上使用并进行自定义和扩展开发的站点了，如图 9-4 所示。

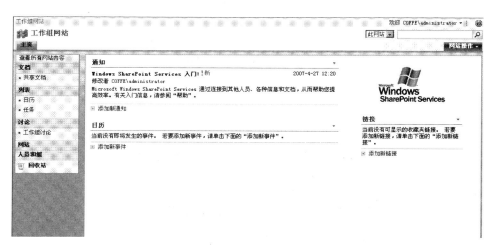

图 9-4

WSS 可以让我们安装后，就可以马上使用内置的一些功能，这些功能可以帮助我们完成文档协作、任务管理等功能。另外微软还提供了一些应用模板,这些模板根据具体的使用场景进行了精心定制。这些模板分为两大类,包含如下内容:

- 站点管理模板:董事会、业务绩效报告、政府机构案例管理、课堂管理、临床试验启动和管理、竞争性分析站点、讨论数据库、争议发票管理、员工活动站点、员工自助福利、员工培训计划和材料、证券研究、集成营销活动跟踪、制造流程管理、新店开张、产品和营销需求计划、招标书、体育联盟、团队合作站点、考勤卡管理。

- 服务器管理模板:请假和假期安排管理、预算和跟踪多项目、错误数据库、呼叫中心、更改请求管理、规章遵从过程支持站点、联系人管理、文档库和审核、事件规划、开支报销和批准、服务台、库存跟踪、IT 团队工作区、求职和面试管理、知识库、出借库、实物资产跟踪和管理、项目跟踪工作区、房间和设备预订、销售导向渠道。

当然有时候使用 WSS 内置的功能和额外的模板还是不能满足具体的业务需要,所以 WSS 也提供了丰富的编程模型来支持开发。

WSS 3.0 提供了一个构建 Web 站点的复杂架构,如图 9-5 所示的部署结构图(图片来源 MSDN)。

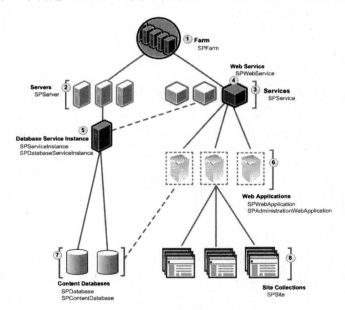

图 9-5

图 9-5 中各个部分的功能如下：

（1）SPFarm 对象是 WSS 对象模型中最顶层的对象。通过这个对象的 Servers 属性可以得到这个 WSS 部署实例所部署到的所有服务器；通过 Services 属性可以得到这个 WSS 部署实例运行了多少基础服务。

（2）每一个 SPServer 对象都代表了一个物理的服务器。

（3）每一个 SPService 对象代表了整个 WSS 上运行了哪些逻辑的基础服务或应用程序。这些服务包括：时间服务、搜索服务和数据服务等。

（4）SPWebService 提供接口让外部可以访问 SPService 的配置信息。而 WebApplications 属性可以得到这个这个逻辑服务上运行着的所有 Web 应用程序。

（5）SPDatabaseServiceInstance 对象代表了数据库服务的一个实例。

（6）每一个 SPWebApplication 代表了运行在 IIS 中的一个 Web 应用程序，即 IIS 中的一个虚拟服务器。它的 Sites 属性可以得到这个 Web 应用程序中运行的所有站点集。

（7）SPContentDatabase 代表了保存用户数据的一个数据库文件。

（8）而 SPSiteCollection 代表的是某个 Web 应用程序中包含的所有站点集。

和开发息息相关的对象模型，是从站点集（Site Collection）开始的，如图 9-6 所示（图片来源 MSDN）。

图 9-6 中每个对象代表的意思如下：

（1）SPSite 对象代表了实际上是有一系列逻辑相关的 SPWeb 对象组成,通常称为站点集(Site Collection)。这个对象是在 Web 应用程序中访问大部分子对象的首要入口，如通过 AllWebs 属性可以得到这个站点集中的所有站点。

（2）SPWeb 代表了一个具体的 WSS 站点，包含对模板、主题、文件和文件夹。如通过 Lists 属性可以得到这个 WSS 站点中所有的列表（List）。

（3）SPList 是 WSS 站点中保存内容的核心对象。一个 SPList 可以认为是 WSS 站点中一个保存自定义信息的数据表，而 SPList 可以通过 Fields 获取到所有字段的定义，通过 Items 获取到所有数据的信息。

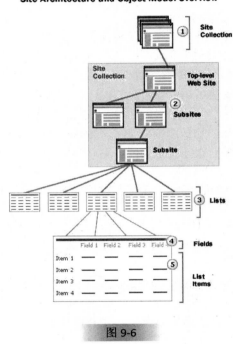

图 9-6

（4）SPField 代表了 SPList 中定义的一个字段。

（5）SPListItem 代表了 SPList 中一条记录。

对 WSS 的编程基本上就是对上述对象模型的利用，尤其对 SPList 对象的使用。下面来看一下如何简单地运行这些对象。

（1）为了获取当前上下文运行在那个 WSS 站点下，可以书写如下代码：

```
SPWeb mySite = SPContext.Current.Web
```

（2）也可以通过顶级对象来获取：

```
SPWebService myWebService = SPWebService.ContentService;
SPWeb mySite =myWebService.WebApplications["SharePoint - 80"].Sites["mySite
Collection"].OpenWeb["myWebSite"];
```

（3）在获取了 SPWeb 对象后，就可以得到某个 SPList 对象，并对其进行操作：

```
SPList myList = myWeb.Lists["Tasks"];
myList.Title="New_Title";
myList.Description="List_Description";
myList.Update();
```

（4）在得到 SPList 对象后，就可以访问其中包含的所有数据了：

```
SPListItemCollection myItems= myList.Items;
foreach(SPListItem myItem in myItems)
{
    Response.Write(SPEncode.HtmlEncode(myItem["Title"].ToString()) + " :: " +
        SPEncode.HtmlEncode(myItem["Status"].ToString()) + "<BR>");
}
```

（5）也可以添加新的数据：

```
SPListItem myNewItem = myList.Items.Add();
myNewItem["URL_Field_Name"] ="URL, Field_Description";
myNewItem.Update();
```

（6）也可以修改某条数据的内容：

```
SPListItem myItem = myItems[0];
myItem["Status"]="Task_Status";
myItem["Title"]="Task_Title";
myItem.Update();
```

9.2.3　开发 Web Part

对于 WSS 的开发，不仅仅是上一节中提到的使用 SPList 对象模型对 WSS 站点的内容进行访问，还有一个最重要的开发特性就是开发 Web Part，可以说正是有了 Web Part 和自定义 Web Part 的开发，WSS 才能称之为 Web 开发框架的。

那么 Web Part 是什么呢？微软这样解释到："WSS 中的 Web Part 给开发人员提供了一种创建支持自定义和个性化用户界面元素的方法。"。可以直接在浏览器中自定义 Web Part，也可以通过微软 Office 中的一个名为 Microsoft Office SharePoint Designer 2007 产品来添加、配置和删除 Web Part。当然要开发全新的 Web Part，来实现具体的业务功能，Visual Studio 是必不可少的。

WSS 3.0 和 WSS 2.0 的最大一个区别就在于，WSS 2.0 构建于 ASP.NET 1.1 之上，而 WSS 3.0 构建于 ASP.NET 2.0 上。所以很自然，WSS 3.0 中的 Web Part 技术根据 ASP.NET 2.0 的 Web Part 技术全部进行了重写，这样对于开发人员来说，只有掌握了 ASP.NET 2.0 的 Web Part 技术就可以轻易地开发 WSS 3.0 的 Web Part 了。

下面我们用一个简单的"Hello World"例子来介绍如何开发 Web Part。

01 使用 Visual Studio 2005（或者 Visual Studio 2008）创建一个名为"MyWebPartLibrary"的 C# Class Library 项目。在项目引用中添加 System.Web 程序集。

02 添加一个名为 HelloWorldWebPart 的代码文件，并编写如下代码：

```csharp
using System;
using System.Text;
using System.Web.UI.WebControls.WebParts;
namespace MyWebPartLibrary
{
  public class HelloWorldWebPart : WebPart
  {
    protected override void Render(System.Web.UI.HtmlTextWriter writer)
    {
      writer.Write("Hello World! 这是一个简单的 Web Part");
    }
  }
}
```

03 然后对项目进行强签名，并编译，把编译好的程序集 copy 到 WSS 所在服务器的 GAC 目录中。

04 编辑 WSS 网站的 web.config，添加如下内容：

<SafeControl Assembly="MyWebPartLibrary, Version=1.0.0.0, Culture=neutral, PublicKeyToken=[签

名文件的哈希字符串]" Namespace="MyWebPartLibrary" TypeName="*" Safe="True" AllowRemote Designer="True"/>

其中[签名文件的哈希字符串]要替换为签名后的哈希字符串。

05 访问 http://myserver/_layouts/newdwp.aspx（myserver 是测试 WSS 站点的地址），找到 MyWebPartLibrary.HelloWorldWebPart 条目，并勾选后，点"导入库"按钮后，就可以把这个 Web Part 添加到站点的。

06 在测试 WSS 站点的首页上，单击"网站操作"并单击"编辑网页"，单击"左栏"中的"添加 Web 部件"就可以把 HelloWorldWebPart 添加到这个页面上了。效果图如图 9-7 所示。

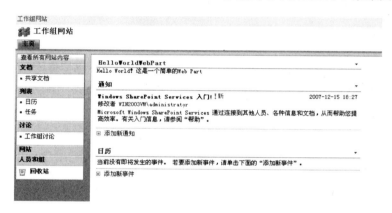

图 9-7

9.2.4　使用 WSS 中的工作流

WSS 3.0 的另外一个重要特性就是支持真正的工作流，这都是归功于.NET 3.0 的 Windows Workflow Foundation 组件。

在 WSS 3.0 中，我们可以使用工作流将业务流程附加到一条记录（Item），附加后的业务流程能完全控制这条记录，包括控制记录的生命周期。例如我们能创建一个简单的工作流，将一个文档发送给一组用户进行审批。

工作流可以根据业务需求，做得可以简单也可以复杂，我们可以创建由用户发起的工作流，或者由 WSS 根据某些事件自动发起的工作流。

一个列表的记录（Item）可以有多个工作流，多个工作流可以同时运行在同一个列表的同一条记录，但是在一个记录中同一个工作流只能同时存在一个实例。如，我们可能给一个内容类型指定两个工作流"格式审核"和"合法性审核"，那么，这个内容类型的同一条记录（Item）可以同时拥有"格式审核"和"合法性审核"两个流程的实例，但是同一条记录不能同时有两个"格式审核"流程实例。

图 9-8（图片来源 MSDN）说明了 WSS 3.0 中工作流的技术架构，每个内容类型、列表、文档库都通过服务器场的关联表，与相应的工作流连接。每个工作流都有一个工作流模板定义文件，此 XML 定义文件指定了工作流实际使用的程序集和程序集中的类名，并且指定了工作流运行所需要的各种工作流表单。

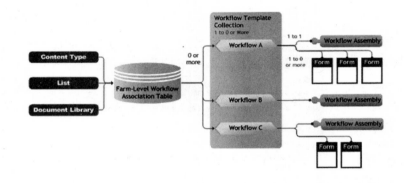

图 9-8

我们能使用 VS2005 或 VS2008 的 WWF（Windows Workflow Foundation）设计器来创建流程，每一个工作流都会被编译到各自的程序集文件中。当然，工作流也可以直接由用户通过自定义的工作流表单进行控制，工作流表单允许在工作流的不同阶段收集用户信息。我们需要创建一个工作流的定义模板文件，才能在 SharePoint 服务器场中部署这个工作流。一个工作流定义模板文件，是一个包含 WSS3 初始化和运行工作流所需要的各种信息的 XML 文件，包含的信息如：

- 工作流的名称，GUID，工作流描述

- 工作流中自定义表单的地址

- 工作流程序中使用的相应的类

9.3　DotNetNuke

9.3.1　DotNetNuke 是什么

DotNetNuke，缩写为 DNN，是一个著名的开源门户系统，一个强大的 Web 开发框架。它的官方站点是 www.dotnetnuke.com，中文的站点是 www.dnnchina.com 及 www.dotnetnuke.com.cn。

DotNetNuke 起源于微软著名的 IBuySpy 示例程序，并对其进行了扩展，形成了一个完整的开发框架。DotNetNuke 现在最新的版本是 4.7，其实从 4.0 开始，DNN 已经分为两个产品线，4.X 基于 ASP.NET 2.0 的技术，3.X 基于 ASP.NET 1.1 的技术。

DotNetNuke 的核心思想其实和 SharePoint 是有异曲同工之妙的，它们都提供一种基础的框架，让业务开发人员可以开发自己的业务功能，而 SharePoint 提供的这个基础功能是 Web Part，而 DotNetNuke 提供的 Module（模块）。在安装 DotNetNuke 后，就可以马上使用其中内置的 Module 来搭建一个门户系统，如果内置的 Module 不能满足需要的话，还可以下载到很多 DNN 官方和第三方厂商（及独立的开发人员）提供的扩展 Module。当然也可以自己开发 Module 来满足自己的需要，下文将会讲到如何开发 DotNetNuke 的 Module。

DotNetNuke 作为一个开发框架，当然也包含了一个参考构架，如图 9-9 所示（图片来源 DotNetNuke 官方网站）。

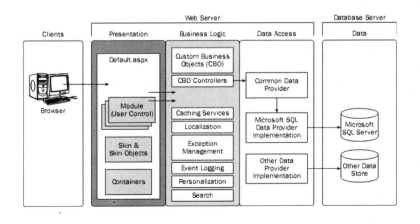

图 9-9

从上面的这个构架图当中，我们可以看到 DotNetNuke 的一些特点和功能：

- 包含的参考构架是标准的多层（N-Tiers）结构：表示层（Presentation）、业务逻辑层（Business Logic）、数据访问层（Data Access）和数据层（Data）。

- 表现层是基于 Portal（门户）的概念实现的，它包含了如下元素：

  ➤ 其中名为"Default.aspx"的主页面是整个门户站点的入口，它负责根据后台配置加载其他界面元素。

  ➤ 皮肤（Skin）能让整个界面呈现不同的风格，且皮肤和开发的实际界面的分离的。

  ➤ 模块用户控件（Module User Control），一个模块至少要有一个呈现的具体界面，这个界面是靠 ASP.NET 的用户控件来实现的。

  ➤ 容器（Containers），即是包含特定的模块用户控件的一个包装器，可以给独立的开发模块界面附加上根据配置而来的外观风格。这样主页面加载模块界面实际上是加载包含在这些容器中的模块用户控件。

  ➤ 客户端脚本（Client JavaScript）实现一些客户端的界面公共，包括类似 Ajax 的功能。

- 业务逻辑层，主要包括两个方面：

  ➤ 基础服务：本地化支持、缓存、异常管理、事件日志、个性化支持、搜索、模块安装和升级支持、调度服务、文件管理和安全性。同时这些基础服务很多时候也是以一个内置模块来体现的。

  ➤ 自定义业务对象，其中业务实体（Business Entity）使用自定义业务对象（Custom Business Object，CBO）来实现。

- 数据访问层利用了 Provider 模式来实现对多种数据源的支持，可以说它的这种结构也影响到了 ADO.NET 中的 Provider 模式的引入。数据访问层包括两个方面：

  ➤ 一系列基础功能的 Provider 基类定义。

  ➤ 具体数据源的 Provider 实现，如图中的"Microsoft SQL Data Provider"和"Other Data Provider"。

总体来说，DotNetNuke 具有如下特色：

- **多功能**，DotNetNuke 是创建和维护门户网站如商业站点、公司的内外部站点、在线出版等的理想系统。

- **易于使用**，DotNetNuke 是为了不同的用户维护使用不同系统而设计的。站点向导、帮助图标、易于使用的可搜索用户界面使之操作十分简单。

- **强大**，DotNetNuke 可以在安装一份的情况下支持多个站点。通过区分管理员的级别（主机或各个站点）DotNetNuke 可以让管理员管理多个站点，各个站点使用不同的界面风格使用不同的用户身份验证，这些完全由超级用户作整体的管理；

- **丰富特性**，DotNetNuke 内置了一系列的工具提供各种细化的功能。 站点服务、设计、内容、安全管理、会员权限管理都很容易实现并且可以通过这些工具进行定制。

- **支持**，DotNetNuke 的支持可以由开发人员核心团队和国际网络社区的开发人员，通过用户小组、在线论坛、资源站点和 DNN 相关公司站点得到、获得支持很容易。

- **安装简便**，DotNetNuke 几分钟内即可使用，只要从 DotNetNuke.com 下载软件，依照安装说明进行安装即可。

- **本地化**，DotNetNuke 包括国际化多语言支持管理员可以很容易地将项目或站点翻译成其他语言。

- **开源**，DotNetNuke 是免费的开源软件，用户协议基于 BSD 风格的协议，允许用户在此项目上进行任何商业和非商业的运作。

- **可扩展**，DotNetNuke 可以通过内置工具创建极其复杂的内容管理系统，同时管理员也可以使用其他的工具、第三方的工具和自定义模块。站点自定设置和功能实现是没有限制的。

- **公认的**，DotNetNuke 是一个商标，在开源社区被熟知和认同的品牌。在线注册用户和开发高手超过 125000 人。DotNetNuke 还将通过广泛参与真实条件下的应用和最终用户的反馈进一步开发。

9.3.2 使用 DotNetNuke 建立站点

要利用 DotNetNuke 建立一个门户站点，并实现自己的业务其实是很简单。访问 DotNetNuke 的官方网站（www.dotnetnuke.com），或者中文网站（www.dnnchina.com）都可以下载得到。为了得到最新的 DotNetNuke 版本，最好还是到其官方网站注册一个用户，然后进行下载。在下载页面，我们可以看到一共有四个下载的连接，如图 9-10 所示。

DotNetNuke 4.x

DotNetNuke 4.x is the active development branch and is designed to be used with ASP.NET 2.0. Please note that there is automated upgrade path from DotNetNuke 3.x.

DotNetNuke 4.7.0

Title	Owner	Category	Modified Date	Size (Kb)	
DotNetNuke 4.7.0 Starter Kit	Shaun Walker	Starter Kit	11/6/2007	Unknown	Download
DotNetNuke 4.7.0 Upgrade	Shaun Walker	Upgrade	11/6/2007	Unknown	Download
DotNetNuke 4.7.0 Install	Shaun Walker	Install	11/6/2007	Unknown	Download
DotNetNuke 4.7.0 Source	Shaun Walker	Source	11/6/2007	Unknown	Download

DotNetNuke 4.6.2

Title	Owner	Category	Modified Date	Size (Kb)

图 9-10

其中：

- Starter Kit 是针对 Visual Studio 的一个安装包（vsi 的扩展名），用于供开发人员快速体验 DotNetNuke 功能的，如果要开发自定义模块（Module）也可以下载安装这个。

- Upgrade，顾名思义，是用于升级老版本的 DotNetNuke 站点的，这个升级版对于已经上线运行的系统非常有用，升级基本自动完成，不会影响原有功能。

- Install，是用于安装新 DotNetNuke 站点的，安装方式特别简单，只需要配置好 IIS 站点，访问一个安装页面，DotNetNuke 就可以完成数据库，具体模块（Module）的安装了。安装的时候还可以选择门户站点的模板。

- Source，这个无需过多解释，要深入研究 DotNetNuke，或者开发模块是必不可少的。

下面将使用 Starter Kit 的方式来讲解如何安装和使用一个 DotNetNuke 站点。

01 当然是安装 Starter Kit 了，运行 VSI 安装程序，显示如图 9-11 所示的界面。

图 9-11

02 可以看到，这个安装程序实际上是把一些 DotNetNuke 的模板文件安装到 Visual Studio 中。现在单击"Finish"按钮，安装程序就开始把这些内容都安装到 Visual Studio 的 "Templates"文件夹中了。如图 9-12 所示。

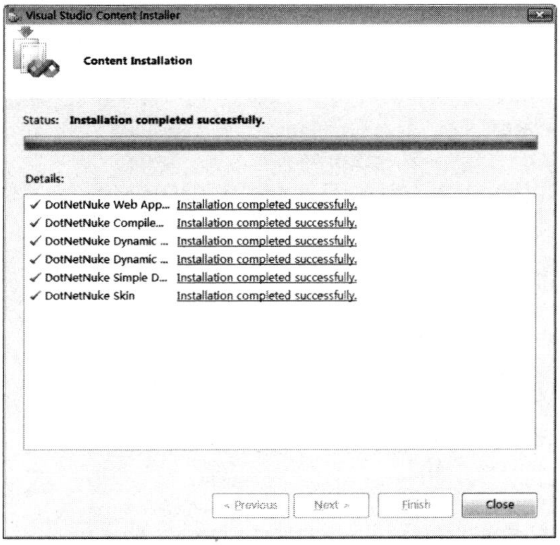

图 9-12

03 启动 Visual Studio 2005（或 2008），创建一个新的 Web Site，如图 9-13 所示。

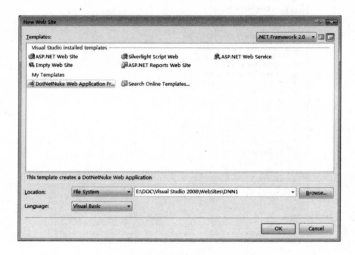

图 9-13

注意，由于 DotNetNuke 是用 VB.NET 开发的，所以语言（Language）那里要选择"Visual Basic"才能看到 DotNetNuke 的模板。

04 现在单击"OK"按钮，就能创建一个全新的 DotNetNuke 站点了。如图 9-14 所示。

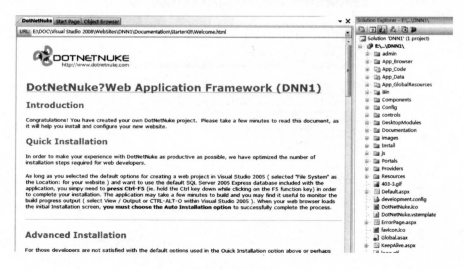

图 9-14

05 直接按"Ctrl+F5"组合键就可以启动 DotNetNuke 安装配置向导过程，如图 9-15 所示。

图 9-15

06 选择"Auto"模式，单击"Next"按钮就可以按照默认配置完成安装，最后就可以得到如图 9-16 所示的站点了。

图 9-16

注意，这种安装方式默认使用的 SQL Server Express 作为数据库，如果要使用其他数据库需要根据"Advanced Installation"的说明修改 web.config。

下一节我们将根据这个站点来开发并部署一个自定义模块（Module）。

9.3.3 开发 DotNetNuke 的 Module

模块（Module）作为 DotNetNuke 的核心概念和精华，不仅要学会使用一些内置的模块，也要学会安装一些第三方模块，更要学会开发自己的模块来满足业务需求。

下面将用一个简单的示例（还是之前使用的过的 MovieList 例子）来讲解如何开发 DotNetNuke 的 Module。

（注意本例子中创建 DotNetNuke 的方式并不是 DotNetNuke 的帮助文档中标准方式，对于数据访问层的编写也没有遵循 DotNetNuke 的方式，而是采用 LINQ to SQL 的方式来开发数据访问层的，本示例使用的开发工具为 Visual Studio 2008 正式版）。

01 打开上一节中建立好的 DNN1 站点，找到 App_Data 目录中的 Database.mdf 文件，并双击打开，VS 就显示出"Server Explorer"。

02 我们在"Server Explorer"中展开 Tables 文件夹，添加一个名为 MovieList 的表，表的结构如图 9-17 所示。

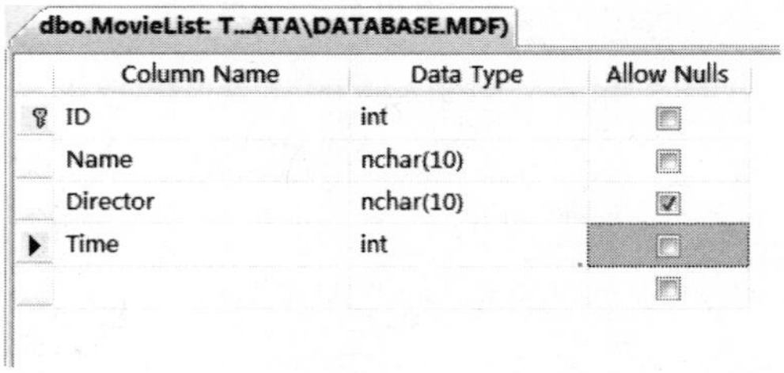

图 9-17

03 在"Solution Explorer"中找到"DesktopModules"文件夹，并在里面添加一个名为"MovieList"的子文件夹；同样在"App_Code"文件夹中添加"MovieList"的子文件夹。

04 在 App_Code 下的 MovieList 文件夹中添加一个 "LINQ to SQL Class"，如图 9-18 所示。

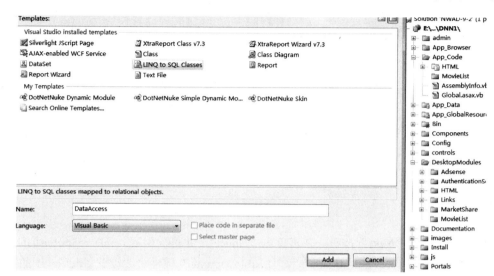

图 9-18

05 把 MovieList 数据表从 Server Explorer 中拖动到打开的 DataAccess.dbml 设计界面中，保存后 LINQ to SQL 就自动生成数据访问代码了，如图 9-19 所示。

图 9-19

06 现在在 DesktopModules 下的 MovieList 添加一个名为 View.ascx 用户控件，切换到后置代码文件中，把用户控件的基类改为 "DotNetNuke.Entities.Modules.PortalModuleBase"。

07 现在打开 View.ascx 的设计界面，在其中添加一个 GridView 控件和一个 LinqDataSource 控件，并设置 LinqDataSource 控件使用我们刚刚建立的 MovieList 的 Linq 对象，如图 9-20 所示。

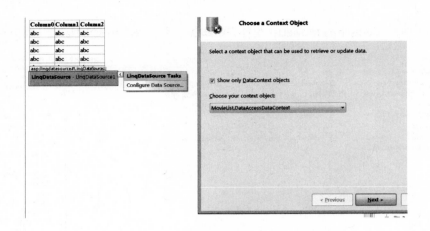

图 9-20

08 然后单击"Next"按钮，并再单击"Finish"，并再次配置 LinqDataSource1 的属性，勾选"Enable Delete"、"Enable Insert"和"Enable Update"属性。并设置 GridView1 的数据源使用 LinqDataSource1，并设置相关属性，如图 9-21 所示。

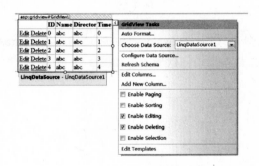

图 9-21

09 到这里我们已经完成了模块的开发，是不是超级简单啊！这就是 Visual Studio 2008 和 LINQ to SQL 带给我们的威力。下面的工作就是把我们刚才开发的模块安装到系统中并正在使用它。（注意，在 DotNetNuke 模块的常规开发方式中，开发模块一般需要单独创建一个项目，并单独制作一个模块安装包，然后把模块安装包 Copy 到 DotNetNuke 站点中进行安装。而本示例由于直接在一个 DotNetNuke 站点中进行开发，所以无需制作和 Copy 模块安装包）。

10 现在按 Ctrl+F5 来编译并打开站点，并用 host 账号登录 DotNetNuke 站点，然后选择菜单（Host-> Module Definitions）进入到模块定义管理界面，如图 9-22 所示。

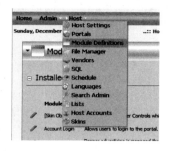

图 9-22

11 在模块定义管理界面中，单击下面的"Create Module Definition"按钮来添加一个新的模块信息，输入如图 9-23 所示的信息，并单击"Create"按钮。

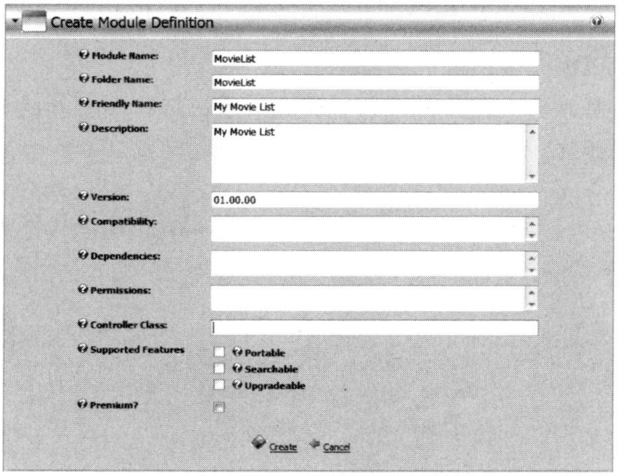

图 9-23

12 现在需要针对这个模块添加一个定义，如图 9-24 所示。

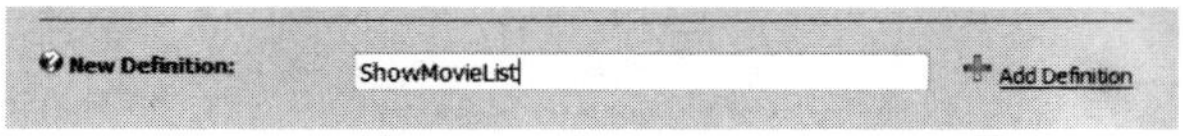

图 9-24

13 在添加模块定义后，当前界面就在下面显示一个"Add Control"按钮，这样就可以添加这个定义所要用到的控件了，填入图 9-25 所示的信息来把 View.ascx 作为一个控件添加到模块定义中。

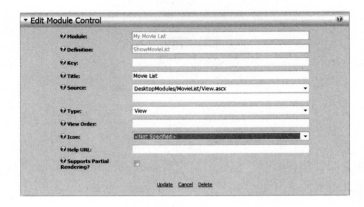

图 9-25

14 至此，添加模块到系统中的工作已经完成了，现在要做的就是建立一个测试页面来测试我们开发的这个模块了。为了简单起见，我们就把模块自己添加到首页上面。

15 单击"Home"键回到首页，通过上面的"Control Panel"来添加"My Movie List"模块到首页，如图 9-26 所示。

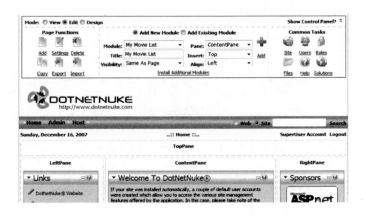

图 9-26

16 单击 "Add" 按钮就可以在首页上显示出我们的自定义模块了，如图 9-27 所示。

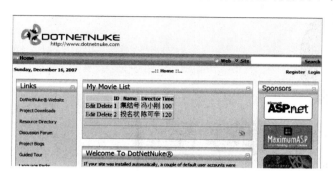

图 9-27

9.4　小结

本章通过介绍 Windows SharePoint Service 3.0 和 DotNetNuke 两个著名的 Web 开发框架及其简单的应用开发，来揭示了什么是开发框架，以及开发框架的优点。

10

实现一个博客系统

前面的章节详细地阐述了在信息系统开发中可能会用到的技术、可能碰到的问题，以及解决这些问题的途径，在这一章节中，我们就一步一步地来实现一个实际的项目。

我们要实现的是一个 Blog 系统，它包括 Blog 系统典型的功能模块，在总体设计中列出了这些模块，但是由于篇幅所限，不可能详细介绍所有功能模块的设计与实现，所以我选择了一些有代表性的模块来进行说明。在这个过程当中，不仅会介绍具体技术实现细节，而且还会详细地阐明系统的设计思路，希望能抛砖引玉，我还会给出一些关键代码供参考，但不会贴出所有的代码，如果需要整个系统代码，可以到我们指定的站点下载。

那好，就让我们开始吧。

10.1　系统设计

10.1.1　总体设计

作为一个博客系统，它应该包括一个系统首页、个人文章列表、文章统计、文章发布等功能模块，具体见图 10-1。

1．首页展示

这是一个展示页面，统计整个系统中用户的文章发表情况，也会显示系统中新近发表的文章的列表，便于查看。

2．Blog 首页及文章展示

这是个人博客主页，它显示当前用户的文章信息，包括：

A）功能模块

- 公告模块

- 导航模块

  系统导航菜单。

- 分类模块

  以自定义分类对文章进行归类，检索。

- 时间分类模块

  以一个月为单位对文章进行归类、检索。

- 标签类模块

  以自定义标签对文章进行归类，检索。

- 模块加载

  对各个模块的生成、显示等进行统一的基于配置的管理。

B）文章列表

C）文章及评论展示

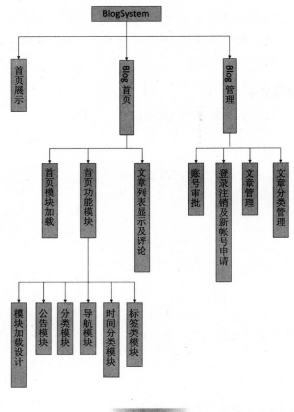

图 10-1

3. Blog 管理

A）登录、注销及新账号申请

B）账号审批

只有经过系统管理员审批的用户才能拥有自己的博客空间。

C）文章管理

包括文章的发表、文章修改及恢复文章到旧版本等。

D）文章分类管理

创建、修改、删除自定义文章分类。

下面先让我们来了解一下系统的架构设计及数据库设计。

10.1.2　系统架构设计

系统的架构设计图如图 10-2 所示。

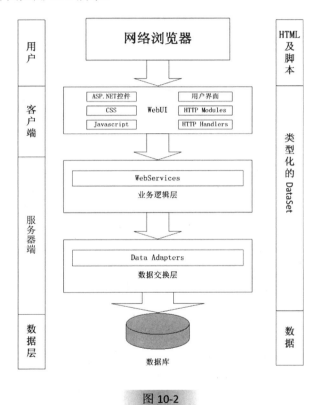

图 10-2

这是典型的三层架构(3-tier)设计：用户接口(User Interface)、业务逻辑层(Business Layer)和数据交换层（Data Access Layer），但是图 10-2 从不同角度反映了这三个层次各自的作用和它们之间的关系，笔者本人比较喜欢按照**用户**、**客户端**、**服务器端**、**数据层**的方式来划分 Web 应用系统的层次，但是这种划分方式的本质是三层架构。

● **用户**：这是系统的最终用户，他们会用浏览器来访问 Web 服务器来使用系统。

- **客户端**：这是用户界面层，它负责向用户展示数据，搜集用户输入的数据并把这些数据交给后台进行处理，数据的格式化显示、数据验证等与用户相关的事情都会在这一层来完成，称之为用户接口(User Interface)。这个可能会让你感到疑惑，为什么把运行在服务器上侧部分叫做客户端呢？其实，客户端和服务器只是一个相对的概念，我们可以把提供服务的模块叫做服务器，而享受服务的模块或者部分叫做客户端。一个模块在作为服务器端的同时，也可以是客户端，比如这里的 UI 层，对于 IE 浏览器来说，它肯定是服务器，应为 IE 浏览器解析它返回的 HTML 等一些资源来向用户展示网页，但是对于接下来说到的业务逻辑层来说，它是一个"消费者"，所以这时它又是一个客户端。

- **服务器端**：服务器包括两个部分的内容：业务逻辑层和数据交换层。业务逻辑层负责处理系统业务数据的转换。它包含 2 方面的意思：一是把从用户接口层获得的用户输入的数据转换之后交给数据交换层，再由数据交换层存放到数据库；二是负责把经由数据交换层过来的数据转换成适当的格式，再交给用户接口层生成适当的 HTML 等展示给用户。数据交换层就是专门用来与数据库打交道的模块，所有的与数据库有关的操作，包括数据的添加、删除、修改、查询，都会在这里进行。

- **数据层**：这是系统数据的存放处，它可以是关系数据库，甚至是 XML 文件等。

良好的系统设计会把各个部分的工作严格地分配到这些各个层次里面，用户界面层只负责数据的展示及收集，而不应该包含太多的业务逻辑，这些事情应该全部在业务逻辑层完成，而数据交换层只负责对数据库的交互，而这些正是一个设计良好的软件应该避免的问题。我看到过这样的糟糕设计，一个页面文件居然有数千行的代码量，里面包含了大量的业务逻辑，甚至还有对数据库的操作，这样对于维护人员来说简直就是噩梦；我也看到过这样的设计，在存储过程中包括了大量的 HTML 代码，存储过程中可以控制页面显示，你可能会说这样做方便部署，只要修改存储过程就可以完成部署而不用编译代码，是的，对于熟悉的人来说（熟悉的人可能在一周或一个月后变得不熟悉）确实很棒，还可以开开测试人员的玩笑，测试人员可能会经常大喊：明明刚才还是错的，为什么转眼就好了呢？但是我认为这样做却是得不偿失，各种代码混杂在一起只会让系统的耦合程度变得难以估量，维护成本变得很高。

> **提示**　在我们这个 Blog 系统中业务逻辑比较少，所以对于业务逻辑层，我将会在"系统模块设计与实现"中用一个小节做简要介绍。

10.1.3　数据库设计

系统数据库设计图如图 10-3 所示。

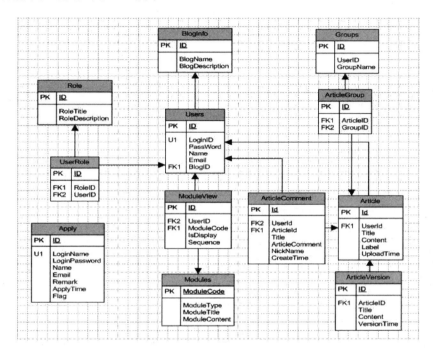

图 10-3

本系统数据库采用 MS SQLServer 2000，数据库设计图如图 10-3 所示，我们为系统设计了总共 12 个数据表：用户表 Users、文章表 Article、模块表 Modules、角色表 Role 以及其他一些辅助表。我们可以把这些表分成三个大类：用户管理、文章管理、博客栏目(比如公告、统计等)，下面详细说明各表及各字段。

1．用户管理

（1）申请表 Apply

表 Apply 用来存放申请开通博客账号的用户的申请信息，管理员看到这些信息时可以选择通过或不通过，如果通过的话，系统就会根据申请信息为申请者分配博客账号，并初始化空间信息，比如博客登录账号、名称及描述，以及博客空间的栏目信息。

编　号	字段名称	数据结构	说　明
1	ID	int	自增字段，主键
2	LoginName	Varchar(20)	登录账号，申请通过后用来初始化博客空间登录账号
3	LoginPassword	Varchar(10)	密码，申请通过后用来初始化博客空间登录密码
4	Name	Varchar(50)	姓名、昵称
5	Email	Varchar(50)	邮件地址
6	BlogID	Int	博客账户 ID，与 BlogInfo 表关联

（2）用户表 User

表 User 用来存放系统用户信息，包括登录账号、登录密码、姓名、电子邮件等字段。

编　号	字段名称	数据结构	说　明
1	ID	int	自增字段，主键
2	LoginID	Varchar(20)	登录账号，用于登录系统管理自己的博客空间
3	Password	Varchar(10)	密码，用于登录系统
4	Name	Varchar(50)	姓名
5	Email	Varchar(50)	邮件地址
6	Remark	Varchar(500)	申请说明
7	ApplyTime	Datatime	申请时间
8	Flag	Char(1)	Y/N，表示当前申请状态

（3）角色表 Role

存放系统角色信息，可以为系统创建不同的角色来控制用户的行为。

编　号	字段名称	数据结构	说　明
1	ID	int	自增字段，主键
2	RoleID	int	角色 ID，与 Role 表关联
3	UserID	int	用户 ID，与 User 表关联。UserID 与 RoleID 是多对多的关系

（4）关联表 UserRole

编　号	字段名称	数据结构	说　明
1	ID	int	自增字段，主键
2	RoleTitle	Varchar(20)	角色名
3	RoleDescription	Varchar(100)	角色描述

（5）博客信息表 BlogInfo

存放博客相关信息，比如博客名、博客描述等，用户表 User 通过 BlogID 与该表关联。

编　号	字段名称	数据结构	说　　明
1	ID	int	自增字段，主键
2	BlogName	Varchar(20)	博客名
3	BlogDescription	Varchar(50)	博客描述，用于博客副标题

2．文章管理

（1）文章表 Article

编　号	字段名称	数据结构	说　　明
1	ID	int	自增字段，主键
2	UserID	Varchar(20)	用户 ID，与 User 表关联
3	Title	Varchar(50)	文章标题
3	Content	Varchar(50)	文章内容
3	Label	Varchar(50)	标签，存放文章的关键字，在标签模块中会列出系统中的关键字，便于查找
3	UploadTime	Varchar(50)	文章上传时间

（2）文章分类表 Groups

该表用来存放用户自定义的文章分类信息，用户可以为自己的博客空间内的文章分门别类，以便用户可以找到自己感兴趣的内容。

编　号	字段名称	数据结构	说　　明
1	ID	int	自增字段，主键
2	UserID	Varchar(20)	用户 ID，与 User 表关联
3	GroupName	Varchar(50)	分组名称

（3）关联表 ArticleGroup

该表用于关联文章表与分组表，ArticleID 和 GroupID 是多对多的关系，一篇文章可以对应多个 Group，一个组内也可以有多篇文章。

编　号	字段名称	数据结构	说　　明
1	ID	int	自增字段，主键
2	ArticleID	Varchar(20)	文章 ID，与 Article 表关联
3	GroupID	Varchar(50)	分组 ID，与 Groups 表关联

（4）文章版本表 ArticleVersion

该表记录每一篇文章的版本信息，用户可以查看一篇文章的所有版本记录，也可以把文章恢复到之前的版本。

编　号	字段名称	数据结构	说　　明
1	ID	int	自增字段，主键
2	ArticleID	Varchar(20)	文章 ID，与 Article 表关联
3	Title	Varchar(50)	版本标题
4	Content	Text	旧版本文章内容
5	VersionTime	DateTime	版本创建时间

（5）文章评论表 ArticleComment

该表记录每篇文章的评论。

编　号	字段名称	数据结构	说　　明
1	ID	int	自增字段，主键
2	UserID	Varchar(20)	用户 ID，与 User 表关联
3	ArticleID	Varchar(20)	文章 ID，与 Article 表关联
4	Title	Varchar(50)	评论标题
5	ArticleComment	Text	评论内容
6	NickName	Varchar(50)	评论者昵称
7	CreateTime	DateTime	评论创建时间

3. 博客栏目

（1）博客栏目表 Modules

该表存放了每个博客用户的博客空间中具有的栏目，比如公告、统计、文章分类等，这些栏目不一定会全部显示在用户的博客空间中，由用户来配置它们显示与否，以及它们的显示顺序。

编　号	字段名称	数据结构	说　　明
1	ModuleCode	Varchar(50)	栏目 ID，主键
2	ModuleType	int	栏目类型 0:一般栏目，可以是一段 HTML 代码 1:导航 2:标签 3:分类 4:日期
3	ModuleTitle	Varchar(50)	栏目标题，用户显示在栏目的头部
4	ModuleContent	Text	栏目的显示内容，一般是一段 HTML 代码，用户可以自定义栏目内容，这段 HTML 代码直接显示在相应的栏目内。（注：一般而言，只有在 ModuleType=0 时该字段才会有值，其他类型的栏目都是系统自动生成内容。）

（2）栏目关联表 ModuleView

该表用于关联 Mudules 表和 User 表，以获取每个用户具有的栏目，该表的信息可以控制每个栏目的显示以及显示顺序等。

编　号	字段名称	数据结构	说　　明
1	ID	int	自增字段，主键
2	UserID	Varchar(20)	用户 ID，与 User 表关联
3	ModuleCode	Varchar(50)	栏目 ID，与 Modules 表关联
4	IsDisplay	int	标记该栏目是否显示在用户的博客系统中
5	Sequence	Int	在要显示该栏目的情况下，标记该栏目的相对显示顺序

10.2　系统模块设计与实现

在设计这个 Blog 系统的各个功能模块的时候，采用了用户控件的形式，这样更加便于维护。

在介绍各个用户控件前，有必要说明一下 Blog 空间的首页 Default.aspx，我们后面介绍的文章列表用户控件、文章显示、评论显示及提交用户控件还有栏目用户控件等都会被放在这个页面中，由 Default.aspx 页面来负责协调各个用户控件的行为，如图 10-4 所示。

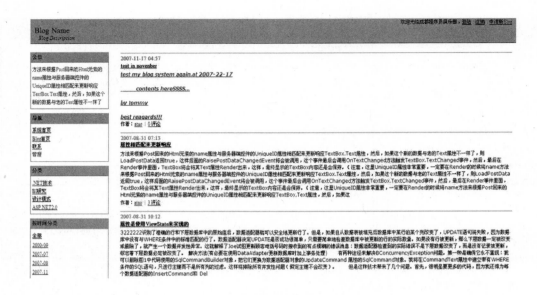

图 10-4

下面是 default 页面的实现代码，包括 html 部分和 C#部分，我把必要的说明以注释的形式标注到了代码里面，就不再另作说明。

```
Default.aspx
<%@ Register Src="../UserControls/HeaderControl.ascx" TagName="HeaderControl" TagPrefix=" uc1" %>
<%@ Register Src="../UserControls/ArticleList.ascx" TagName="ArticleList" TagPrefix="uc2" %>
<%@ Register Src="../UserControls/ModuleLoader.ascx" TagName="ModuleLoader" TagPrefix="uc3" %>
<%@ Register Src="../UserControls/FooterControl.ascx" TagName="FooterControl" TagPrefix="uc4" %>
<%@ Register Src="../UserControls/ArticleViewControl.ascx" TagName="ArticleViewControl" TagPrefix="uc5" %>
<asp:Content ID="Header" runat="server" ContentPlaceHolderID="HeaderHolder">
    <!--页眉用户控件-->
    <uc1:HeaderControl ID="HeaderControl1" runat="server" />
</asp:Content>
<asp:Content ID="Footer" runat="server" ContentPlaceHolderID="FooterHolder">
    <!--页脚用户控件-->
```

```
        <uc4:FooterControl ID="FooterControl1" runat="server" />
    </asp:Content>
    <asp:Content ID="Main" runat="server" ContentPlaceHolderID="MainHolder">
        <!--文章列表用户控件-->
        <uc2:ArticleList ID="ArticleList1" runat="server"/>
        <!--文章内容，评论显示及评论提交用户控件-->
        <uc5:ArticleViewControl ID="ArticleViewControl1" runat="server" Visible=
"false"/>
    </asp:Content>
    <asp:Content ID="Module" runat="server" ContentPlaceHolderID="ModuleHolder">
        <!--栏目加载用户控件-->
        <uc3:ModuleLoader ID="ModuleLoader1" runat="server" />
    </asp:Content>
Default.aspx.cs
    protected void Page_Load(object sender, EventArgs e)
    {
        //根据页面参数 Request.QueryString["ArticleID"]来决定显示文章列表还是文
        //章内容，如果显示文章列表的话，还应该判断按照什么条件来筛选
        string articleID = Request.QueryString["ArticleID"];
        string period = Request.QueryString["Period"];
        string group = Request.QueryString["Group"];
        string label = Request.QueryString["Label"];
        if (articleID == null || articleID == string.Empty)
        {
            //显示文章列表控件，隐藏文章内容控件
            this.ArticleList1.Visible = true;
            this.ArticleViewControl1.Visible = false;
            //根据时间显示列表
            if (period != null && period != "")
                this.ArticleList1.Period = period;
            //根据分类显示列表
            else if (group != null && group != "")
                this.ArticleList1.Group = group;
            //根据标签、关键字分类显示列表
            else if (label != null && label != "")
                this.ArticleList1.LabelString = label;
            //显示全部
            else
                this.ArticleList1.AllArticleList = true;
        }
```

```
else
{
    //显示文章内容控件，隐藏文章列表控件
    this.ArticleList1.Visible = false;
    this.ArticleViewControl1.Visible = true;
    this.ArticleViewControl1.ArticleID = articleID;
}
}
```

接下来就开始介绍每个用户控件的实现。

1. 文章列表

效果如图 10-5 所示。

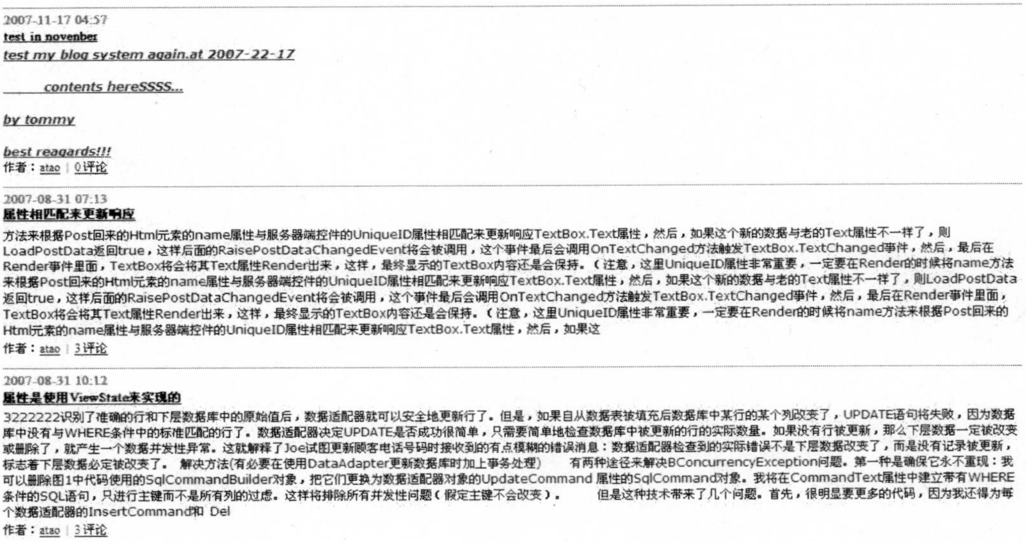

2007-11-17 04:57
test in novenber
test my blog system again.at 2007-22-17

contents hereSSSS...

by tommy

best reagards!!!
作者：atao | 0评论

2007-08-31 07:13
属性相匹配来更新响应
方法来根据Post回来的Html元素的name属性与服务器端控件的UniqueID属性相匹配来更新响应TextBox.Text属性，然后，如果这个新的数据与老的Text属性不一样了，则LoadPostData返回true，这样后面的RaisePostDataChangedEvent将会被调用，这个事件最后会调用OnTextChanged方法触发TextBox.TextChanged事件，然后，最后在Render事件里面，TextBox将会将其Text属性Render出来，这样，最终显示的TextBox内容还是会保持。（注意，这里UniqueID属性非常重要，一定要在Render的时候将name方法来根据Post回来的Html元素的name属性与服务器端控件的UniqueID属性相匹配来更新响应TextBox.Text属性，然后，如果这个新的数据与老的Text属性不一样了，则LoadPostData返回true，这样后面的RaisePostDataChangedEvent将会被调用，这个事件最后会调用OnTextChanged方法触发TextBox.TextChanged事件，然后，最后在Render事件里面，TextBox将会将其Text属性Render出来，这样，最终显示的TextBox内容还是会保持。（注意，这里UniqueID属性非常重要，一定要在Render的时候将name方法来根据Post回来的Html元素的name属性与服务器端控件的UniqueID属性相匹配来更新响应TextBox.Text属性，然后，如果这
作者：atao | 3评论

2007-08-31 10:12
属性是使用ViewState来实现的
3222222识别了准确的行和下层数据库中的原始值后，数据适配器就可以安全地更新行了。但是，如果目从数据表被填充后数据库中某行的某个列改变了，UPDATE语句将失败，因为数据库中没有与WHERE条件中的标准匹配的行了。数据适配器决定UPDATE是否成功很简单，只需要简单地检查数据库中被更新的行的实际数量。如果没有行被更新，那么下层数据一定被改变或删除了，就产生一个数据并发性异常。这就解释了Joe试图更新顾客电话号码时接收到的有点模糊的错误消息：数据适配器检查到的实际错误不是下层数据改变了，而是没有行记录被更新，标志着下层数据必定被改变了。 解决方法(有必要在使用DataAdapter更新数据库时加上事务处理) 有两种途径来解决BConcurrencyException问题。第一种是确保它永不重现：我可以删除图1中代码使用的SqlCommandBuilder对象，把它们更换为数据适配器对象的UpdateCommand 属性的SqlCommand对象。我将在CommandText属性中建立带有WHERE条件的SQL语句，只进行主键而不是所有列的过虑。这样将排除所有并发性问题(假定主键不会改变)。 但是这种技术带来了几个问题。首先，很明显要更多的代码，因为我还得为每个数据适配器的InsertCommand和 Del
作者：atao | 3评论

图 10-5

在 10.1.3 节中说道，在数据库中有一个名为 Article 的数据表，文章列表用户控件要做的事情就是把这个表中属于当前博客空间的文章显示一个预览列表出来，便于用户检索。

需要实现这样一个博客文章列表显示的用户控件：

（1）可以显示所有文章的列表。

（2）用户可以根据分类来筛选文章列表。

（3）用户可以根据时间来筛选文章列表。

（4）用户可以根据文章的关键字来筛选文章列表。

为此，我们必须为这个用户控件的用户（即使用该用户控件的其他用户控件或页面）暴露出前面提到的这 4 个属性，以便控制列表的显示方式，这里采用的方式是使用自定义属性。比如，我需要暴露一个属性，表示是否显示所有文章列表，就可以用下面的代码来实现：

```
public bool AllArticleList
{
    set {
        ViewState["AllArticleList"] = value;
    }
    get {
        if (ViewState["AllArticleList"] != null)
            return Convert.ToBoolean(ViewState["AllArticleList"]);
        else
            return false;
    }
}
```

当我们需要暴露一个根据自定义分类来显示文章列表的属性时，同样可以这样实现：

```
public string Group
{
    set
    {
        ViewState["Group"] = value;
        ViewState["AllArticleList"] = null;
    }
    get
    {
        if (ViewState["Group"] != null)
            return Convert.ToString(ViewState["Group"]);
```

```
        else
            return string.Empty;
    }
}
```

请 注 意 这 里 除 了 ViewState["Group"] = value 之 外，还 有 另 外 一 行 代 码：ViewState["AllArticleList"] = null，这是为了让显示所有文章的属性失效，同样在属性 AllArticleList 里面也应该有 ViewState["Group"] = null，像这样：

```
public bool AllArticleList
{
    set {
        ViewState["AllArticleList"] = value;
        ViewState["Group"] = null;
    }
    get {
        if (ViewState["AllArticleList"] != null)
            return Convert.ToBoolean(ViewState["AllArticleList"]);
        else
            return false;
    }
}
```

按照同样的方法，我们可以把另外两个属性 Period（根据时间）和 LabelString（根据标签、关键字）加上。

好了，我们需要向控件用户暴露的属性已经准备好了，接下来我们要做的就是根据这些属性来显示相应的文章列表了。

ASP.NET 为我们提供了一系列的服务器控件来简化应用程序开发，这里要显示文章列表，最好的方法就是使用 ASP.NET 提供给我们的 Repeater 控件，只需要提供一个数据源，它就可以聪明地把数据源里面的值显示到我们指定的地方。下面是文章列表用户控件的 HTML 部分：

```
ArticleList.ascx
<%@ Control Language="C#" AutoEventWireup="true" CodeFile="ArticleList.ascx.cs"
Inherits="UserControls_ArticleList" %>
<asp:Label  ID="lbTitle"  runat="server"  SkinID="panListTitle"> </asp:
```

```
Label>
    <asp:Panel ID="pnlList" runat="server" SkinID="panArticleList">
      <asp:Repeater   ID="rptArticleList"   runat="server"   OnItemDataBound="rpt
ArticleList_ItemDataBound">
        <HeaderTemplate>
          <table border="0" cellpadding="0" cellspacing="0" width="100%">
        </HeaderTemplate>
        <ItemTemplate>
          <tr>
            <td style="height:2px;"></td>
          </tr>
          <tr>
            <td style="height:1px; background-color:Gray;"></td>
          </tr>
          <tr>
            <td style="height: 4px;">
            </td>
          </tr>
          <tr>
            <td><asp:Label     ID="lbDateTime"     SkinID="lbListArticleTitle
DateTime" runat="server" Text='<%#DataBinder.Eval(Container.DataItem,"UploadTime")
%>'></asp:Label></td>
          </tr>
          <tr>
            <td style="height:2px;"></td>
          </tr>
          <tr>
            <td><asp:Label    ID="lbTitle"    runat="server"    SkinID="lbList
ArticleTitle"><a   href="<%=Request.ApplicationPath   %>\MainPages\default.aspx?
Host=<%=Request["Host"] %>&ArticleID=<%#DataBinder.Eval(Container.DataItem,"ID")
%>"><%#DataBinder.Eval(Container.DataItem,"Title") %></a></asp:Label></td>
          </tr>
          <tr>
            <td><asp:Label    ID="lbContent"    runat="server"    SkinID="lbList
ArticleContent" ><%#DataBinder.Eval(Container.DataItem,"Content") %></asp:Label>
</td>
          </tr>
          <tr>
```

```
                <td style="height: 2px;">
                </td>
            </tr>
            <tr>
                <td>
                    作者：<asp:Label ID="lbAuthor" runat="server" Font-Underline
="true"><%#DataBinder.Eval(Container.DataItem,"UserName") %></asp:Label>
                     | 
                    <asp:Label ID="lbCommentCount" runat="server" Font-Underline=
"true"><%#DataBinder.Eval(Container.DataItem,"CommentCount") %> 评论</asp:Label>
                </td>
            </tr>
        </ItemTemplate>
        <SeparatorTemplate>
            <tr>
                <td>
                    <asp:Label ID="lbSep" runat="server" SkinID="lbListItemSep">
</asp:Label></td>
            </tr>
        </SeparatorTemplate>
        <FooterTemplate>
            <tr>
                <td style="height: 1px; background-color: Gray;">
                </td>
            </tr>
            </table>
        </FooterTemplate>
    </asp:Repeater>
</asp:Panel>
```

可以看到，这个用户控件的 HTML 部分主要是一个 Repeater 控件，除此之外还有一个名为 lbTitle 的 Label 控件，用来显示列表的标题，在这个 Label 控件中可以看到有一个 SkinID 属性，这个属性用来指定当前 Label 控件使用哪一个皮肤样式，这是 ASP.NET 2.0 才有的新特性，通过它我们可以很方便地控制服务器控件的显示样式，它甚至可以和 CSS 样式表一起使用，具体实现方法请参阅本书第 2 章：Web 站点构建技术。

现在让我们把注意力放到这个 Repeater 控件上，这个 Repeater 控件包括 4 个部分：

HeaderTemplate，ItemTemplate，SeparatorTemplate 和 FooterTemplate。ItemTemplate 部分的配置是关键，就是这个部分的代码会被 ASP.NET 引擎重复输出到页面上，我们可以看到很多形如 <%#DataBinder.Eval(Container.DataItem,"Title") %>的代码，它的作用就是从数据源中取出当前绑定数据项的 Title 字段的值，然后放到与该段代码在页面中相同的位置。

接下来，我们看看绑定数据到该 Repeater 控件的代码，同样，相关的说明代码我已经用注释的方式写到了代码中，就不用再进行说明了。

```
ArticleList.ascx.cs
//只是在页面第一次加载时才绑定，以提高性能
if (!Page.IsPostBack)
{
//在系统架构设计小节中我们讲到，这个系统采用 3 层架构设计，而
//这里讲到的文章列表展示就是用户接口，即 UI，它负责展示数据，而它要展
//示的数据从哪里来呢，对，是业务逻辑层，在架构设计中说道，我们采用独
//立的 Web Service 站点来作为业务逻辑层，所以下面这行代码就是实例化了一个 Web 服务的本地代
理，以便从业务逻辑层获取数据。有关 Webservice 的相
//关知识已经超出了本书的范围，如果有需要，请参阅相关书籍
ArticleService.ArticleService ws = new ArticleService.ArticleService();
//从业务逻辑层返回一个类型化的 DataTable，ArticleDataSet 的定义我们会在后面的章节中介绍，
读者在此不必知道它是什么，只需知道它是一个命名
//空间就行了，我们关心的是 ArticleDataTable，在这个 Blog 系统中，我们会
//处处看到形如***DataTable 的身影，它其实可以被看作一个数据实体，负责
//在用户接口层、业务逻辑层以及数据层之间传递数据
ArticleService.ArticleDataSet.ArticleDataTable articleDT = null;
        //获取所有文章列表
        if (AllArticleList)
        {
            //不需要标题
            this.lbTitle.Visible = false;
            //根据博客账户获取所有的文章列表信息，该方法的实现会在下一小节：实现业务逻辑
层中说明，CDClubCommonClass.GetHostIDOfSite()是获
            //得当前博客空间的账号
            articleDT =  ws.GetArticlesByUserID(CDClubCommonClass.GetHostI
DOfSite());
        }
        //根据时间获取文章列表
```

```
        else if (Period != string.Empty)
        {
            string month = Period.Split('/')[1].ToString();
            string year = Period.Split('/')[0].ToString();
            this.lbTitle.Visible = true;
            this.lbTitle.Text = month + "月 " + year + "年, 帖子";
            articleDT = ws.GetArticleListByPeriod(CDClubCommonClass.GetHost
IDOfSite(), year, month);
        }
        //根据分类获取文章列表
        else if (Group != string.Empty)
        {
            this.lbTitle.Visible = true;
            ArticleService.ArticleDataSet.GroupsDataTable groupDT = ws.Get
GroupsByID(Group);
            if (groupDT == null || groupDT.Rows.Count == 0)
                return;
            ArticleService.ArticleDataSet.GroupsRow groupDR = (ArticleService.
ArticleDataSet.GroupsRow)groupDT.Rows[0];
            this.lbTitle.Text = "分类: " + groupDR.GroupName;
            articleDT = ws.GetArticleListByGroup(Group);
        }
        //根据标签、关键字获取文章列表
        else if (LabelString != string.Empty)
        {
            this.lbTitle.Visible = true;
            this.lbTitle.Text = "包括 " + LabelString + " 标签的帖子";
            articleDT = ws.GetArticleListByLabel(LabelString);
        }
    //绑定 Repeater 控件
    this.rptArticleList.DataSource = articleDT;
    this.rptArticleList.DataBind();
}
```

　　恭喜，至此我们已经完成第一个用户控件的开发，但是不要开心得太早哦，虽然我们已经完成了用户控件的开发，但是它还没有办法得到数据，那么接下来我们就在业务逻辑层中编写代码，为它提供要显示的数据。

提示　事实上，业务逻辑层仍然不能直接给用户控件提供必要的数据，它还要通过数据层才能从数据库中获取数据，而数据层的实现请参阅 10.3 节：实现数据访问层。

2．实现业务逻辑层

在本节将为文章列表编写业务逻辑层代码，以便从数据访问层获取数据。

我们的业务逻辑层是用 Web Service 来实现的，虽然可以把这些代码与我们的用户接口层放在一起，但是还是建议你不要这样做，请新建一个 ASP.NET 站点，用来放置我们的业务逻辑层代码（事实上，后面将要介绍的数据层的代码也将会放在这个站点下面）。建好站点之后，请在这个新的站点下新建一个名为 ArticleService.asmx 的 Web Service，然后我们需要在 ArticleService.cs 文件中添加 Web Method 来按照我们的要求获取数据，添加代码的 ArticleService.cs 文件如下：

```
ArticleService.cs
public class ArticleService : System.Web.Services.WebService
{
    [WebMethod]
    public ArticleDataSet.ArticleDataTable GetArticlesByUserID(string userID)
    {
        ArticleDataSetTableAdapters.ArticleTableAdapter articleDa = new Article
DataSet TableAdapters.ArticleTableAdapter();
        return articleDa.GetArticleByUserID(int.Parse(userID));
    }
    [WebMethod]
    public ArticleDataSet.ArticleDataTable GetArticleListByPeriod(string userId,
string year, string month)
    {
        ArticleDataSetTableAdapters.ArticleTableAdapter articleDa = new Article
DataSetTableAdapters.ArticleTableAdapter();
        return articleDa.GetArticleListByPeriod(userId, year, month);
    }
    [WebMethod]
    public ArticleDataSet.ArticleDataTable GetArticleListByGroup(string groupID)
    {
        ArticleDataSetTableAdapters.ArticleTableAdapter articleDa = new Article
DataSetTableAdapters.ArticleTableAdapter();
        return articleDa.GetArticleByGroup(int.Parse(groupID));
```

```
        }
        [WebMethod]
        public ArticleDataSet.ArticleDataTable GetArticleListByLabel(string label)
        {
            ArticleDataSetTableAdapters.ArticleTableAdapter articleDa = new Article
DataSetTableAdapters.ArticleTableAdapter();
            label = "%" + label + "%";
            return articleDa.GetArticleByLabel(label);
    }
    }
```

这些方法是不是看上去非常的熟悉呢？对，在上一节中，显示文章列表的用户控件就是调用这些方法来获取数据的。

这些方法都有一个共同的特点，都是实例化一个 DataAdapter 之后，然后调用了这个 DataAdapter 上的一个方法来获取一个 DataTable，然后直接返回了这个 DataTable，在此我们暂时不需要了解这些 DataAdapter 是怎么工作的，我们只需要知道，通过调用这个 DataAdapter 上的方法可以正确返回数据就可以了，在 10.3 节：实现数据访问层我们会详细介绍。

事实上，如果有必要，是可以在这些方法内把从 DataAdapter 返回的数据经过一定的处理才返回给用户接口层的，这也是业务逻辑层应该做的事情，比如有些向用户显示的报表是必须要通过一些复杂的公式才能得到正确结果，就可以在业务逻辑层来编写代码完成这些公式计算，这样做有一个好处，就是一个公司的业务逻辑运算可能会经常变化，我们把这些业务逻辑放到一个相对独立的地方，维护起来就很方便，修改的时候就不会动到用户界面和数据库存储策略。但是在这个实例中没有更多的业务逻辑需要处理，所以只是简单地把从数据层获得的数据返回给了用户接口层显示。

也可以把数据库的事物处理控制代码放到业务逻辑层，比如：

```
ArticleService.cs
[WebMethod]
    public    void    UploadArticle(ArticleDataSet.ArticleDataTable    articleDT,
ArticleDataSet.ArticleGroupDataTable groupDT)
    {
        //实例化所需的 Adapter
        ArticleDataSetTableAdapters.ArticleTableAdapter articleDa = new Article
```

```
DataSetTableAdapters.ArticleTableAdapter();
        ArticleDataSetTableAdapters.ArticleGroupTableAdapter  groupDa  =  new
ArticleDataSetTableAdapters.ArticleGroupTableAdapter();
        //获取事务对象
        SqlTransaction trans = articleDa.Transaction;
        try
        {
          //更新文章表:Article
          articleDa.Update(articleDT);
          int articleID = articleDa.GetNewestID();
          if (articleID != 0)
          {
        ((ArticleDataSet.ArticleGroupRow)groupDT.Rows[0]).ArticleID = articleID;
            groupDa.Transaction = trans;
            //更新分类关联表:ArticleGroup
            groupDa.Update(groupDT);
          }
          //提交事务
          trans.Commit();
        }
        catch
        {
          //回滚事务
          trans.Rollback();
        }
        finally
        {
          //关闭数据库连接
          if(articleDa.Connection.State != ConnectionState.Closed)
            articleDa.Connection.Close();
        }
    }
```

　　这是"文章提交"用户控件用到的业务逻辑层的方法,它主要负责把用户在用户界面中输入的信息提交到数据层,然后数据层负责把这些数据保存到数据库。在开发应用程序的时候,在一次数据库操作中我们不会总是只操作一个数据表,可能会有很多,那么就有可能出现这种情况,先执行操作的数据表的插入、修改或删除操作已经成功提交,但是在后来对其他数据表的操作中却出现了错误导致数据操作失败，这时就会在前一个数据表中生成一条垃圾数据，这时保证数据完整性是非常重要的。也就是说，在执行一系列数据库操作时要么失败，要么成功，失败的时候回滚所有以前成功的操作，成功的时候提交所有操作。

在这个实例中，提交一篇文章到数据库，需要向数据库中两个表插入数据：一个是 Article，另一个是文章分类表 Groups。所以应该采用数据库事务处理来保证对这两个表的数据插入操作都成功，否则就应该回滚所有操作。

> **提示** 有关事务处理的详细实现方式，请参阅 10.3：实现数据访问层中的优化事务处理小节。

3. 文章内容，评论显示及提交

上一节我们介绍了文章列表显示用户控件的设计，在这一节中，将介绍在单击文章列表中的文章后展示文章内容、评论及提交评论的用户控件，如图 10-6 所示。

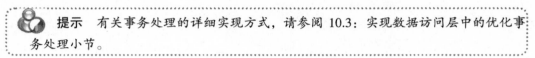

图 10-6

在这个控件中，我们看到分成三个部分：

（1）文章内容显示

（2）评论显示

（3）评论提交

所以可以把这三个部分分别再做成独立的用户控件，最后集成到一起就成了我们需要的显示文章内容、显示评论以及提交评论的用户控件。

这三个用户控件比较简单。

显示文章内容的控件代码如下：

```
ArticalDisplay.ascx
<asp:Label ID="lbTitle" runat="server" SkinID="panListTitle"> </asp:
Label>
<asp:Panel ID="pnlList" runat="server" SkinID="panArticleList">
    <table border="0" cellpadding="0" cellspacing="0" width="100%">
    <tr>
        <td style="height: 2px;"></td>
    </tr>
    <tr>
        <td>
            <asp:Label ID="lbContent" runat="server" SkinID="lbListArticle
Content"></asp:Label></td>
    </tr>
    <tr>
        <td style="height: 4px;"></td>
    </tr>
    <tr>
        <td class="metaInfoArticle">
            作者: <asp:Label ID="lbAuthor" runat="server"></asp:Label>
             | 
            <asp:Label ID="lbCommentCount" runat="server"></asp:Label> 评论
        </td>
    </tr>
    </table>
</asp:Panel>
ArticalDisplay.ascx.cs
    protected void Page_Load(object sender, EventArgs e)
    {
    ArticleService.ArticleService ws = new ArticleService.ArticleService();
    AdminService.AdminService adminWs = new AdminService.AdminService();
    ArticleService.ArticleDataSet.ArticleDataTable articleDT = null;
```

```
            ArticleService.ArticleDataSet.ArticleRow articleDR;
             AdminService.UserDataSet.UsersDataTable userDT = null;
             AdminService.UserDataSet.UsersRow userDR;
        if (ArticleID != string.Empty)
        {
            articleDT = ws.GetArticlebyID(ArticleID);
            if (articleDT.Count != 0)
            {
                articleDR = (ArticleService.ArticleDataSet.ArticleRow)articleDT.
Rows[0];
                userDT = adminWs.GetUserInfoByUserID(articleDR.UserId.ToString());
                userDR = (AdminService.UserDataSet.UsersRow)userDT.Rows[0];
                this.lbAuthor.Text = userDR.Name;
                this.lbCommentCount.Text      =      ws.GetCommentCount(ArticleID).
ToString();
                this.lbTitle.Text = articleDR.Title;
                //替换 \n 以正常显示换行
                this.lbContent.Text = articleDR.Content.Replace("\n","<br>");
            }
        }
    }
```

显示评论的代码如下：

```
CommentDisplay.ascx
<asp:Label ID="lbTitle" runat="server" SkinID="LabTitle1">回复: </asp:Label>
<br />
<asp:Repeater ID="commentRepeater" runat="server">
    <ItemTemplate>
        <table border="0" cellpadding="0" cellspacing="0" width="100%">
            <tr>
                <td class="articlecommenthead">
                  #  Re: <%#DataBinder.Eval(Container.DataItem,  "Title")%>
 回复
                    <%#DataBinder.Eval(Container.DataItem, "CreateTime")%> 
                    <%#DataBinder.Eval(Container.DataItem, "Alias")%>
                </td>
            </tr>
```

```
            <tr>
                <td class="commentbody">
<%#DataBinder.Eval(Container.DataItem, "Comment")%>
</td>
            </tr>
        </table>
    </ItemTemplate>
    <SeparatorTemplate>
        <br />
    </SeparatorTemplate>
</asp:Repeater>
```

CommentDisplay.ascx.cs

```
    protected void Page_Load(object sender, EventArgs e)
    {
        if (ArticleID != string.Empty)
        {
            //将评论封装成自定义对象 CommentBoundItem，然后绑定到 Repeater 控件上
List<CommentBoundItem> bountItems = new List<CommentBoundItem>();
            CommentBoundItem bountItem;
            ArticleService.ArticleService ws = new ArticleService.ArticleService();
            ArticleService.ArticleDataSet.ArticleCommentDataTable commentDT =
new ArticleService.ArticleDataSet.ArticleCommentDataTable();
            ArticleService.ArticleDataSet.ArticleCommentRow commentDR;
            commentDT = ws.GetCommentByArticleId(ArticleID);
            if (commentDT.Rows.Count != 0)
            {
                for (int i = 0; i < commentDT.Rows.Count; i++)
                {
                    commentDR = (ArticleService.ArticleDataSet.ArticleCommentRow)
commentDT.Rows[i];
                    bountItem = new CommentBoundItem();
                    bountItem.Title = commentDR.Title;
                    bountItem.CreateTime = commentDR.CreateTime.ToString("yyyy-
MM-dd");
                    bountItem.Comment = commentDR.ArticleComment.Replace("\n",
"<br />");
                    bountItem.Alias = commentDR.NickName;
                    bountItems.Add(bountItem);
```

```
                }
            }
            this.commentRepeater.DataSource = bountItems;
            this.commentRepeater.DataBind();
        }
    }
```

提交评论的控件代码如下：

```
AddComment.ascx
<asp:Label ID="lbTitle" runat="server" SkinID="LabTitle1">添加回复: </asp:Label>
<table border="0" cellspacing="0">
    <tr>
        <td  class="itemtitle">标题: </td>
        <td>
            <asp:TextBox  ID="txtTitle"  runat="server"  Width="350px"></asp:
TextBox></td>
    </tr>
    <tr>
        <td colspan="2" style="height: 4px;"></td>
    </tr>
    <tr>
        <td class="itemtitle">昵称: </td>
        <td>
            <asp:TextBox ID="txtAlias" runat="server"></asp:TextBox></td>
    </tr>
    <tr>
        <td colspan="2" style="height: 4px;"></td>
    </tr>
    <tr>
        <td style="vertical-align:top; padding-top:10px;" class="itemtitle">回
复内容: </td>
        <td>
            <asp:TextBox  ID="txtContent"  runat="server"  TextMode="MultiLine"
Height="110px" Width="560px"></asp:TextBox></td>
    </tr>
    <tr>
        <td style="width: 90px"> </td>
```

```
        <td>
            <asp:Button ID="btnSubmit" runat="server" Text="提　交" Width="80px"
Height="30px" style="vertical-align:middle;"/></td>
        </tr>
    </table>
    AddComment.ascx.cs
    //待补
```

4. 栏目设计

本节我们将会了解到 Blog 系统子栏目的设计和实现方法，效果如图 10-7 所示。

在开始之前，我们还是来回忆一下在数据库设计一节中说到的 Modules 表和 ModuleView 表，因为这部分内容都是基于这两个表展开的。

Modules 表：保存用户的栏目信息，每个用户的每个栏目在该表中保留一条记录，它包括如下几个字段。

ModuleCode 字段:一个 GUID，主键，用来作为记录标识。

ModuleType 字段:Int 类型字段，用来表示栏目类型。

```
        0:一般栏目
1:导航
2:标签
3:分类
4:日期
        ModuleTitle 字段:栏目标题。
```

ModuleContent 字段：栏目的显示内容，一般是一段 HTML 代码，用户可以自定义栏目内容，这段 HTML 代码直接显示在相应的栏目内。(注：一般而言，只有在 ModuleType=0 时该字段才会有值，其他类型的栏目都是系统自动生成内容)

ModuleView 表：连接用户表 Users 和栏目表 Modules，打开博客空间时，根据该表加载正确的栏目到页面，另外该表还可设置栏目是否显示以及显示顺序。

UserID 字段：与 Users 表关联。

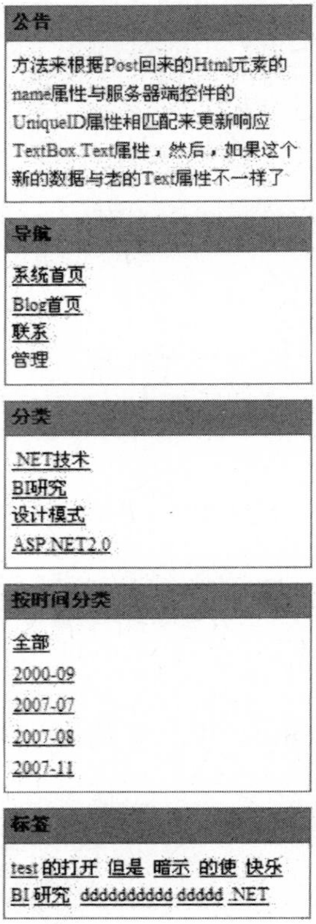

公告

方法来根据Post回来的Html元素的
name属性与服务器端控件的
UniqueID属性相匹配来更新响应
TextBox.Text属性，然后，如果这个
新的数据与老的Text属性不一样了

导航

系统首页
Blog首页
联系
管理

分类

.NET技术
BI研究
设计模式
ASP.NET2.0

按时间分类

全部
2000-09
2007-07
2007-08
2007-11

标签

test 的打开 但是 暗示 的使 快乐
BI 研究 ddddddddddd ddddd .NET

图 10-7

ModuleCode 字段：与 Modules 表关联。

IsDisplay 字段：设置是否显示该栏目到页面。

Sequence 字段：指定该栏目的加载先后顺序。

一个用户的申请得到管理员通过时，系统会为该用户初始化一个博客空间，初始化操作就包括初始化栏目。

● 公告栏目设计与实现

公告这个栏目的内容都比较"固定"，它不会因数据库中文章的个数变化而变化，所以我们把这个栏目设计成"静态"的,也就是把它们的 Modules 表中的 ModuleType 字段的值设置成 0,然后把需要显示的内容放在 ModuleContent 字段中,加载这个栏目时直接显示 ModuleContent 字段中保存的值(一般是一段 HTML)。

对于这类栏目我们使用同一个用户控件:**GenericControl** 来装载它们。

> 📋 **提示**　这个公告栏目以及其他栏目的用户控件是被一个叫 ModuleLoader 的用户控件统一加载的(后面会介绍这个 ModuleLoader 用户控件),这个 ModuleLoader 用户控件被放置在 Default 页面上,这样就把这些栏目呈现在页面上。

请看下面的代码:

```
GenericControl.ascx
            <asp:Table ID="tbGeneric" runat="server" SkinID="tbModuleTable">
<asp:TableRow>
    <!--用于显示栏目标题-->
        <asp:TableCell  ID="tdGenericHeader"  runat="server"  SkinID="tbcModule
TableHeader"> </asp:TableCell>
    </asp:TableRow>
<asp:TableRow>
<!--用于显示栏目正文-->
        <asp:TableCell ID="tdGenericBody" runat="server" SkinID="tbcModuleTable
Body"></asp:TableCell>
    </asp:TableRow>
</asp:Table>
GenericControl.ascx.cs
//定义两个自定义属性,在 ModuleLoader 加载该用户控件时指定其值
    private string _moduleTitle;
    private string _moduleContent;
    public string ModuleTitle
    {
        get { return _moduleTitle; }
        set { _moduleTitle = value; }
    }
    public string ModuleContent
    {
        get { return _moduleContent; }
```

```
        set { _moduleContent = value; }
    }
    protected void Page_Load(object sender, EventArgs e)
    {}
    protected override void OnPreRender(EventArgs e)
    {
        if (tdGenericHeader.Text.Trim() == string.Empty
            || tdGenericBody.Text.Trim() == string.Empty)
        {
            this.Visible = false;
        }
        else
        {
            this.Visible = true;
        this.tdGenericHeader.Text = ModuleTitle;
        this.tdGenericBody.Text = ModuleContent;
        }
        base.OnPreRender(e);
}
```

分类、标签以及按时间检索的栏目设计与公告栏目的设计都大同小异，不同的是数据来源不一样，这些控件显示的数据可能需要从数据库中统计得到，但数据库的查询已超出我们的范围，所以就不再讲述这些控件的实现了。

- 栏目加载策略

我们的公告、分类等栏目是在一个名为 ModuleLoader 的用户控件中来统一管理的，ModuleLoader 用户控件决定了一个栏目是否显示，以及它的加载顺序，而这个 ModuleLoader 控件是被放置到了 Default 页面中，从而达到呈现各栏目的目的。

下面我们来看一下这个 ModuleLoader 控件的具体实现代码：

```
        ModuleLoader.ascx
<asp:Panel ID="pnlModuleContainer" runat="server"></asp:Panel>
```

在 ModuleLoader.ascx 页面中只有这么一个 Panel 控件，它是各个栏目的容器，我们会把实例化后的栏目用户控件加载到该 Panel 控件中。

```
ModuleLoader.ascx.cs
    protected void Page_Load(object sender, EventArgs e)
    {
        AdminService.BlogViewDataSet.ModuleDisplayDataTable mdDT = null;
        AdminService.BlogViewDataSet.ModuleDisplayRow mdRow = null;
        AdminService.AdminService adws = new AdminService.AdminService();
```
//通过 Blog 账号获得该博客空间下所有的配置为可以显示的栏目列表，并
//且是按照 Sequence 字段排序的，一个栏目的 Sequence 字段的值越小，这个栏目就会排在越靠前的
位置
```
mdDT = adws.GetModulesByUserID(CDClubCommonClass.GetHostIDOfSite());
```
//循环每个栏目，加载相应控件，并根据配置设置控件是否显示以及显示相对顺序
```
        for (int I = 0; I < mdDT.Rows.Count; i++)
        {
            mdRow                                                        =
(AdminService.BlogViewDataSet.ModuleDisplayRow)mdDT.Rows[i];
```
//公告以及其他自定义栏目
```
            if (mdRow.ModuleType == 0)
            {
                UserControl control = (UserControl)LoadControl("Modules\\Generic
Control.ascx");
```
//通过反射为用户控件设置标题和显示所需的 HTML
```
                PropertyInfo titlePf = control.GetType().GetProperty("ModuleTitle");
                titlePf.SetValue(control, mdRow.ModuleTitle, null);
                PropertyInfo contentPf = control.GetType().GetProperty("Module
Content");
                contentPf.SetValue(control, mdRow.ModuleContent, null);
```
//将栏目控件放入容器中
```
                this.pnlModuleContainer.Controls.Add(control);
            }
```
//导航
```
            else if (mdRow.ModuleType == 1)
            {
                UserControl control = (UserControl)LoadControl("Modules\\Menus
Control.ascx");
                this.pnlModuleContainer.Controls.Add(control);
            }
```
//标签
```
            else if (mdRow.ModuleType == 2)
```

```
            {
                UserControl control = (UserControl)LoadControl("Modules\\Label
Control.ascx");
                this.pnlModuleContainer.Controls.Add(control);
            }
            //分类
            else if (mdRow.ModuleType == 3)
            {
                UserControl control = (UserControl)LoadControl("Modules\\Article
GroupControl.ascx");
                this.pnlModuleContainer.Controls.Add(control);
            }
            //按日期检索
            else if (mdRow.ModuleType == 4)
            {
                UserControl control = (UserControl)LoadControl("Modules\\Date
GroupControl.ascx");
                this.pnlModuleContainer.Controls.Add(control);
            }
            //栏目与栏目间有一定的空隙，我们放置一个 Label 控件，并设置它的高度为 10 来达到效果
            Label lbSpace = new Label();
            lbSpace.Height = new Unit(10);
            this.pnlModuleContainer.Controls.Add(lbSpace);
        }
    }
```

好了，到此我们已经介绍了 Blog 系统首页及二级页面的展示信息的用户控件，下一节我们将介绍 Blog 系统数据访问层的实现。

10.3 实现数据访问层

本节将介绍怎样使用类型化的 DataSet 来构建 Blog 系统的数据访问层，通过本节我们将学习到怎样添加一个 DataSet 和 DataAdapter，以及怎样通过自定义方法来扩展 DataAdapter 的功能，我们还将学习到怎样用技巧来优化数据库的事务处理。

前边我们介绍了文章列表用户控件的前台以及业务逻辑层的实现方法，这里我们依然用此

控件作为例子来讲解怎样实现数据访问层。

10.3.1　添加 DataSet 及 DataTable

请按照如下步骤向项目中添加一个 DataSet。

01 在业务逻辑层所在的站点下新建一个名为 DataAccess 的目录，用来放置所有数据访问层的配置及代码文件。

02 在 DataAccess 目录上单击鼠标右键，选择菜单"Add New Item"，将会弹出添加新项对话框（如图 10-8 所示），输入名称"ArticleDataSet.xsd"，然后单击"Add"按钮即可。

图 10-8

03 确定后，系统会默认弹出 DataAdapter 的配置向导，这里暂时不用配置，单击"取消"按钮跳过，我们的 DataSet 就这样被添加到了系统中，但是还必须向这个 DataSet 中添加一个或多个 DataTable。

在刚刚创建的 ArticleDataSet 中单击鼠标右键，选择"Add"＞"TableAdapter"，系统会弹出添加 DataAdapter 的配置向导，如图 10-9 所示。（这里是要借助 TableAdapter 的力量为我们创建 DataTable。^_^）

这里需要为我们将要创建的 DataTable 制定数据库连接字符串，为此需要新建一个数据库连接，单击"New Connection"按钮，系统会弹出数据库连接配置对话框，如图 10-10 所示。

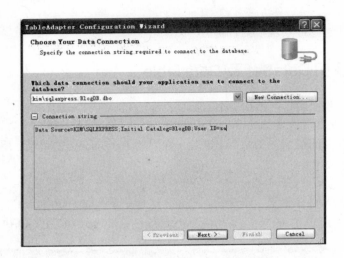

图 10-9

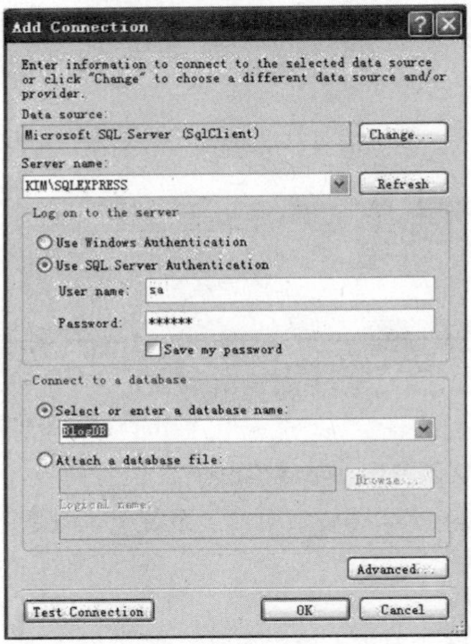

图 10-10

　　填入数据库连接信息，然后单击"Test Connection"按钮，测试填写信息是否正确，如果提示连接成功，就单击"OK"按钮进入下一步。

这时会有一个安全提示，选择"Yes"，之后会要求我们为数据库连接字符串提供一个名称，如图 10-11 所示。

输入名称后单击"Next"按钮，进入下一步。

在这一步中，我们需要为这个 DataTable 指定默认的数据获取方式，通过 SQL 查询字符串，还是存储过程，如图 10-12 所示。

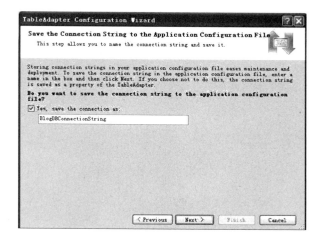

图 10-11

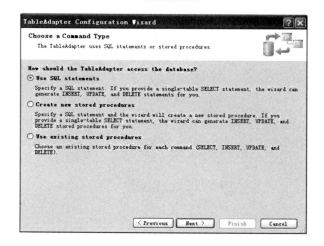

图 10-12

我们选择通过 SQL 查询字符串的方式，勾选"Use SQL statements"单选按钮，然后单击"Next"按钮。

此时，系统需要我们指定一个 SQL 查询字符串，如图 10-13 所示。

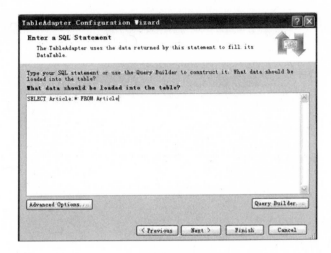

图 10-13

填入如图 10-13 所示的 SQL 语句，然后单击"Next"按钮，弹出如图 10-14 所示的对话框。

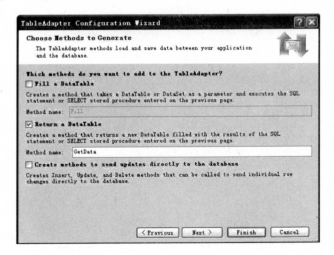

图 10-14

只勾选"Return a DataTable"，这里的 GetData 方法被调用的时候就会执行上一步指定的 SQL 语句或存储过程。

然后单击"Next"按钮，进入下一步，如图 10-15 所示。

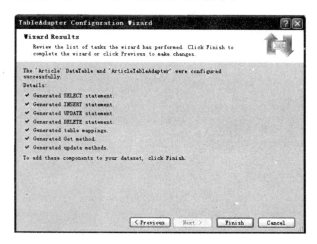

图 10-15

这一步是一些确认信息，系统会为我们创建对这个表进行"添、删、改、插"的语句，并且还会生成表映射、一个取得该表所有数据的方法（GetData 方法），以及一个更新该表的方法（Update 方法）。

确认之后，单击"Finish"按钮。这样，我们就为 ArticleDataSet 添加了一个名为"Article"的表。如果需要，也可以修改这个表的名字，单击标题"Article"就可以输入新的表名，如图 10-16 所示。

图 10-16

按照同样的方法，请把与文章有关的其他数据表也一同加入到该 DataSet 中，这些表包括：

```
Users
Groups
ArticleGroup
ArticleVersion
ArticleComment
```

添加完 DataTable 的 ArticleDataSet 应该如图 10-17 所示。

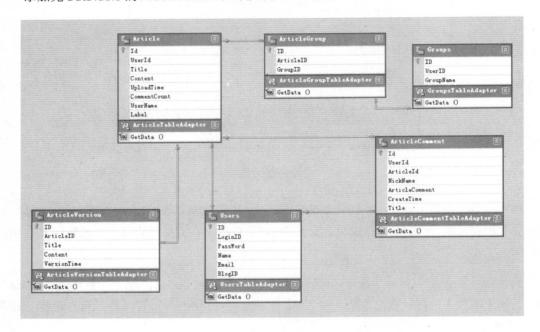

图 10-17

> **提示**　事实上，ASP.NET 类型化 DataSet 中的 DataTable 是一个非常灵活的数据表，它可以和数据库实际的表结构不一样，可以是一个组合查询得到的数据集，甚至可以是自定义的表结构。但是我个人还是比较喜欢数据库中的一个表完整的映射到 DataSet 中，这样比较方便进行插入、更新及删除等操作，因为系统会自动为我们生成插入、更新及删除代码。

DataTable 加上了，但是只能用 ArticleDataSet 来返回这些表中的所有数据，这样的表扫描几乎对我们来说没有任何作用，那么要怎么做才能让 ArticleDataSet 返回我们想要的结果集呢？那就得向 DataTable 里面添加查询了。事实上获取表中所有数据的 GetData 方法就是一个查询，要做的就是添加一个或多个能返回我们想要的结果集的查询。

10.3.2　添加 Query

通过这一节，将了解到怎样向 DataAdapter 中添加一个查询来得到我们想要的数据。

好，现在我们就为文章列表用户控件添加一个 Query 来获取当前博客空间的所有文章列表数据。

打开上一节我们创建的 ArticleDataSet，然后在 Article 表上单击鼠标右键，选择"Add"＞"Query"，Visual Studio 会显示添加 Query 的向导，如图 10-18 所示。

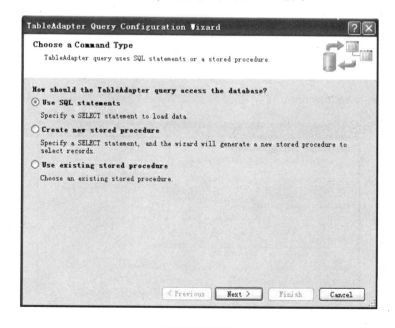

图 10-18

选择"Use SQL statements"，单击"Next"按钮，如图 10-19 所示。

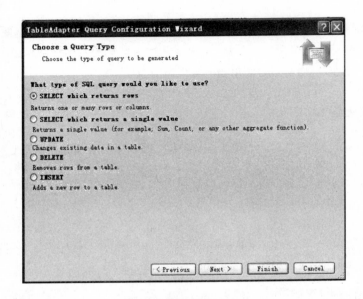

图 10-19

这里可以根据需要选择相应选项。因为要通过一个 Blog 账号返回一个文章列表的结果集，所以选择"SELECT which returns rows"选项，然后单击"Next"按钮，弹出如图 10-20 所示的对话框。

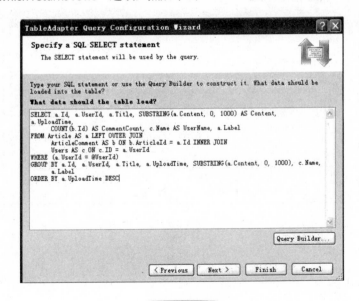

图 10-20

这里就是整个的关键，向输入框内输入如下的 SQL 语句根据 Blog 账号@UserId 来获取文章列表：

```
SELECT a.Id, a.UserId, a.Title, SUBSTRING(a.Content, 0, 1000) AS Content,
a.UploadTime,
      COUNT(b.Id) AS CommentCount, c.Name AS UserName, a.Label
FROM Article AS a
LEFT OUTER JOIN  ArticleComment AS b ON b.ArticleId = a.Id
INNER JOIN Users AS c ON c.ID = a.UserId
WHERE (a.UserId = @UserId)
GROUP BY a.Id, a.UserId, a.Title, a.UploadTime, SUBSTRING(a.Content, 0, 1000),
c.Name,
      a.Label
ORDER BY a.UploadTime DESC
```

该语句返回了文章 ID、标题、内容的前 1000 个字符、上传时间、关键字、评论条数、作者名。

单击"Next"按钮，弹出如图 10-21 所示的对话框。

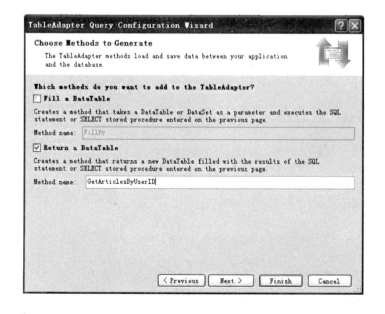

图 10-21

选择"Return a DataTable"并且为查询取名为 GetArticlesByUserID，单击"Finish"按钮，我们的查询就添加到了 ArticleTableAdapter 中，如图 10-22 所示。

图 10-22

添加查询之后，我们就可以像下面这样在业务逻辑层中编写代码来调用查询了：

```
//实例化 Adapter
ArticleDataSetTableAdapters.ArticleTableAdapter articleDa = new ArticleData
SetTableAdapters. ArticleTableAdapter();
//调用 Adapter 上的查询
ArticleDataSet.ArticleDataTable dt = articleDa.GetArticleByUserID(userID);
```

按照同样的方式，可以为 ArticleTableAdapter 添加其他查询。

GetArticleByGroup：通过分类来获取文章列表，SQL 语句如下：

```
SELECT a.Id, a.UserId, a.Title, SUBSTRING(a.Content, 0, 1000) AS Content,
a.UploadTime, COUNT(b.Id) AS CommentCount, c.Name AS UserName, a.Label
    FROM Article AS a
    INNER JOIN ArticleGroup AS d ON a.Id = d.ArticleID
    LEFT OUTER JOIN ArticleComment AS b ON b.ArticleId = a.Id
    INNER JOIN Users AS c ON c.ID = a.UserId
    WHERE (d.GroupID = @GroupID)
    GROUP BY a.Id, a.UserId, a.Title, a.UploadTime, SUBSTRING(a.Content, 0, 1000),
c.Name, a.Label
    ORDER BY a.UploadTime DESC
```

GetArticleByLabel：通过关键字来获取文章列表，SQL 语句如下：

```
    SELECT a.Id, a.UserId, a.Title, SUBSTRING(a.Content, 0, 1000) AS Content,
a.UploadTime, COUNT(b.Id) AS CommentCount, c.Name AS UserName, a.Label
    FROM Article AS a
INNER JOIN ArticleGroup AS d ON a.Id = d.ArticleID
    LEFT OUTER JOIN ArticleComment AS b ON b.ArticleId = a.Id
    INNER JOIN Users AS c ON c.ID = a.UserId
    WHERE (a.Label LIKE @Label)
    GROUP BY a.Id, a.UserId, a.Title, a.UploadTime, SUBSTRING(a.Content, 0, 1000),
c.Name, a.Label
    ORDER BY a.UploadTime DESC
```

10.3.3　扩展 TableAdapter

上一节中我们介绍了如何向 TableAdapter 中添加一个自定义查询，这种方法可以为我们完成一些比较简单的操作，但是这种方式似乎不是那么灵活，那么还有没有什么办法可以完成数据库操作的工作呢？答案当然是肯定的，这一节我们就向大家介绍怎样来扩展 TableAdapter，让它更加听话地为我们工作。

细心的读者可能已经注意到，上一节还缺少了根据时间来获取文章列表的查询，那么这一节我们就用另外的一种方式来实现这个功能。

.NET 2.0 为我们提供的新特性 partial class 将会在此大显身手。

请在 ArticleDataSet 同一个文件夹下新建一个类，取名叫 ArticleAdapterExtention.cs，将如下代码添加到该类中：

```
    using System.Data.SqlClient;
    using System;
    //该命名控件很重要，必须为 DataSetName+"TableAdapters" 的形式
    //比如 ArticleDataSet 中的所有 TableAdapter 都会放在 ArticleDataSetTableAdapter 命名
空间下
    namespace ArticleDataSetTableAdapters
    {
    //我们需要扩展的 TableAdapter: ArticleTableAdapter
        public partial class ArticleTableAdapter
```

```
    {
        public ArticleDataSet.ArticleDataTable  GetArticleListByPeriod(string
userID, string year, string month)
        {
            ArticleDataSet.ArticleDataTable  articleDT = new  ArticleDataSet.
ArticleDataTable();
            string  sql  =  "SELECT  a.Id,a.UserId,a.Title,Content=SUBSTRING
(a.Content,0,300),a.UploadTime,CommentCount=count(b.Id),UserName=c.Name,a.Label
FROM Article a "
                    + "LEFT OUTER JOIN ArticleComment b ON b.ArticleId=a.Id "
                    + "INNER JOIN Users c on c.Id=a.UserId "
                    + "WHERE  a.UserId=@UserId  AND  Convert(char(7),a.Upload
Time,120)=@Period  group  by  a.Id,a.UserId,a.Title,a.UploadTime,SUBSTRING(a.
Content,0,300),c.Name,a.Label";
            using (SqlCommand command = this.Connection.CreateCommand())
            {
                if (command.Connection.State != System.Data.ConnectionState.Open)
                    command.Connection.Open();
                command.CommandText = sql;
                SqlParameter pa1 = command.CreateParameter();
                pa1.ParameterName = "@UserId";
                pa1.DbType = System.Data.DbType.String;
                pa1.Value = userID;
                command.Parameters.Add(pa1);
                SqlParameter pa2 = command.CreateParameter();
                pa2.ParameterName = "@Period";
                pa2.DbType = System.Data.DbType.String;
                pa2.Value = year + "-" + month;
                command.Parameters.Add(pa2);
                this.Adapter.SelectCommand = command;
                this.Adapter.Fill(articleDT);
                if ((command.Connection.State == System.Data.ConnectionState. Closed))
                    command.Connection.Close();
            }
            return articleDT;
        }
    }
}
```

按照这种方法，我们可以像没有使用类型化 DataSet 一样编写任意复杂的数据访问代码。

10.3.4　优化事务处理

事务处理是应用系统开发中很重要的一个事情，对于一些比较复杂的数据操作过程，我们必须要使用事务处理来保证数据的完整性，本节我们将介绍怎样在使用类型化 DataSet 操作数据库时比较高效地做事务处理。

上一节我们介绍了怎样对一个 TableAdapter 进行扩展，有些读者可能会想到用这种方式来做事务处理，是的，我们确实可以这样做，但是，这样的话代码量可能会很大，除非自己封装一个数据库操作的组件，如果这样就违背我们使用类型化 DataSet 做数据访问层的初衷，那么有没有什么方法可以在类型化的 DataSet 中实现事务处理呢？有。

还是以 ArticleAdapter 为例，请在 partial 类 ArticleTableAdapter 中添加如下代码：

```
public partial class ArticleTableAdapter
{
    private SqlTransaction _transaction;
    public SqlTransaction Transaction
    {
        get
        {
            if (this._transaction == null)
                this.InitTransaction();
            return this._transaction;
        }
        set
        {
            this._transaction = value;
            this.Connection = this._transaction.Connection;
            if (this.Adapter.InsertCommand != null)
                this.Adapter.InsertCommand.Transaction = value;
            if (this.Adapter.UpdateCommand != null)
                this.Adapter.UpdateCommand.Transaction = value;
            if (this.Adapter.DeleteCommand != null)
                this.Adapter.DeleteCommand.Transaction = value;
            foreach (SqlCommand command in this.CommandCollection)
```

```
                {
                    command.Transaction = value;
                }
            }
        }
        private void InitTransaction()
        {
            if (this._transaction == null)
            {
                if (this.Connection.State != System.Data.ConnectionState.Open)
                    this.Connection.Open();
                this._transaction = this.Connection.BeginTransaction();
                if (this.Adapter.InsertCommand != null)
                    this.Adapter.InsertCommand.Transaction = this._transaction;
                if (this.Adapter.UpdateCommand != null)
                    this.Adapter.UpdateCommand.Transaction = this._transaction;
                if (this.Adapter.DeleteCommand != null)
                    this.Adapter.DeleteCommand.Transaction = this._transaction;
                foreach (SqlCommand command in this.CommandCollection)
                {
                    command.Transaction = this._transaction;
                }
            }
        }
```

之后我们在业务逻辑层进行事务处理时就可以这样做：

```
    public void UploadArticle(ArticleDataSet.ArticleDataTable articleDT, Article
DataSet.ArticleGroupDataTable groupDT)
    {
    //实例化所需的 Adapter
        ArticleDataSetTableAdapters.ArticleTableAdapter articleDa = new Article
DataSetTableAdapters.ArticleTableAdapter();
        ArticleDataSetTableAdapters.ArticleGroupTableAdapter  groupDa  =  new
ArticleDataSetTableAdapters.ArticleGroupTableAdapter();
        //获取事务对象
        SqlTransaction trans = articleDa.Transaction;
        try
```

```
{
    //更新文章表:Article
    articleDa.Update(articleDT);
    int articleID = articleDa.GetNewestID();
    if (articleID != 0)
    {
        ((ArticleDataSet.ArticleGroupRow)groupDT.Rows[0]).ArticleID = articleID;
        groupDa.Transaction = trans;
        //更新分类关联表:ArticleGroup
        groupDa.Update(groupDT);
    }
    //提交事务
    trans.Commit();
}
catch
{
    //回滚事务
    trans.Rollback();
}
finally
{
    //关闭数据库连接
    if(articleDa.Connection.State != ConnectionState.Closed)
        articleDa.Connection.Close();
}
}
```

小结

在本章中以一个实际的案例为背景，详细阐述了 **ASP.NET** 新特性如何应用在实际项目中的步骤。理论和实践相结合，让大家理解得更透彻清楚。

限于篇幅，本章内容不能完全讲解整个系统的实现，这里我强烈建议大家能够参考下载的代码，自己实现剩下的系统管理部分，这样可以更好的掌握学到的知识。

《.NET Web 高级开发》读者交流区

尊敬的读者：

感谢您选择我们出版的图书，您的支持与信任是我们持续上升的动力。为了使您能通过本书更透彻地了解相关领域，更深入地学习相关技术，我们将特别为您提供一系列后续的服务，包括：

- 提供本书的修订和升级内容、相关配套资料；
- 本书作者的见面会信息或网络视频的沟通活动；
- 相关领域的培训优惠等。

请您抽出宝贵的时间将您的个人信息和需求反馈给我们，以便我们及时与您取得联系。

您可以任意选择以下三种方式与我们联系，我们都将记录和保存您的信息，并给您提供不定期的信息反馈。

1．短信

您只需编写如下短信：05768+您的需求+您的建议

移动用户发短信至106575580366116或者106575585322116，联通用户发短信至10655020666116。（资费按照相应电信运营商正常标准收取，无其他收费）

2．电子邮件

您可以发邮件至 **jsj@phei.com.cn** 或 **editor@broadview.com.cn**。

3．信件

您可以写信至如下地址：北京万寿路173信箱博文视点，邮编：**100036**。

如果您选择第2种或第3种方式，您还可以告诉我们更多有关您个人的情况，及您对本书的意见、评论等，内容可以包括：

（1）您的姓名、职业、您关注的领域、您的电话、E-mail地址或通信地址；

（2）您了解新书信息的途径、影响您购买图书的因素；

（3）您对本书的意见、您读过的同领域的图书、您还希望增加的图书、您希望参加的培训等。

同时，我们非常欢迎您为本书撰写书评，将您的切身感受变成文字与广大书友共享。我们将挑选特别优秀的作品转载在我们的网站（**www.broadview.com.cn**）上，或推荐至CSDN.NET等专业网站上发表，被发表的书评的作者将获得价值50元的博文视点图书奖励。

我们期待您的消息！
博文视点愿与所有爱书的人一起，共同学习，共同进步！

通信地址：北京万寿路 173 信箱　博文视点（100036）　　电话：010-51260888
E-mail：jsj@phei.com.cn，editor@broadview.com.cn

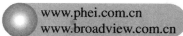

反侵权盗版声明

  电子工业出版社依法对本作品享有专有出版权。任何未经权利人书面许可，复制、销售或通过信息网络传播本作品的行为；歪曲、篡改、剽窃本作品的行为，均违反《中华人民共和国著作权法》，其行为人应承担相应的民事责任和行政责任，构成犯罪的，将被依法追究刑事责任。

  为了维护市场秩序，保护权利人的合法权益，我社将依法查处和打击侵权盗版的单位和个人。欢迎社会各界人士积极举报侵权盗版行为，本社将奖励举报有功人员，并保证举报人的信息不被泄露。

举报电话：（010）88254396；（010）88258888

传　　真：（010）88254397

E-mail：　dbqq@phei.com.cn

通信地址：北京市万寿路 173 信箱

     电子工业出版社总编办公室

邮　　编：100036